SHUISHENG SHENGWU ZIYUAN YANGHU
XIANJIN JISHU LANYAO

水生生物资源养护先进技术览要

全国水产技术推广总站 / 组编

中国农业出版社
北　京

编　　者（按姓名笔画排序）

丁　瑶　王云中　王　月　王继隆　王崇瑞
韦　慧　方光杰　龙元蕾　卢　晓　史会来
冉龙正　丛旭日　冯广朋　冯立田　冯温泽
师吉华　朱书礼　朱嘉程　庄　平　刘　伟
刘　青　刘茂春　刘绍平　刘骋跃　刘　梅
闫文杰　许贻斌　孙　杰　孙鲁峰　李卫林
李文涛　李秀启　李　捷　李培伦　李跃飞
李　鸿　杨计平　杨　芳　杨妙峰　杨　鑫
佘　洪　余梵冬　冷春梅　汪学杰　汪登强
张亚洲　张秀梅　张沛东　张宗航　张彦浩
张　涛　张海琪　张浴阳　陈佩福　武　智
林永青　罗冬莲　郑盛华　郑惠东　房　苗
练青平　赵　峰　战培荣　俞晓磊　袁希平
原居林　顾正选　顾党恩　倪　蒙　徐开达
徐华建　徐　猛　高天翔　高　雷　郭浩宇
唐富江　涂　忠　黄林韬　黄　晖　曹跃明
梁　君　董天威　董贯仓　程　珺　舒　璐
鲁万桥　温　凭　廖伏初

前　言

为促进水生生物资源养护技术交流，加快先进适用技术的推广应用，农业农村部渔业渔政管理局会同全国水产技术推广总站、中国水产学会组织编撰了《水生生物资源养护先进技术览要》。本书包括产卵场修复、栖息地修复、增殖放流、生态净水、鱼道构建等方面的18项先进技术，相关内容均已在中国渔业政务网、中国水产、中国渔业报等媒体刊发。

每项先进技术均包括技术概要和正文两部分，主要从工作背景、技术原理、技术方法、适用范围、工作成效、典型案例、应用前景、相关建议等方面对相关内容进行介绍，力争做到图文并茂、简明生动和通俗易懂。希望通过此种方式，宣传水生生物资源养护科研和实践成果，提高公众对水生生物资源的保护意识，促进资源养护先进技术和成功经验的推广应用，深入推进水生生物资源养护工作开展，加快水域生态文明建设。

其中，先进技术一由梁君、徐开达、张亚洲、方光杰、史会来等撰写；先进技术二由赵峰、庄平、冯广朋、张涛等撰写；先进技术三由廖伏初、杨鑫、李鸿、袁希平，王崇瑞等撰写；先进技术四由刘伟、战培荣、王继隆、李培伦、唐富江、鲁万桥等撰写；先进技术五由张沛东、李文涛、闫文杰、孙杰、张彦浩等撰写；先进技术六由黄晖、刘骋跃、张浴阳、黄林韬、俞晓磊等撰写；先进技术七由王云中、涂忠、董天威、卢晓等撰写；先进技术八由张秀梅、高天翔、郭浩宇、张宗航等撰写；先进技术九由李秀启、孙鲁峰、冷春梅、董贯仓、丛旭日、师吉华等撰写；先进技术十由刘绍平、汪登强、高雷等撰写；先进技术十一由丁瑶、顾正选、冉龙正、佘洪、徐华建、刘茂春等撰写；先进技术十二由冯立田、冯温泽、陈佩福等撰写；先进技术十三由曹跃明、龙元薷、朱嘉程等撰写；先进技术十四由李捷、李跃飞、杨计平、朱书礼、武智等撰写；先进技术十五由张海琪、原居林、刘梅、倪蒙、练青平等撰写；先进技术十六由刘青、程珺与王月等撰写；先进技术十七由罗冬莲、郑惠东、杨芳、林永青、杨妙峰、郑盛华等撰写；先进技术十八由顾党恩、徐猛、韦慧、房苗、佘梵冬、舒璐等撰写。全书由罗刚、李苗、张爽负责统稿。

本书主要供从事水生生物资源养护相关工作的渔业主管部门、科研院校、推广机构以及企业社团等人员参考学习。欢迎社会各界人士提出宝贵意见，也欢迎各位推介应用前景良好的各类水生生物资源养护先进技术。

目　录

先进技术一

曼氏无针乌贼产卵场生态修复技术

技术概要

一、工作背景

曼氏无针乌贼是中国传统四大海产之一，近年来资源严重衰竭。为有效修复曼氏无针乌贼资源，依托农业农村部“东极新型海洋牧场暨碳汇渔业示范区建设”项目，相关单位开展了曼氏无针乌贼产卵场栖息地修复技术研究与示范。

二、技术原理

曼氏无针乌贼产卵需要特定的附着基。要恢复曼氏无针乌贼资源，必须修复乌贼产卵场的生态环境，拥有足够的产卵附着物。

三、技术方法

在曼氏无针乌贼人工繁育技术取得突破的基础上，通过投放乌贼专用产卵礁、适时开展受精卵和幼体增殖放流等方法，修复其产卵场。产卵场修复技术关键需要解决适宜产卵附着基的选择和科学放流苗种等问题。

四、适用范围

可应用于岛礁型海洋牧场的建设，如浙江省南麂列岛、马鞍列岛、大陈岛、洞头岛、渔山岛、中街山列岛等国家级海洋牧场示范区。本技术对于产黏性卵的鱼类、贝类等都有明显的修复效果。

五、工作成效

调查与评估结果显示，2013年浙江全省曼氏无针乌贼资源量从濒临绝迹回升到1500吨，2016年达到了3000吨的水平，2022年已达到4000吨，产量呈现逐年增加的势头，修复成效显著。

六、应用前景

可在乌贼、章鱼等头足类产卵场修复工程中推广应用。

七、相关建议

（1）曼氏无针乌贼的人工繁育每年可进行两季，为确保种质资源，放流应使用春季受精卵或幼体，7月底后禁止放流。

（2）柳珊瑚是曼氏无针乌贼的天然产卵附着基，可通过柳珊瑚的增殖和移植提高受精卵附着效果。

（3）研究证明，受精卵海上直接孵化放流的效果好于幼体放流，建议采用受精卵孵化放流。

一、研究背景

1.曼氏无针乌贼　曼氏无针乌贼是中国传统四大海产之一，分布在中国黄海、渤海、东海、南海，其中东海的群体最为庞大。曼氏无针乌贼营养丰富、食用口感纯正，是传统的美食佳肴，深受消费者喜爱（图1-1至图1-4）。

图1-1　曼氏无针乌贼

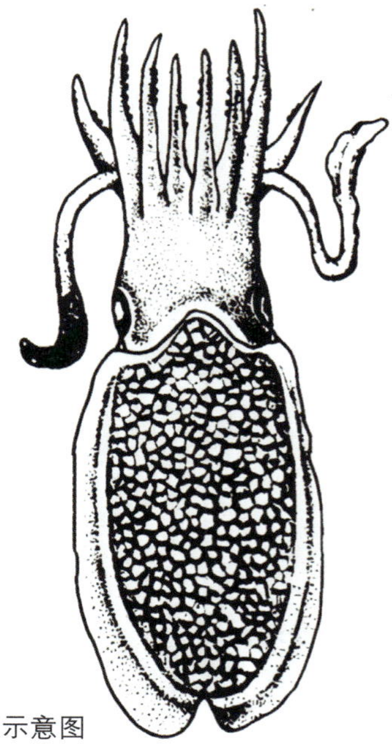

图1-2　曼氏无针乌贼特征示意图

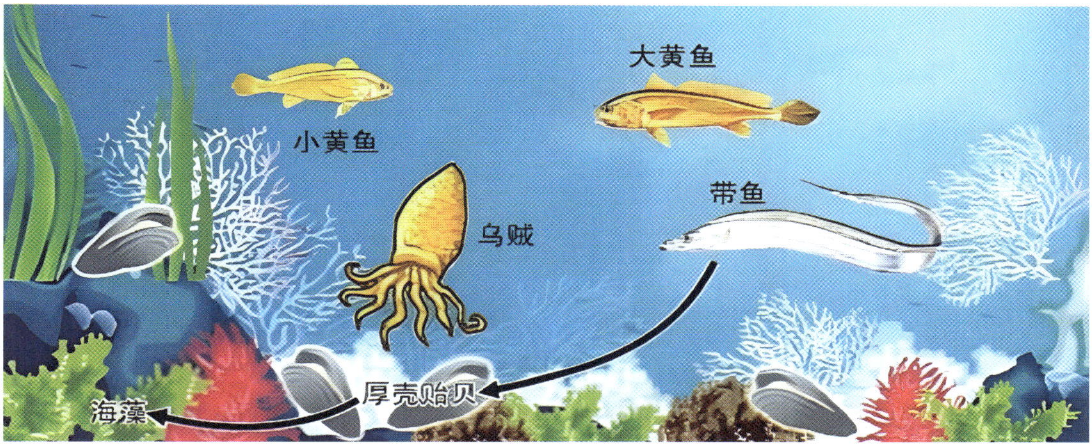

图1-3　我国传统四大海产

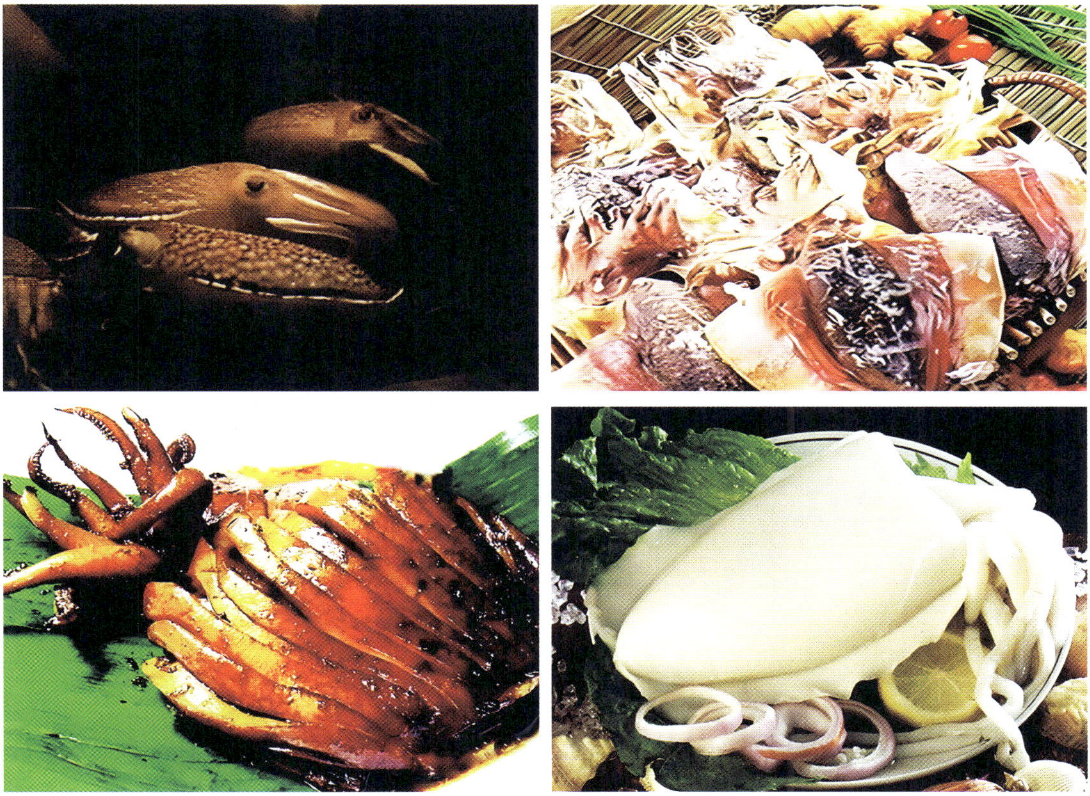

图1-4　曼氏无针乌贼高颜值食谱秀

2. 工作背景　拖网、船罾网、岸罾网等传统捕捞方式历史悠久，产量较高（图1-5）。

图1-5　曼氏无针乌贼的传统捕捞方式

20世纪50—70年代末，曼氏无针乌贼维持高产；20世纪80年代，过度捕捞引起资源下滑；1991—2005年，资源衰竭，基本绝迹；2009—2011年，实施小规模修复放流；2011—2023年，开展常态化生态修复放流及栖息地修复，资源恢复到4000吨水平（图1-6）。1958—2008年浙江省和舟山市年捕捞量见图1-7。

图1-6　曼氏无针乌贼丰产

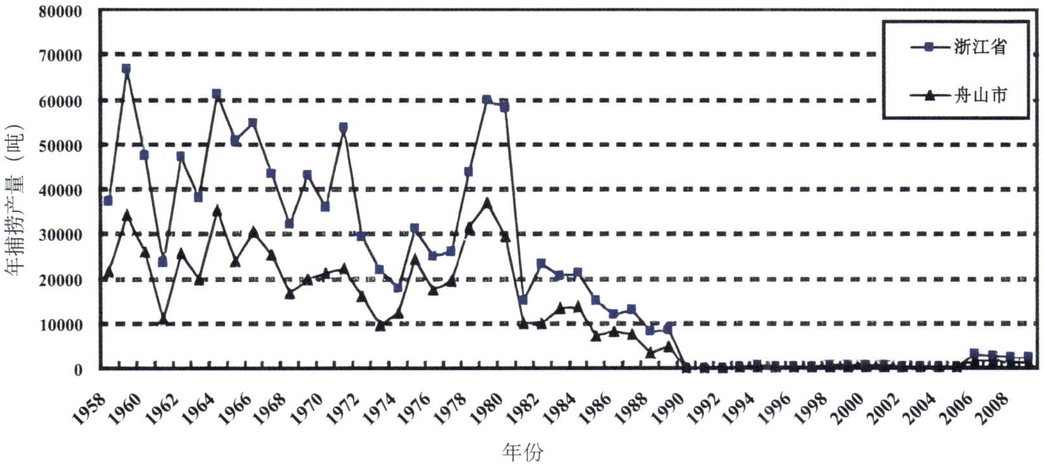

图1-7　1958—2008年浙江省和舟山市年捕捞产量

二、技术原理

基于曼氏无针乌贼一年生命周期和对产卵生境有特殊需求的特点，在曼氏无针乌贼原产卵场保护区，科学开展受精卵和优质苗种的规模化增殖放流，通过人工附卵基精准投放和天然附卵基原位移植等技术开展栖息地生境改造，最终实现曼氏无针乌贼资源修复和产量回升的目标（图1-8）。

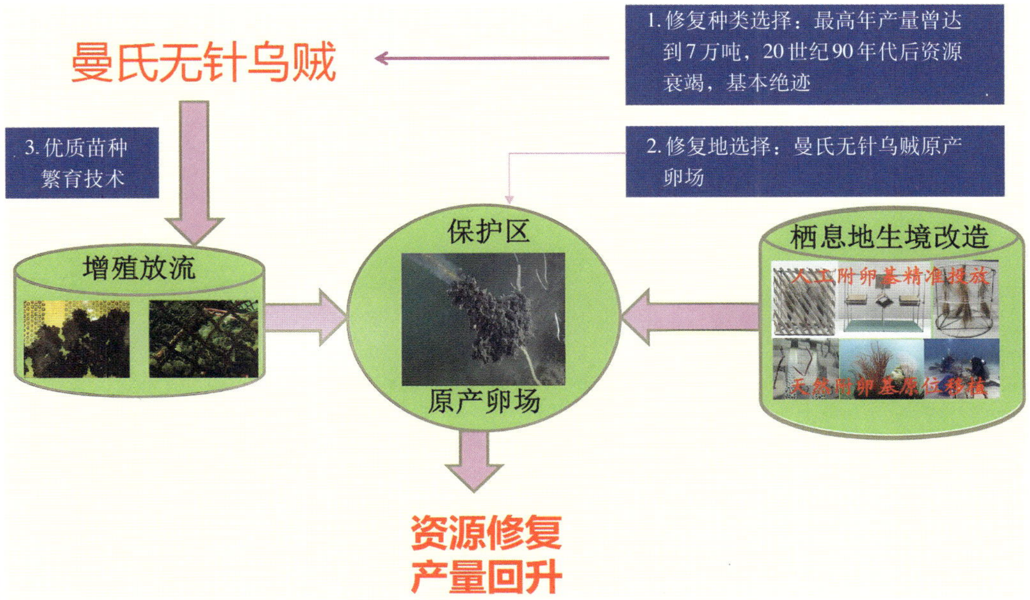

图1-8　曼氏无针乌贼产卵场生态修复技术原理

三、技术方法

1.修复地点选择——传统产卵场 中街山列岛位于长江口、杭州湾外缘，舟山群岛东部，是曼氏无针乌贼最主要的产卵场之一。岛礁附近有贻贝筏式养殖、深水网箱、柔性围栏、人工鱼礁、人工藻礁等多种人工设施和生境。

2.乌贼增殖礁投放 附着基是影响乌贼类繁衍的重要因素。在自然环境中，如果没有充足适宜的附着基，乌贼亲体会延迟产卵且产卵数量减少。2011—2020年，中街山列岛海域共投放6种乌贼增殖礁，分别为乌贼笼、竹框礁、树枝礁、Ⅰ型乌贼增殖礁、Ⅱ型乌贼增殖礁和鱼贝藻复合礁（图1-9至图1-14），共投放礁体7892个（表1-1）。

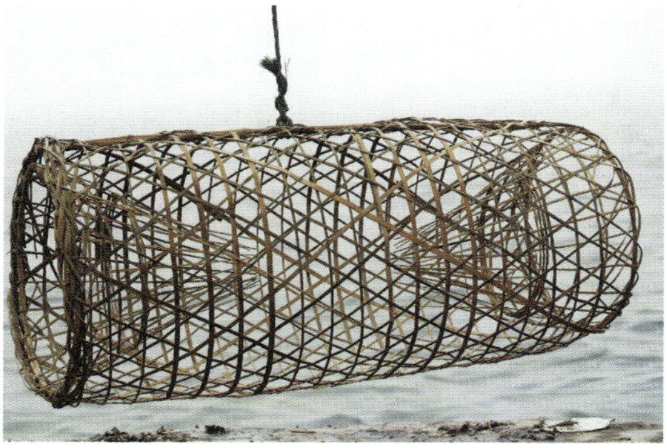

图1-9　乌贼笼

图1-10　竹框礁

图1-11　树枝礁

图1-12　Ⅰ型乌贼增殖礁

图1-13　Ⅱ型乌贼增殖礁

图1-14　鱼贝藻复合礁

表1-1　2011—2020年中街山列岛海域投放乌贼增殖礁体情况

礁体类型	投放数量（个）	空方数（米^3）
乌贼笼	150	15.0
竹框礁	300	33.9
树枝礁	1064	638.4
Ⅰ型乌贼增殖礁	622	1250.2
Ⅱ型乌贼增殖礁	5002	120.0
鱼贝藻复合礁	754	9048.0
合计	7892	11105.5

注：本表中空方数以单个礁体实际体积计算得来。

3.曼氏无针乌贼修复放流　增殖放流是增加曼氏无针乌贼资源补充量的有效手段。曼氏无针乌贼生长快，繁殖周期短，是非常理想的增殖放流种类。2011—2020年，浙江省依托中央和地方财政资金增殖放流曼氏无针乌贼幼体和受精卵数量2.79亿粒（只）（图1-15，图1-16）。

图1-15　待放流曼氏无针乌贼受精卵

图1-16　曼氏无针乌贼受精卵放流装置

四、工作成效

（一）生态效果评价

1.产卵栖息地生态效益显著　从定点跟踪监测、传统网具调查评估、SCUBA潜水调查、环境DNA追踪等多角度开展曼氏无针乌贼资源养护与生境修复效果评估，在人工礁体上发现大量曼氏无针乌贼受精卵，柳珊瑚等天然附着基上的附卵量明显增加（图1-17，图1-18）。环境DNA追踪监测显示，中街山列岛岛礁附近海域四季均有曼氏无针乌贼分布。

图1-17　潜水发现人工礁体上附着了大量曼氏无针乌贼受精卵

图1-18　柳珊瑚上附着的曼氏无针乌贼受精卵及附近鱼群

2. 不同作业类型资源监测调查显示，资源修复放流效果有好转趋势

（1）帆张网调查结果显示，2013—2016年浙江省曼氏无针乌贼的单位努力渔获量（CPUE）呈逐年递增趋势（表1-2），尤其是春季，在178和186海区捕捞了大量曼氏无针乌贼。

表1-2 2013—2016年浙江省近岸帆张网捕捞曼氏无针乌贼情况

年份	作业时间	作业区域	总产量（千克）	CPUE（千克/网次）
2013	3月21日—4月30日	187、188、192	292.5	1.04
2014	10月7日—10月10日	195	103	1.29
2015	3月18日—4月22日	178、186	358.5	2.11
2016	3月1日—4月30日	178、186、196	402.5	3.23

（2）桁杆拖虾调查结果显示，浙江省近海2014—2016年曼氏无针乌贼产量呈逐年增加的趋势，而且发现了3个主要的现象：一是个体逐年有所增加，2014年曼氏无针乌贼平均体重为200～250千克，2015年为350～400千克，2016年为390～450千克（图1-19）；二是曼氏无针乌贼捕捞时间主要在开捕后的8月和9月，平均个体大小为70～80克；三是在8月上旬捕捞的曼氏无针乌贼中也出现了少量幼体，可能与增殖放流关系密切。

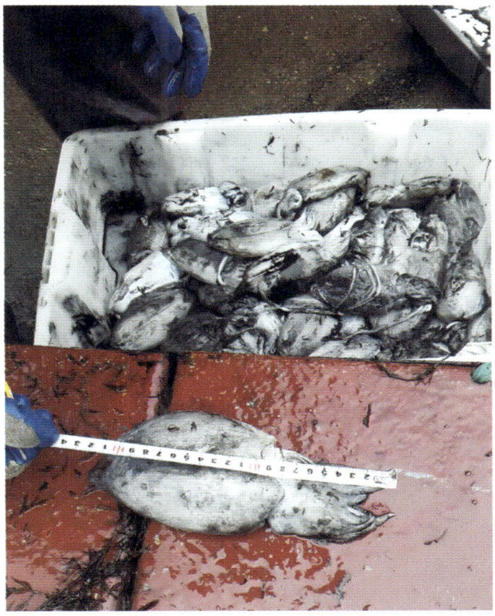

图1-19 2014—2016年捕获的大个体曼氏无针乌贼

（3）其他几种不同作业类型资源监测调查结果同样显示曼氏无针乌贼资源修复放流效果较好，主要表现在以下几个方面：①据舟山、台州和温州海域各监测点监测资料，2016年曼氏无针乌贼产量为1585千克，占浙江沿岸张网监测总渔获的0.34%。②2016年舟山渔场和长江口渔场单拖作业监测情况显示，头足类年均产量0.26吨，占总渔获量的0.49%，其中曼氏无针乌贼占40%，年均产量0.14吨。③2016年浙江近岸流刺网监测情况显示，4—5月和9—11月单船曼氏无针乌贼产量约230千克。④据2016年监测资料，9—11月约有200对象山和台州的大型双拖船在江苏海域（156区）生产，船均曼氏无针乌贼产量178千克。

（二）社会效益取得阶段性成效

（1）宣传工作循序渐进，主要宣传方式有岸上警示牌、标志碑、码头喷绘示意图、宣传横幅、宣传册、新闻媒体等。

（2）调查结果显示，96%的东极当地社区居民对政府实施的增殖放流工作表示支持，87%的受访者认为中街山列岛海域海洋牧场建设和曼氏无针乌贼生态修复总体效益显著。

五、典型案例

1.理论推算 以修复放流数量相对较少的2011年为例（放流曼氏无针乌贼幼体29.4021万只，受精卵834.4万粒）。曼氏无针乌贼幼体当年在自然海域可形成4410只，捕捞产量0.88吨（以平均体重200克计）。按照受精卵70%的孵化率计算，当年可捕产量达17.52吨，第二年残留量为92022只，若有10%长成雌性亲体并产卵（以平均2000粒卵/只计），则有28.53万只乌贼亲体进入生殖洄游，捕捞产量可达38.56吨。

2.资源调查 2015—2016年春季浙江近海调查结果显示，曼氏无针乌贼的空间分布范围较广，资源密度呈现增加趋势。

3.社会调查 社会调查结果显示，曼氏无针乌贼再现舟山渔场，扮演“王者归来”。二三十年前，浙江地区的最高年产量曾达到7万吨，1990—2006年濒临绝迹。近十年，在中街山列岛海域内的曼氏无针乌贼产卵场进行了多年、持续、大规模的修复放流，曼氏无针乌贼在浙江海域的年产量已恢复到4000吨的水平。

4.应用前景

（1）浙江南麂列岛、马鞍列岛、大陈岛、洞头岛、渔山岛、中街山列岛等海域都是曼氏无针乌贼产卵场，可推广应用该技术。

（2）该技术可推广应用于产黏性卵的鱼类、贝类等资源修复中。

（3）该技术可用于岛礁型海洋牧场修复。

六、生态修复与海洋牧场研究团队介绍

1.主要研究方向 研究团队长期致力于海洋牧场建设、人工鱼礁建设、海藻场建设、产卵场栖息地修复、生态修复放流、碳汇渔业和深远海增养殖设施等方面的技术研发创新，着力解决海洋牧场功能结构协同功效差、聚鱼装备应用水平低、放流过程标准化程度不高、资源增殖效率低、增殖资源利用不合理等“卡脖子”问题，推进海洋牧场高质量发展。

2.团队主要成员 主要成员见表1-3及图1-20。

表1-3 团队主要成员介绍

姓名	职称	与乌贼与岛礁生境相关研究经验	备注
梁 君	高级工程师	主持国家自然科学基金1项（中街山列岛海洋保护区曼氏无针乌贼产卵生境选择偏好及其机制研究）、蓝色粮仓课题1项（副负责人）、蓝色粮仓子课题1项、浙江省自然科学基金1项，以第一或通讯作者身份发表乌贼相关论文6篇，作为第1发明人授权乌贼相关专利18件	农业农村部海洋牧场建设专家咨询委员会委员 中国水产学会海洋牧场专家咨询委员会委员 浙江省科协“智慧海洋”科技服务团专家

（续）

姓名	职称	与乌贼与岛礁生境相关研究经验	备注
史会来	正高级工程师	主持国家星火计划“曼氏无针乌贼增养殖关键技术集成与示范”及浙江省科技厅“曼氏无针乌贼增养殖关键技术集成与提升”项目，主持制订曼氏无针乌贼水产行业标准2项	西轩渔业科技岛场长，负责曼氏无针乌贼育苗，是目前全国最大的曼氏无针乌贼苗种生产基地，提供科研所需的苗种
徐开达	正高级工程师	主持蓝色粮仓子课题1项（中街山列岛水域渔业生境修复与资源养护技术研究）、948专项1项、浙江省科技厅省重点研发专项1项	全国科学放鱼专家咨询委员会委员，单位增殖放流工作主要负责人，为浙江省60%以上的放流工作提供技术支撑
张亚洲	高级工程师	主持浙江省农业农村厅项目1项（国家级海洋牧场示范区生态修复与资源养护效果评价）	技术骨干，负责水下生境调查和效果评估技术
张　涛	高级工程师	主持浙江省科技厅项目1项（糠虾规模化培养及其在曼氏无针乌贼育苗中的应用研究）	技术骨干，负责曼氏无针乌贼室内行为学实验
方光杰	工程师/博士	参与蓝色粮仓专项课题和子课题	技术骨干，负责原位移植技术研究

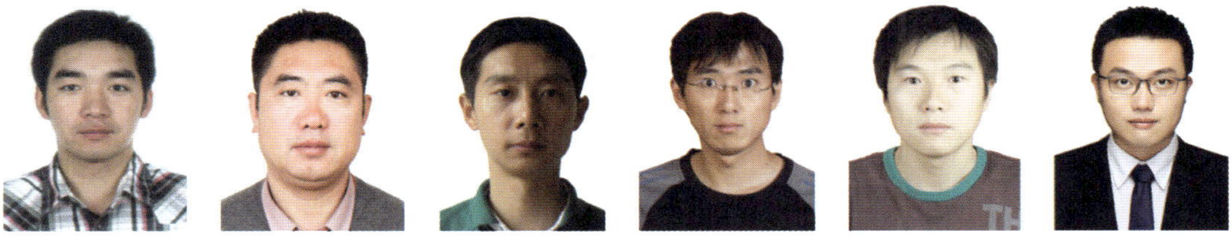

梁君　史会来　徐开达　张亚洲　张涛　方光杰

图1-20　生态修复与海洋牧场研究团队主要成员

先进技术二

长江中华绒螯蟹资源恢复关键技术

技术概要

一、工作背景

中华绒螯蟹曾是我国长江中下游至河口水域的重要渔业对象，也是流域生态系统中的重要生物物种。20世纪80年代以来，由于工程建设、过度捕捞、水域污染等多重因素的叠加影响，长江中华绒螯蟹天然资源一度枯竭达20余年，对长江渔业资源的可持续产出以及流域生态健康产生了严重影响，恢复长江中华绒螯蟹天然资源刻不容缓。

二、技术原理

充足的繁育群体数量在适宜的产卵繁育环境条件下才能产生大量的后代，这是物种繁衍和种群数量维持的关键。长江口水域是长江水系中华绒螯蟹唯一的天然繁育场，是中华绒螯蟹产卵繁殖和早期发育的关键栖息地。在长江口水域增殖中华绒螯蟹亲体以增加繁育群体数量，修复和重建繁育场，营造良好的产卵繁殖和早期发育栖息生境条件是恢复中华绒螯蟹天然资源的关键。

三、技术方法

该技术体系包括三个方面：一是资源监测与关键栖息生境识别评估技术，目的是掌握中华绒螯蟹资源及其栖息地的变动规律、生境状况及其关键栖息生境因子需求；二是“三位一体”资源恢复关键技术，从亲体增殖、生境修复和资源管控三个方面开展资源恢复工作；三是资源恢复效果评估技术，从分子、个体、群体三个层面开展效果评估，检验技术应用成效。

四、适用范围

整体技术体系可应用于衰退渔业资源种群恢复工作。单项技术，如监测评估技术可应用于渔业生物资源及其栖息地状况研究，“三位一体”资源恢复技术可应用于重要渔业资源的增殖养护和种群恢复重建，效果评估技术可应用于增殖放流相关工作。

五、工作成效

相关技术的实施使枯竭达21年之久的长江口中华绒螯蟹亲蟹和蟹苗恢复至历史正常水平，蟹苗年产量从不足1吨恢复并稳定至年产50吨左右的规模，相关工作成为国际上渔业资源恢复的成功范例。

六、应用前景

相关技术可在资源监测、增殖放流、生境修复、资源管控等渔业资源养护工作中推广应用。

七、相关建议

（1）着眼于流域或海域生态系统水平，以渔业物种生活史为主线，掌握衰退渔业物种的生活史特征及其关键生活史阶段的生境需求，是开展衰退渔业资源种群恢复的关键。

（2）技术体系的应用需要根据物种生活史特性和应用场景的不同而不断优化与完善，才能达到良好效果。

（3）加强渔业资源及其栖息生境的科学管理，尤其是流域或海域水平上的综合管理，是实现资源绿色高质量发展的重要抓手。

一、研究背景

1.中华绒螯蟹的生物学特性 中华绒螯蟹俗称河蟹、大闸蟹，因其两只大螯上有绒毛而得名（图2-1）。中华绒螯蟹味道鲜美、营养丰富，自古以来就有“一蟹上桌百味淡”的说法。中华绒螯蟹具有洄游习性，秋季性成熟个体洄游到河口近海交配产卵，翌年春季，大眼幼体溯河而上，在淡水中继续生长。

图2-1 中华绒螯蟹

2.资源状况 中华绒螯蟹曾是我国重要的经济物种，也是生态系统的重要组成部分，广泛分布于我国渤海、黄海、东海等海区及通海的江河、湖泊，其中，长江中华绒螯蟹的生态价值及经济价值最高、种质资源最优（图2-2）。然而，由于栖息地破坏、过度捕捞和水域污染等多方面原因，20世纪80年代以来，野生长江中华绒螯蟹资源急剧衰退，至21世纪初曾经一度濒临枯竭（图2-3），恢复长江中华绒螯蟹资源刻不容缓。

图2-2　长江中华绒螯蟹的价值

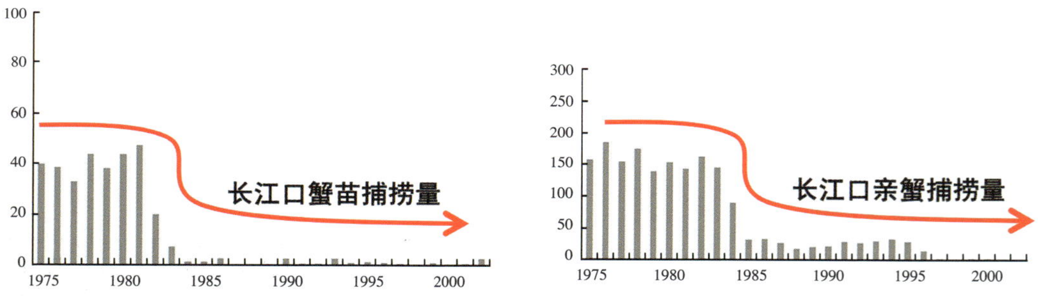

图2-3　长江口中华绒螯蟹资源变化趋势

二、技术原理

充足的繁育群体数量在适宜的产卵繁育环境条件下才能产生大量的后代，这是物种繁衍和维持种群数量的关键。长江口水域是长江水系中华绒螯蟹唯一的天然繁育场，是中华绒螯蟹产卵繁殖和早期发育的关键栖息地。在长江口水域增殖中华绒螯蟹亲体以增加繁育群体数量，修复和重建繁育场，营造良好的产卵繁殖和早期发育栖息生境条件是恢复中华绒螯蟹天然资源的关键。

中华绒螯蟹资源恢复关键技术研究主要包括三个部分的内容：一是衰退机理的基础研究，基于声呐追踪定位、资源监测系统以及行为生态学的数据收集与模型分析，揭示中华绒螯蟹的资源衰退机制，为资源养护与修复奠定理论基础（图2-4）。二是资源养护技术的研发，通过增殖放流、生境修复以及科学管控等手段开展三位一体的资源恢复模式研发，达到增殖繁育群体，修复关键生境的目标（图2-5）。三是增殖养护与修复后的效果评价，主要是在应用养护技术后，对种群资源进行动态评估，对种质资源进行遗传性状评价（图2-6）。

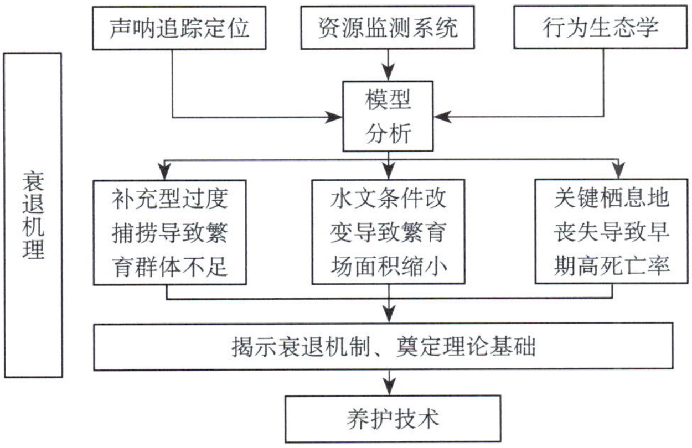

图2-4　中华绒螯蟹资源衰退机理研究路线

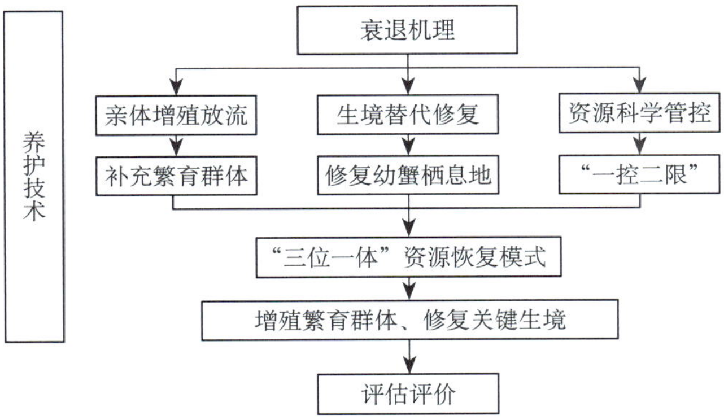

图2-5　中华绒螯蟹资源养护技术研究路线

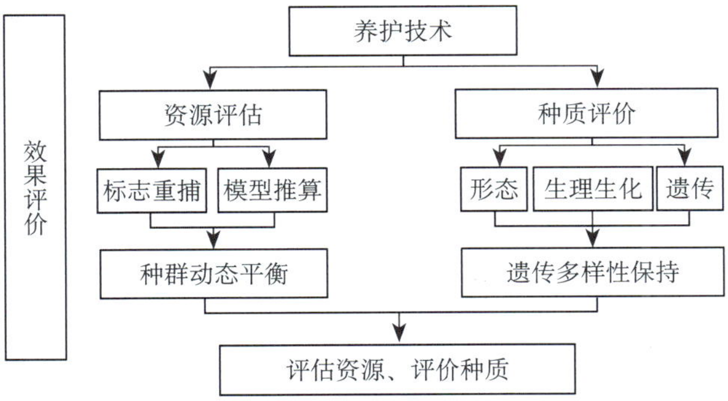

图2-6　中华绒螯蟹资源恢复效果评价技术研究路线

三、技术方法

（一）资源衰退机理研究

首先，创建了高精度、全覆盖和高密度的资源监测系统（图2-7）。通过声学资源评估、声呐地貌扫描以及声呐标志跟踪技术等现代化信息数据获取技术实现监测的高精度；通过对下游到河口800千米、1.2万千米^{2}的监测，实现中华绒螯蟹洄游生活史全水域的覆盖；连续20年的数据收集以及52个站点的设置实现了高密度的监测数据时间和频率，为全面系统掌握中华绒螯蟹的资源变化规律及生境需求奠定基础。

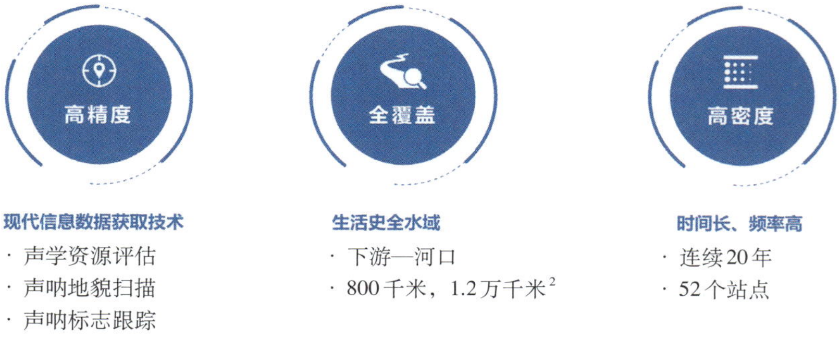

图2-7　长江口中华绒螯蟹资源环境监测系统

其次，发明了蟹类声呐标志跟踪和三维定位技术，明确了集中分布区域，准确界定了长江口中华绒螯蟹洄游路径及繁育场位置，阐明了其繁殖所需的各种环境因子与水文条件。

最后，首创了蟹类行为生态学定量研究方法。发明了蟹类的水深选择装置、光照选择装置以及行为活动分析系统，并开展实验室内的模拟控制实验（图2-8），阐明中华绒螯蟹关键生活史阶段的生境需求，确定早期大眼幼体（浮游生活）至仔蟹（底栖生活）的转换期是生活史中的死亡敏感期（图2-9），为开展资源养护与修复的具体目标和时期提供依据。

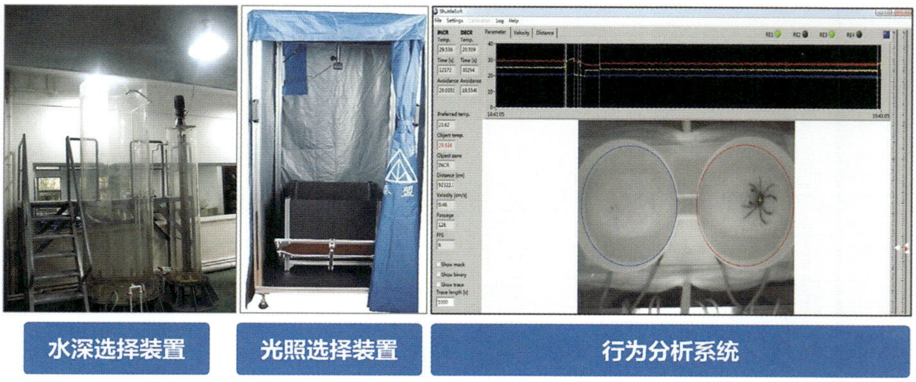

图2-8　蟹类行为生态学定量研究装置与分析系统

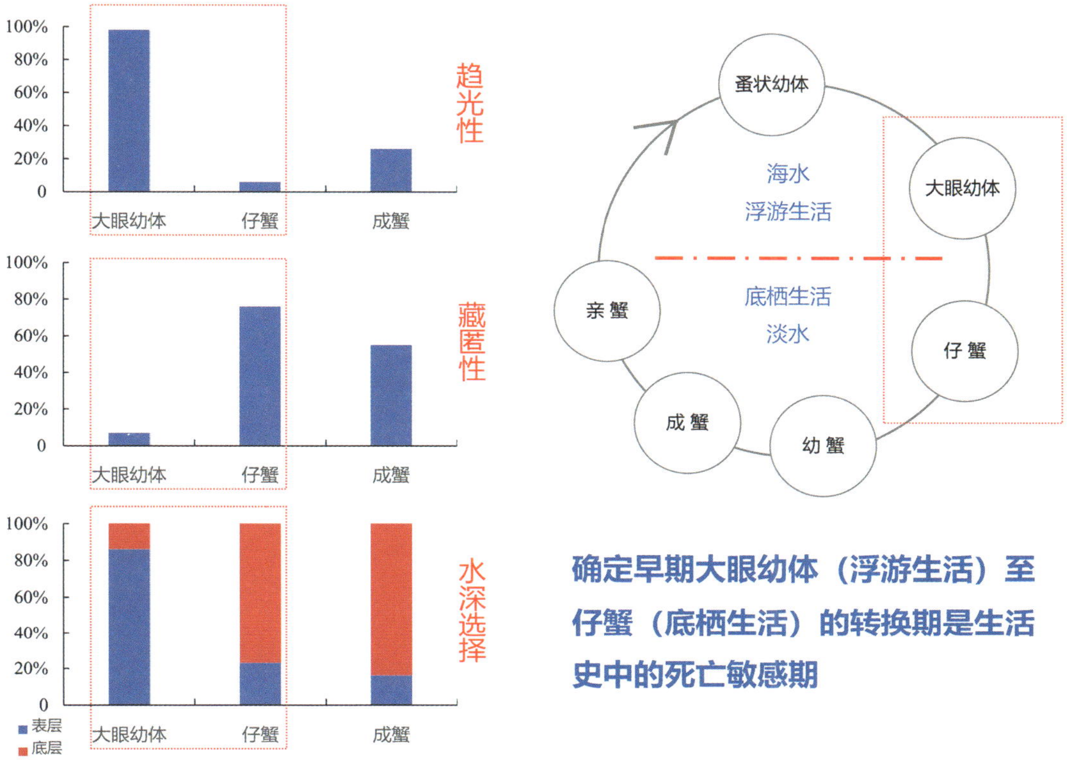

图2-9　中华绒螯蟹早期发育行为学研究结果

经过对长期的资源环境监测数据与室内模拟研究结果进行建模分析，我们发现，补充型过度捕捞导致的繁殖群体不足、水文条件改变导致的繁育场面积萎缩、关键栖息地丧失导致的早期高死亡率是中华绒螯蟹资源衰退的关键成因和机制（图2-10）。

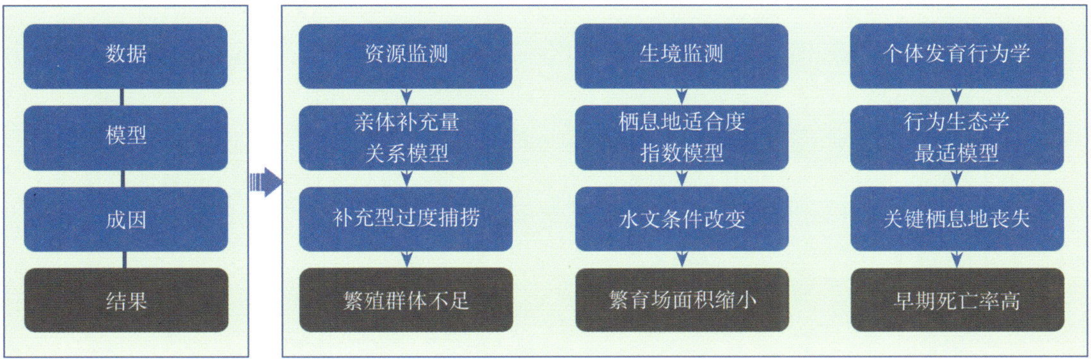

图2-10　中华绒螯蟹资源衰退的成因和机制

（二）“三位一体”资源恢复技术

在研究掌握了中华绒螯蟹资源衰退的主要成因和机制的基础上，研究团队针对性地创建了长江口中华绒螯蟹“三位一体”资源恢复技术（图2-11），即亲体增殖技术、生境修复技术和资源管控技术。

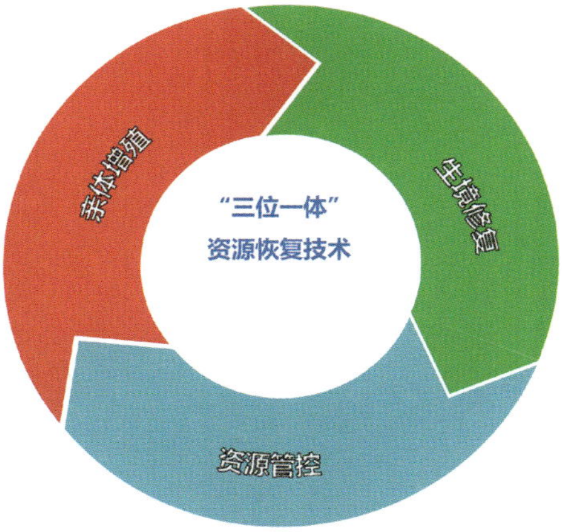

图2-11　中华绒螯蟹“三位一体”资源恢复技术

1.亲体增殖技术　针对中华绒螯蟹繁殖群体不足的问题，突破增殖放流幼体的传统观念，率先提出了增殖亲体以直接增加繁殖群体的新思路（图2-12）。创建了亲体增殖放流成套技术体系，研究确立了包括种源控制、亲体培育、性比优化以及放流策略在内的具体规程和技术措施，增殖放流效率提高了15%，放流成本降低了50%，繁殖群体从7.7万只恢复至170万只（图2-13至图2-15）。

2.生境修复技术　针对长江口中华绒螯蟹繁育场萎缩和育幼场生境丧失的问题，基于中华绒螯蟹早期阶段对隐蔽、摄食等特殊生境需求的研究，创建了以漂浮湿地（图2-16至图2-18）为核心的微生境营造技术，实现了关键栖息地的替代修复，大幅提高了幼蟹成活率。

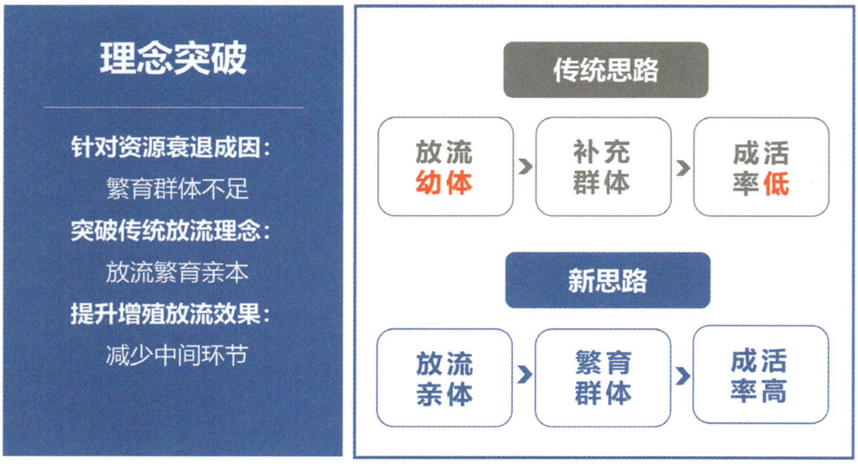

图2-12　中华绒螯蟹亲体增殖新思路

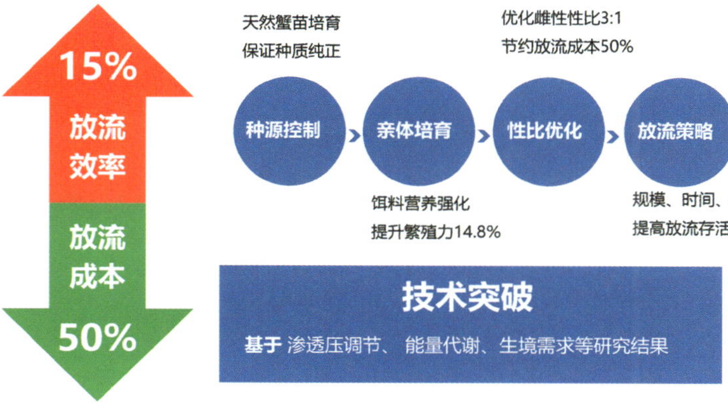

图2-13　长江口中华绒螯蟹亲体增殖放流成套技术

图2-14　长江口中华绒螯蟹亲体增殖放流

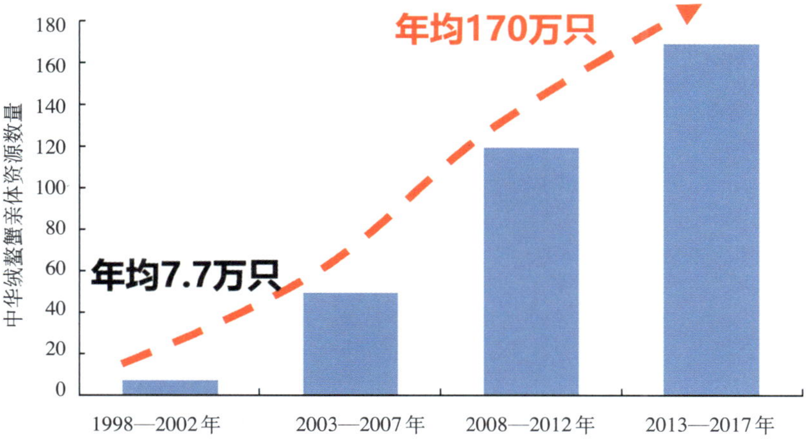

图2-15　长江口中华绒螯蟹亲体资源变动情况

图2-16　长江口飘浮湿地实景

图2-17　长江口中华绒螯蟹育幼场生境替代修复与效果

图2-18　中华绒螯蟹蟹苗（大眼幼体）

3.资源管控技术　以对中华绒螯蟹的洄游习性及其资源动态的调查研究为基础，经过建模分析，提出了控制捕捞总量、限制捕捞地点和时间的“一控二限”综合管控措施，确定长江口中华绒螯蟹亲体捕捞量控制在77吨/年、限制捕捞区为三甲港水域、限制捕捞时间为12月中上旬（图2-19），支撑了农业农村部在十年禁渔计划前的“河蟹特许捕捞”制度（图2-20）。

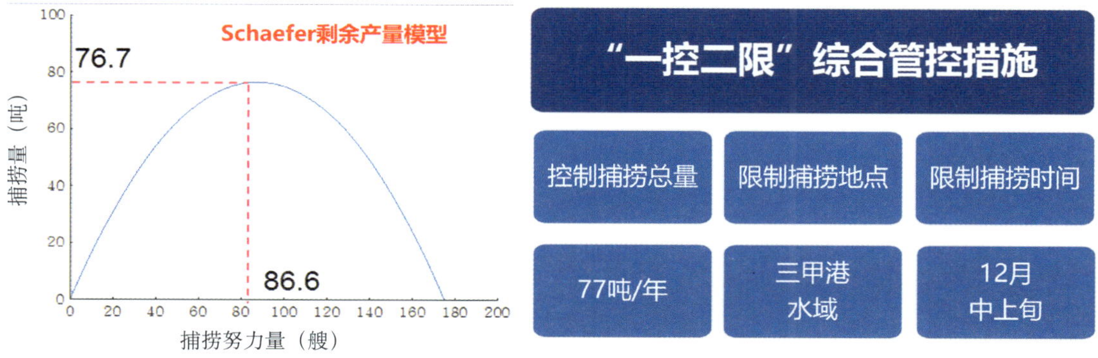

图2-19　长江口中华绒螯蟹〝一控二限〞综合管控措施

图2-20　中华绒螯蟹专项（特许）捕捞证

（三）创建了增殖放流评估和种质评价技术

创建了增殖放流和种质评价技术，阐明了资源恢复及其机制，评估了资源养护成效与影响。

1.资源恢复效果显著　实施综合技术措施后，长江口中华绒螯蟹资源显著回升，亲蟹数量由1998—2002年的平均7.7万只，增加到2013—2017年的平均170万只，资源量增加21.1倍，资源恢复效率提升249%（图2-21）；长江口蟹苗产量持续回升，2015年以来，稳定在50吨左右的历史正常水平（图2-22）。

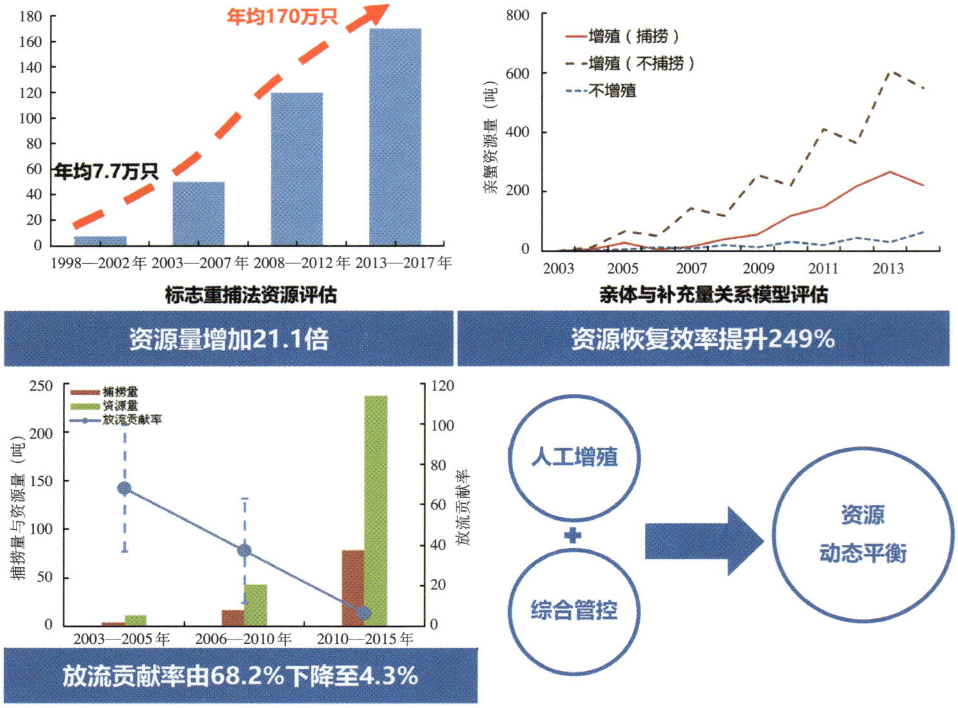

图2-21　长江口中华绒螯蟹资源恢复效果

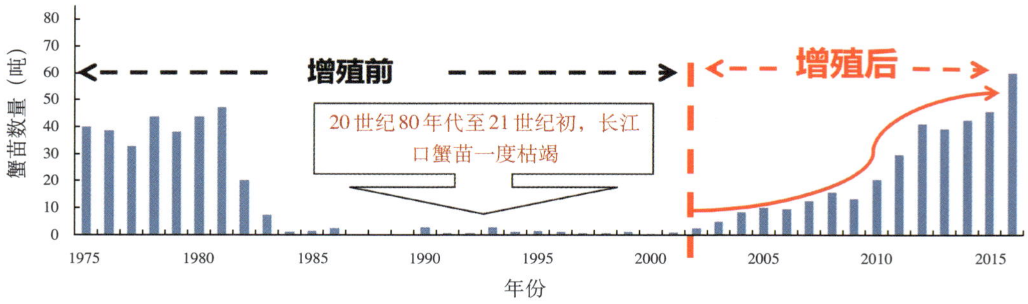

图2-22　长江口蟹苗资源变化情况

2.创建了种质评价技术体系　为评估放流后中华绒螯蟹的种质状况，研究建立了基于群体—个体—分子水平上的种质评价技术体系，群体水平上包括形态度量学的群体鉴定。在长江口中华绒螯蟹亲蟹生殖洄游期间，分析了中华绒螯蟹放流群体和自然群体繁殖力随壳宽变化的规律，并比较了放流群体和自然群体繁殖力的差异。结果显示，随着壳宽的增大，中华绒螯蟹放流群体和自然群体的繁殖力都显著增大。放流群体和自然群体的繁殖力与壳宽之间无显著性差异，放流群体能够适应长江口天然水域环境，与自然群体的繁殖力水平相当，种质稳定。

此外，还构建了群体、个体、分子等多层面种质评价技术体系，发现放流和野生群体在生理指标和遗传多样性等方面无差异，证实增殖放流未对天然种质造成影响。

四、工作成效

相关技术的实施，使枯竭达21年之久的长江口中华绒螯蟹亲蟹和蟹苗恢复至历史正常水平，蟹苗产量从年产不足1吨恢复并稳定至年产50吨左右的规模，有效支撑了河蟹养殖产业的可持续发展，相关工作成为国际上渔业资源恢复的成功范例（图2-23）。

图2-23　媒体对工作成效的相关报道

五、长江口渔业生态创新团队介绍

1.主要研究方向　长江口渔业生态创新团队以长江口及其邻近水域为重点研究区域，致力于河口海湾渔业资源环境监测与评估、关键渔业生境修复与重建、重要渔业资源养护与利用等方向的基础理论研究、共性关键技术研发和工程化应用示范。

2.团队主要成员　主要成员见表2-1及图2-24。

表2-1　团队主要成员

姓名	职称／职务	备注
庄　平	研究员	团队首席
赵　峰	研究员/副所长	团队副首席

（续）

姓名	职称／职务	备注
冯广朋	研究员/副主任	专业带头人
张　涛	研究员	专业带头人
王思凯	副研究员	专业带头人
黄晓荣	副研究员	科研骨干
宋　超	副研究员	科研骨干
张婷婷	副研究员	科研骨干
高　宇	副研究员	科研骨干
杨　刚	助理研究员	科研骨干
耿　智	助理研究员	科研骨干
刘若晖	研究实习员	科研骨干

图2-24　长江口渔业生态创新团队（前排右二为团队首席）

先进技术三

淡水人工鱼巢构建技术

技术概要

一、工作背景

由于鱼类繁殖习性的差异，其资源衰退的原因也不尽相同，因此，需针对鱼类产卵繁殖特点制定特定的资源养护技术。由于挖砂、护岸整治、水文调控等人类活动的影响，内陆自然水域产草黏性或沉黏性卵的鱼类产卵场面积急剧减少，需要通过人工鱼巢构建技术为其产卵繁殖提供保障。

二、技术原理

利用鱼类在浅水洲滩产卵黏附于水草等软介质、砂卵石等硬介质，并依附在介质上庇护生长的繁殖生物学及生态学习性，在天然水域设置各种类型的人工鱼巢，供鱼类产卵繁殖，庇护仔稚鱼生长。

三、技术方法

人工鱼巢构建技术的关键在于鱼巢材料、实施水域和实施时间的选择，以及实施期间的管理与维护。人工鱼巢包括软介质人工鱼巢、硬介质人工鱼巢以及复合型人工鱼巢。产草黏性卵鱼类的人工鱼巢宜采用金鱼藻、棕片、芦苇、蕨草、竹叶等柔软基质材料建造，产沉黏性卵鱼类的人工鱼巢宜采用杉木皮、木条、卵石等硬基质材料建造。

四、适用范围

可应用于内陆江河、湖泊和水库等水体，特别是原本有产卵场分布、现洲滩被淹没和底质遭受破坏的水域。一般选择在缓流或静水区域实施，避开主航道和人类活动频繁的水域。

五、工作成效

2015年以来，湖南20多个市县开展了人工鱼巢增殖，共增殖鱼卵100多亿粒、鱼苗90多亿尾，投入产出比达到1：10以上。2014—2016年，广东省在西江和东江部分江段开展了人工鱼巢示范推广，共投放11万米^2，据估算，可实现年增殖鱼苗2亿～3亿尾。目前，人工鱼巢已推广应用至长江、黄河、珠江等我国各大流域。

六、应用前景

该技术能修复鱼类产卵场、增殖孵幼种类多、没有潜在种质污染、水生态修复效果好、增殖效益高，具有较好的推广应用前景。

七、相关建议

（1）开展硬介质、复合型等其他类型人工鱼巢增殖修复技术研究。

（2）将人工鱼巢构建作为渔业水域生态修复的重要举措，政府引导、扶持、推广。

（3）将人工鱼巢作为涉水工程渔业生态补偿的重要内容予以实施。

一、工作背景

由于鱼类繁殖习性的差异，其资源衰退的原因也不尽相同，因此，需针对鱼类产卵繁殖特点制定特定的资源增殖技术。如草鱼、青鱼、鲢、鳙等“四大家鱼”属于典型的江河洄游性鱼类，成熟亲鱼需洄游到长江、湘江等江河上游产卵，受精卵随水漂流孵化，鱼苗鳔长成后，才能主动摄食生长。江河梯级开发导致“四大家鱼”产卵场被破坏，资源严重衰退，其资源修复常采用增殖放流或人工产卵场修复等方式。

但是，在淡水鱼类中，鲤、鲫、鲴类、鲂、鲌类、鮈类等大多数鱼类都是在河流湖泊的浅水洲滩或岸边产黏性卵或沉性卵，鱼卵黏附在水草、卵石等介质（这些介质称为“鱼巢”）上孵化，并在介质上庇护生长，鱼苗鳔长成后，才能离巢，主动摄食生长。由于梯级枢纽建设、采砂挖砂、护岸整治等人类活动的影响，鱼类产卵场面积急剧减少，人们采取设置人工鱼巢的方式，为鱼类构建产卵繁殖及仔稚鱼庇护生长的场所（图3-1）。

二、技术原理

（一）定义

人工鱼巢就是根据鱼类的繁殖习性，采用替代材料人工建造的设置在特定水域供鱼类产卵繁殖和仔稚鱼栖息生长的设施。据调查，60%以上的淡水鱼类、虾类可采用人工鱼巢方式增殖。

图3-1 2015年资水新化段人工鱼巢

（二）繁殖生物学及生态学特性

1.不同类型的产卵鱼类

（1）在浅水缓坡洲滩产草黏性卵，产卵后离巢的鱼类，如鲤、鲫、鳊、鲇（图3-2至图3-5）。

图3-2 鲤

图3-3 鲇

图3-4 鳊

图3-5 鲫

（2）在微流水中木条等附着物上产黏性卵的鱼类，如麦穗鱼（图3-6）。

图3-6 麦穗鱼

（3）在浅水缓坡洲滩产沉性卵的鱼类，如黄颡鱼（图3-7）。

图3-7　黄颡鱼

（4）在繁殖季节有产卵管，产卵于贝中的鱼类，如鳑鲏（图3-8）。

图3-8　鳑　鲏

（5）穴居产卵习性的鱼类，如河川沙塘鳢（图3-9）。

图3-9　河川沙塘鳢

（6）在流水浅水缓坡洲滩产沉性卵的鱼类，如湘华鲮、光倒刺鲃（图3-10，图3-11）。

图3-10　湘华鲮

图3-11　光倒刺鲃

2.人工鱼巢的类型　鱼类的繁殖生物学和生态学习性是构建人工鱼巢的生物学基础。可根据鱼类繁殖的生物学和生态学特性，构建各种类型的人工鱼巢，如软介质人工鱼巢、硬介质人工鱼巢、复合型人工鱼巢、淡水人工鱼礁。

三、技术方法

人工鱼巢构建技术的关键在于鱼巢材料、设置水域和时间的选择，以及人工鱼巢实施期间的管理与维护。产草黏性卵的鱼类的人工鱼巢宜采用金鱼藻、棕片、芦苇、芦苇、蕨草、竹叶等软介质材料（图3-12）建造，产沉黏性卵的鱼类的人工鱼巢宜采用杉木皮、木条、卵石等硬基质材料建造。

图3-12　棕叶狗尾草等无毒耐用且质地柔软的软介质材料

（一）材料选择

1.原则

（1）无毒、耐用、附着面积大，来源广，价格低。

（2）能漂浮在水中，散开后面积大，便于鱼卵黏附。

（3）质地柔软，亲鱼追逐碰触时不会伤及鱼体。

（4）不易腐烂，不影响水质，有利于受精卵孵化、庇护仔稚鱼生长。

2.种类　适合制作人工鱼巢的材料较多，可就地取材，因地制宜。主要包括以下这两类材料：

（1）自然取材。具体包括杉树叶、松树叶、石松（春耕草）棕片、芦苇、杨柳、竹叶等软介质材料（图3-13至图3-19），以及卵石、砂等硬介质材料（图3-20，图3-21）。

图3-13　杉树叶

图3-14　松树叶

图3-15　石　松

图3-16　棕　片

图3-17　芦　苇

图3-18　杨　柳

图3-19 竹 叶

图3-20 卵 石

图3-21 砂

（2）合成材料。具体包括孵化刷、网片（图3-22，图3-23）及其他合成材料。

图3-22 孵化刷

图3-23 网 片

（二）设置水域

人工鱼巢设置水域的选择主要考虑以下5个因素：①优先选择原本有产卵场分布现遭受破坏的水域；②流速缓流、静止水域；③避开航道及嘈杂、人类活动频繁等水域；④远离污染水域；⑤捕捞水域应有专人看守（图3-24，图3-25）。

图3-24 人工鱼巢设置水域应为较缓水域或静止水域

图3-25 人工鱼巢应设置在无污染、远离航道，且人类活动较少的水域

（三）功能作用

1.产卵繁殖 人工鱼巢主要用于产黏性卵鱼类、沉性卵鱼类、喜穴产卵鱼类、喜贝产卵鱼类的产卵繁殖。此外，建设人工鱼巢还可构建一个复合生态系统，供多种生态类型的鱼类产卵繁殖。

2.生长栖息 建设人工鱼巢，可以为稚幼鱼及虾类提供庇护生长的环境。

（四）人工鱼巢的优点

（1）增殖种类多，除青鱼、草鱼、鲢、鳙（图3-26）等产漂流卵的鱼类外，均可采用人工鱼巢增殖。

青鱼

草鱼

鲢

鳙

图3-26 不宜用人工鱼巢增殖的鱼类——产漂流卵鱼类

（2）通过人工鱼巢检索，鱼类自然增殖，无潜在种质污染，安全性较高。

（3）增殖修复效果好，投入产出比远大于增殖放流。

（4）能产生较好的生态效益。人工鱼巢是一个生物多样性指数较高的复合型生态系统。

人工鱼巢是继增殖放流后又一效果好、安全性高的资源增殖举措，应大力推广。

四、人工鱼巢的种类

1.软介质人工鱼巢 软介质人工鱼巢是采用棕片、春耕草等柔软基质材料建造，供草上产黏性卵的鱼类产卵繁殖的人工鱼巢，是最常用的人工鱼巢，现已在湖南的新邵、新化，湘江的常宁、衡南、浏阳、辰溪等地普遍使用。图3-27至图3-29是在湖南资水新邵段、新化段及沅水辰溪段设置人工鱼巢的实际案例。

图3-27 资水新邵段棕片基质人工鱼巢

图3-28 资水新化段春耕草基质人工鱼巢

图3-29 沅水辰溪段芦苇基质人工鱼巢

2.硬介质人工鱼巢　硬介质人工鱼巢是采用杉木皮、木条等硬基质材料建造，供沉黏性卵、沉性卵鱼类产卵繁殖的人工鱼巢（图3-30）。如湖南沅水辰溪县用杉木皮在河汊增养殖麦穗鱼，用卵石、砂等在缓坡岸线重建黄颡鱼、鲇等沉性卵鱼类产卵场。

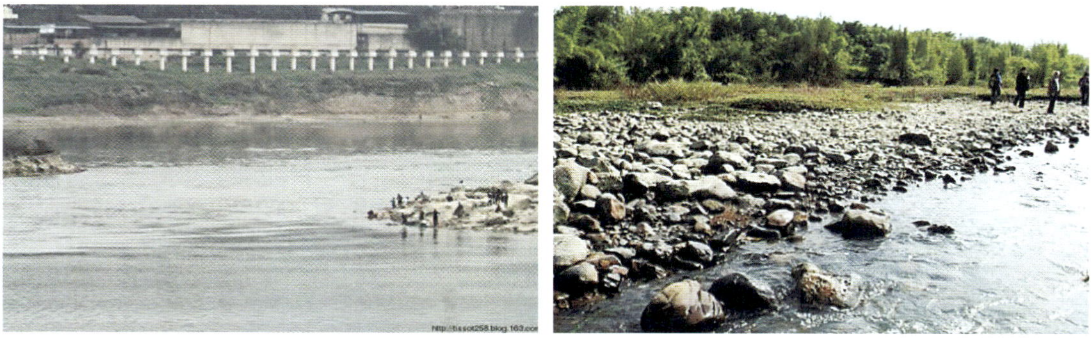

图3-30　硬介质人工鱼巢

3.复合型人工鱼巢　复合型人工鱼巢是通过礁体（负重）+卵黏介质（模拟成浅水缓坡界面）+（指示物）+锚固定，在江河湖泊中人工构建的供多种鱼类产卵繁殖、庇护仔稚鱼生长的人工鱼巢（图3-31）。

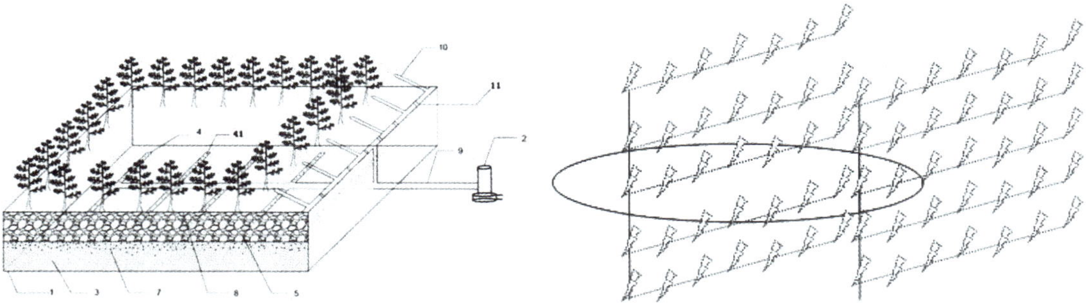

图3-31　复合型人工鱼巢构建示意图

复合型人工鱼巢是一个在水域中人工构建的小型复合生态系统，是鱼、虾、蚌类等多种水生动物产卵繁殖的场所，也是稚幼鱼、虾类的庇护生长场所。其构建主要步骤包括布礁固礁、负重与筑巢、种植标识植物、挂软介质人工鱼巢等。

五、人工鱼巢构建

（一）选址

人工鱼巢设置水域宜选择环境相对静止、水质符合《渔业水质标准》（GB11607—1989）的规定、水底沉积物厚度≤10厘米的静水，或流速≤0.05米/秒的微流水水域。人工鱼巢设置应不影响航运，不阻碍行洪。

（二）材料准备

包括基质（介质）材料、结构材料的准备（图3-32）。

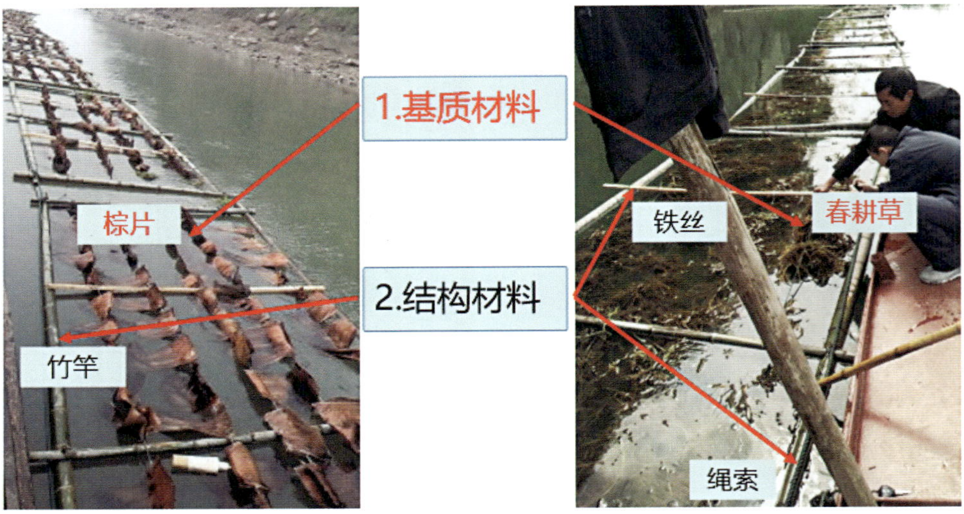

图3-32　材料准备

（三）消毒

安装基质材料前宜用5%的食盐将茎质浸泡2～3小时，或用2～3毫克/升的漂白粉喷洒，晾干（图3-33）。其他药物的使用必须符合《无公害食品　渔用药物使用法则》（NY 5071—2002）的规定。

图3-33　棕片的消毒处理

（四）建造

1.建造标准　软介质之间的距离称兜距，一般设置为15～20厘米。结构材料间的距离称行距，一般设置为30～40厘米。为便于设置和管理，一个完整的人工鱼巢为2米×4米，称为单元，多个单元连成1处人工鱼巢，单元之间距离一般设置为2～2.5米。人工鱼巢构建过程参见图3-34至图3-37。

2.设置数量的确定　每个增殖水域人工鱼巢设置的数量由增殖卵、苗数量、年产卵批次、平均批产卵量等进行推算，计算公式为：

$$N=M/n\cdot p$$

式中，N为每一增殖水域人工鱼巢设置数量，单位为扎（兜）；M为增殖鱼卵数量，单位为粒或万粒；n为产卵批次；P为平均批产卵量，单位为粒/批或万粒/批。

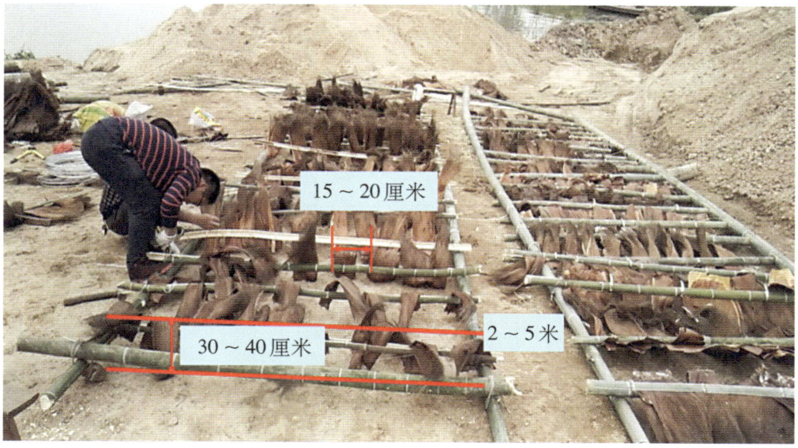

图3-34　人工鱼巢构建标准（兜距、行距与单元间距离）

图3-35　结构材料——楠竹

图3-36　搭建人工鱼巢骨架并系上软基质介质

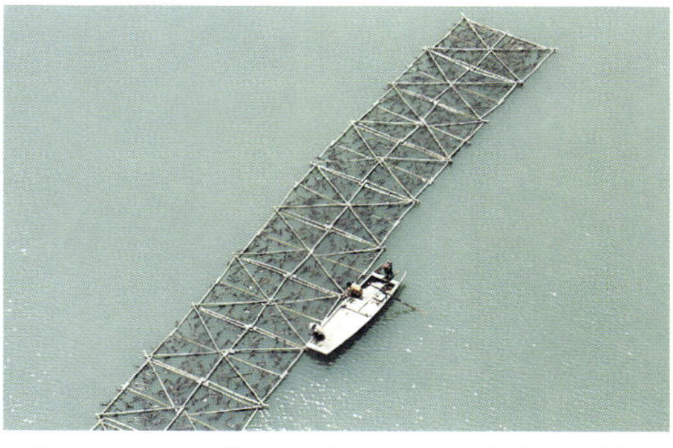

图3-37　人工鱼巢应下水固定在水流较缓区域或静水水域

（五）安装

1.安装地点 人工鱼巢一般安装在河湾静水或微流水处，以插扦或锚固定（图3-38）。

图3-38 安装人工鱼巢

2.安装时间

（1）一般在3—6月，华中、华南地区在3月上旬较好。鲤、鲫等主要在3—4月产卵，鲂鳊等鲌亚科、鮈亚科等在4—5月产卵，鲶科、鮠科等沉性卵鱼类在5—6月产卵。

（2）考虑洪水主汛期，设置时间主要在3—5月，在洪期前拆除上岸、留用。

（六）日常管理

（1）派专人值守，早晚巡视（图3-39）。

（2）记录天气、水温、水文及产卵批次等情况（图3-40）。

（3）鱼类产卵繁殖期结束后拆除人工鱼巢，清洗暴晒，在阴凉处储藏（图3-41）。

图3-39 每天巡视人工鱼巢，查看鱼类产卵情况

图3-40 查看与记录

图3-41 人工鱼巢拆除上岸

六、人工鱼巢效果评估

（一）卵苗增殖数量与种类评估

1.卵苗增殖量评估　按1%～2%的扎（兜）数量计算扎（兜）产卵量及受精率，或按五分法抽样2%～3%面积的鱼巢计算单位面积产卵量及受精率。

依照下列4个公式计算人工鱼巢卵苗增殖量，并将人工鱼巢批产卵情况及汇总分别记录在表3-1、表3-2中。

批产卵量：p_i= 扎（兜）产卵量 × 扎（兜）数

批鱼苗量：$q_i=p_ik_i$

总产卵量：$M=\sum p_i$

总鱼苗量：$Q=\sum q_i=\sum p_ik_i$

式中，p_i为第i批次产卵量，单位为粒或万粒；k_i为第i批次受精率；q_i为第i批次鱼苗量，单位为尾或万尾；M为总产卵量，单位为粒或万粒；Q为总鱼苗量，单位为尾或万尾。

表3-1　人工鱼巢批产卵情况记录

设置地点：　　　；人工鱼巢类型：　　　；扎（兜）：　　　；面积：　　　平方米

批产卵日期	天气	扎（兜）抽样		五分法抽样		批产卵量（万粒）	批鱼苗量（万尾）	备注
		产卵量（粒/扎，粒/兜）	受精率（%）	产卵量（粒/平方米、万粒/平方米）	受精率（%）			

表3-2　人工鱼巢增殖情况汇总

设置地点：

产卵批次	批产卵日期	产卵量（万粒）	鱼苗量（万尾）	增殖种类
1				
2				
3				

（续）

产卵批次	批产卵日期	产卵量（万粒）	鱼苗量（万尾）	增殖种类
……				
合计	共　　批次			

2.增殖种类　人工鱼巢增殖种类可现场判定；也可取受精卵鱼巢样本，在体视显微镜下依鱼卵特征（表3-3）判定；还可以将带受精卵的鱼巢样品带回，孵化培养成全长3厘米左右的鱼进行判定。

表3-3　鱼类繁殖季节及鱼卵特征

鱼名	产卵季节	吸水膨胀卵膜直径（毫米）	卵径（毫米）	鱼卵色彩	鱼卵性质
鲤	3—5月	1.4～1.8	1.2	橙黄色	黏性
鲫	3—5月	1.4～1.5	1.1～1.2	淡黄色	黏性
鲂	4—7月	—	1.2～1.4	浅黄微带绿色	黏性
黄颡鱼	5—7月	1.9～2.2	1.4～1.5	黄色	黏性
麦穗鱼	4—6月	—	—	微油黄色	黏性
餐条	5—6月	—	0.5～1.2	微油黄色	黏性
花鱼骨	4—5月	1.8～2.0	0.8～1.6	黄色	微黏性
细鳞鲴	4—6月	3.8～5.0	1.4～1.5	浅灰褐色	微黏性
黄尾鲴	4—6月	3.5～4.3	1.3～1.4	灰白色，透明	微黏性
鳊	4—7月	3.1～4.5	0.9～1.1	—	微黏性
蒙古鲌	5—7月	4.5～5.2	1.5～1.6	灰白色	微黏性
翘嘴鲌	6—7月	4.5～5.3	1.4～1.5	橙黄色	微黏性
青梢鲌	4—7月	1.3～1.4	0.9～1.0	—	黏性
银飘鱼	5—6月	—	0.9～1.0	草绿色	微黏性
光唇鱼	5—6月	2.32～2.54	1.84～2.14	金黄色	微黏性

（续）

鱼名	产卵季节	吸水膨胀卵膜直径（毫米）	卵径（毫米）	鱼卵色彩	鱼卵性质
泥鳅	4—7月	1.3	—	黄色半透明	微黏性

（二）社会经济效益评估

1.评估内容 对于天然水域，主要评估社会效益；对于湖泊、水库等增养殖水域，主要评估经济效益。

2.评估指标 投入产出比依下式进行计算。人工鱼巢的投入产出比一般在1 ∶ 10以上，为增殖放流投入产出比的3倍以上。

投入产出比＝人工鱼巢设置及运行成本÷（增殖种类资源量－本底值）×单价

（三）生态效益评估

主要用以下3个指标评估天然水域人工鱼巢增殖修复效果：

1.资源再现率P P＝（捕捞渔获物种类／记载种类）×100%。

2.重要经济物种增长率P_i P_i为天然水域资源衰退种类渔获物中增加比例（%）。

3.珍稀濒危物种再现率M_i M_i为珍稀濒危物种的出现频次。

（四）人工鱼巢增殖案例

1.资水新邵段2015—2017年人工鱼巢增殖效果

（1）总体情况。新邵县2015年设置人工鱼巢600米^2，产卵10批次，增殖鱼卵1.3亿粒、鱼苗0.75亿尾，增殖鱼类15种，投入产出比1 ∶ 10。

（2）人工鱼巢增殖前情况。资水新邵段孔雀滩、晒谷滩、筱溪3个库区江段均无鲤、鲫等黏性卵鱼类产卵场，库区鱼类来源主要为上游电站泄洪及增殖放流的“四大家鱼”等。资源种类再现率为10%～15%，其中鲤的再现率为3%～5%，鲫的再现率为3%～5%。捕捞渔获物种类少，鲤、鲫等黏性卵鱼类很少。

（3）人工鱼巢增殖情况。2015—2017年均设置人工鱼巢，2017年资源种类再现率为25%，鲤的再现率为10%，鲫的再现率为8%。捕捞种类明显增加，鲤、鲫比例明显提高，产生了较好的社会、经济及生态效益。

2.资水新化段2015—2017年人工鱼巢增殖效果

（1）总体情况。资水新化段2015年增殖鱼卵1.34亿粒、鱼苗1亿尾，增殖鱼类15种，投入产出比1 ∶ 10。

（2）人工鱼巢增殖前情况。该江段受浪石滩、柘溪等水电站影响，日水位落差2～3米，虽有产卵场，但鱼类常在晚上产卵，白天就退水干枯了，黏性卵鱼类繁殖条件较差。

（3）人工鱼巢增殖情况。2015—2017年开始设置人工鱼巢，资源种类再现率提高5%，鲤及鲫的再现率均提高8%以上，捕捞种类增多，特别是提高了鲤、鲫比例，产生了较好的社会、经济及生态效益（图3-42）。

图3-42　人工鱼巢增殖效果图

（资水新邵段主要用棕片作为鱼卵黏附介质，新化段主要用春根草作为鱼卵黏附介质）

七、湖南人工鱼巢工作进展

1.湖南水域特点

（1）水域面积11000千米^2，占国土面积的5.3%，湘、资、沅、澧四水及其支流均已梯级开发。

（2）水工建筑众多，河流渠化现象严重。

（3）在产卵场消失的库区江段，人工鱼巢增殖资源正形成制度。

2.湖南人工鱼巢进展及研究目标

（1）开展历史。民间开展时间较早，在沅水及怀化有利用鱼巢捕鱼的历史（图3-43）。

图3-43　沅水怀化辰溪江段及其支流中的人工鱼巢。湖南省现已禁止利用工人鱼巢捕捞产卵繁殖的亲鱼

（2）推广时间。从2012年开始，目前在常宁市、浏阳市、新邵县、新化县、辰溪县等20多个县（市）开展人工鱼巢增殖。

（3）推广效果。增殖效果好，投入产出比在1 ∶ 10以上，增殖种类20多种。2015年以来，增殖鱼卵100多亿粒、鱼苗90多亿尾。

（4）存在问题。①无足够资金支持；②硬介质、复合型人工鱼巢等增殖修复技术有待深入研究；③工作没有全面铺开。

3.湖南人工鱼巢标准

（1）2015年制定了地方标准（图3-44）。软介质人工鱼巢增殖技术现已实用化、标准化。

（2）2017年制定了湖南农业技术规程（图3-45），人工鱼巢等增殖技术已成为湖泊生态修复、增产增效的重要手段。

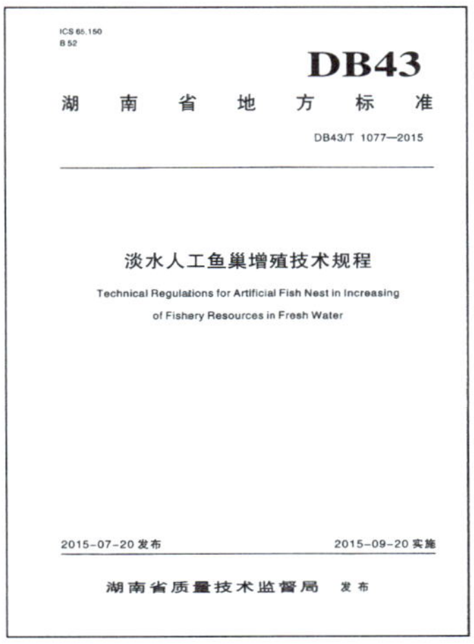

ICS 65.150
B 52

DB43

湖　南　省　地　方　标　准

DB43/T 1077—2015

淡水人工鱼巢增殖技术规程

Technical Regulations for Artificial Fish Nest in Increasing of Fishery Resources in Fresh Water

2015-07-20 发布　　2015-09-20 实施

湖南省质量技术监督局　发布

图3-44　湖南省地方标准淡水人工鱼巢增殖技术规程

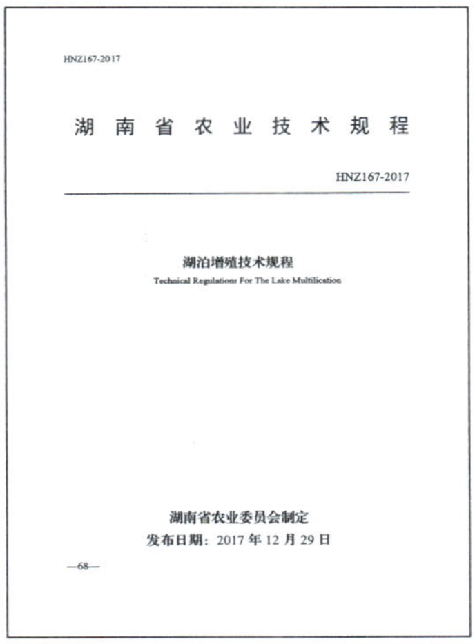

HNZ167-2017

湖　南　省　农　业　技　术　规　程

HNZ167-2017

湖泊增殖技术规程

Technical Regulations For The Lake Multilication

湖南省农业委员会制定

发布日期：2017年12月29日

—68—

图3-45　湖南省农业技术规程湖泊增殖技术规程

湖南已将人工鱼巢作为涉水工程渔业生态补偿的重要内容予以实施，人工鱼巢已成为天然水域生态修复的重大举措，正在推广实施。

八、湖南省水产科学研究所资源与环境保护研究团队介绍

1.主要研究方向

（1）水生生物资源与环境保护技术。

（2）栖息地保护与重建技术。

（3）人工鱼巢增殖修复技术。

（4）珍稀濒危水生生物繁养技术。

（5）增殖放流与效果评价技术。

（6）工程生态影响与评价技术。

2.团队主要成员 团队成员有李鸿、梁志强、葛虹孜、廖伏初、袁希平、王崇瑞、杨鑫、李昊旻（图3-46，图3-47）。

图3-46 湖南省水产科学研究所资源与环境保护研究团队

图3-47 团队负责人廖伏初研究员

3.人工鱼巢技术标准及专利

（1）湖南省地方标准淡水人工鱼巢增殖技术规程（DB43/T 1077—2015）。

（2）湖南省农业技术规程湖泊增殖技术规程（HNZ176—2017）。

（3）国家发明专利：一种复合型人工鱼巢及其设置方法。专利号为ZL 2014 10563892.6。

先进技术四

大麻哈鱼类产卵场生态修复技术

技术概要

一、工作背景

大麻哈鱼类产卵场是回归生殖群体的自然繁殖场所，亦是其受精卵孵化、仔稚鱼的育护场所，是大麻哈鱼类自然增殖水域栖息地生境构成的核心要素。产卵场生境功能的适宜性及其可利用生境的空间规模会直接影响其种群繁衍和资源补充。近年来，随着经济社会的快速发展，江河（流域）干支流流域工程建设、农田开垦、采石挖沙等活动增多，大麻哈鱼类产卵场面积不断减少，功能不断退化。

二、技术原理

产沉性卵的大麻哈鱼类对产卵场的水温、溶氧、底质、水质、水文等生境条件要求严格，目前主要是通过栖息地选择、底质重建、微生境优化、河岸带植保、河道清淤等针对性的技术措施，修复产卵场的生境条件。

三、技术方法

主要技术包括：①底质复耕法，即河道底质清淤除草后，将裸露砾石翻动除污，形成产卵繁殖生境；②底质铺装法，即将砾石铺装在河道底部，适当修复原生物群落，形成产卵繁殖底质生境；③仿生人造产卵场试验装置模拟法，即在大麻哈鱼洄游期铺设人工模拟产卵场，开展繁殖活动所需环境因子需求研究。产卵场修复技术的关键在于解决栖息地修复的可行性和底质、水质生境的适宜性等问题。

四、适用范围

大麻哈鱼类产卵场历史分布区域，以及生态环境适宜的鲑渔业增殖水域或人造生态景观展区。

五、工作成效

2016年，在松花江支流汤旺河进行了产卵场底质复耕和铺装等生境修复工作，回归亲鱼成功产卵繁殖。2017年，在黑龙江上游支流呼玛河开展了产卵场底质复耕，人工迁移回归亲鱼群体成功产卵繁殖，产卵率达85%以上。2017年及2018年，大麻哈鱼、花羔红点鲑、细鳞鲑分别在鲑鱼类人造产卵场产卵繁殖。

六、应用前景

可在大麻哈鱼等鲑鱼类产卵场修复工程中推广应用。

七、相关建议

一是要对栖息地生态修复的可行性进行调查评估；二是设计研发底质、水质、水文等生境要素修复的基础设施与装备，以便广泛应用；三是与流域生态修复规划和保护修复行动结合实施，做好修复工程的保护和维护工作，实现可持续生态修复。

一、研究背景

大麻哈鱼类亦称太平洋鲑鱼（图4-1），自然分布于太平洋北纬35°以北水域及沿岸河流，在中国分布于黑龙江、乌苏里江、松花江，以及绥芬河和图们江水域。大麻哈鱼为肉食性，以小型鱼、虾等为食，幼鱼以大型浮游生物和水生昆虫为食，属高度溯河生殖洄游性鱼类，一般4冬龄性成熟。9—11月，大麻哈鱼集群洄游至江河上游及其支流产卵场，雌鱼在沙砾底质掘穴产卵，受精卵即在穴中孵化，产卵后亲鱼死亡。

历史上，大麻哈鱼在中国的主要产卵河流包括黑龙江支流呼玛河、逊别拉河，乌苏里江，松花江支流牡丹江、汤旺河，绥芬河、图们江等，其资源量至20世纪60年代仍非常丰富，后来由于渔业生态环境恶化、江水污染、产卵场功能丧失和无序过度捕捞，资源遭到破坏，致使黑龙江同江段以上、松花江已多年未见溯河群体，种群数量处于濒危状态，需加强保护。

图4-1　大麻哈鱼类上溯回归淡水河流

（一）物种特性

1.典型单生命周期种类 大麻哈鱼类一生只繁殖一次，繁殖后死亡，有些陆封型种类繁殖后可存活。大麻哈鱼性成熟年龄以4龄为主，产沉性卵，卵球形，卵径4～7毫米。洄游型个体发育及生活过程一般为：受精卵→仔稚鱼→幼鱼→降海稚幼鱼→当年鱼→成鱼→溯河生殖群体→繁殖亲鱼→死亡。

2.狭温性冷水性鱼类 生存水温一般在20℃以下，繁殖期水温一般在15℃以下，繁殖孵化适宜水温为4～12℃。秋季，生殖群体洄游上溯河流上游或其支流产卵繁殖；春季冰雪消融时，稚幼鱼开始降河过河口入海生活。其一生不断迁徙，找寻适宜栖息环境或生境水域生存、成长和繁衍，完成生活史。

3.过河口长距离洄游性鱼类 大麻哈鱼的生活史中有往复迁徙淡海水栖息地的经历，洄游距离较长，溯河洄游生殖群体自河口上溯可达3000千米以上，海洋生活时期，环北太平洋迁徙距离可达10000千米以上。

4.高度溯河生殖洄游性鱼类 稚幼鱼离开出生地降河入海，在海洋中生活2～8年，生长至成熟，溯河回归到原出生地河流，即母川河产卵繁殖。大麻哈鱼对出生河流和洄游迁移路线有准确的记忆和识别能力，回归率高达20%。

5.生活史策略 生活史中最重要的生命活动是成熟时溯河洄游生殖繁衍，稚幼鱼期降河洄游入海生长发育。生殖群体溯河回归到出生地河流，寻找选择适宜生境进行繁殖活动，并有择偶、做窝、护幼等繁殖行为，以保障繁殖效率、受精卵孵化率及早期淡水生活阶段的成活率。稚幼鱼降河在河口区适应盐度变化并育肥，幼鱼至成鱼生长发育阶段迁徙到宽阔的海域，扩大生存栖息空间和食物来源，维持种群竞争力（图4-2）。

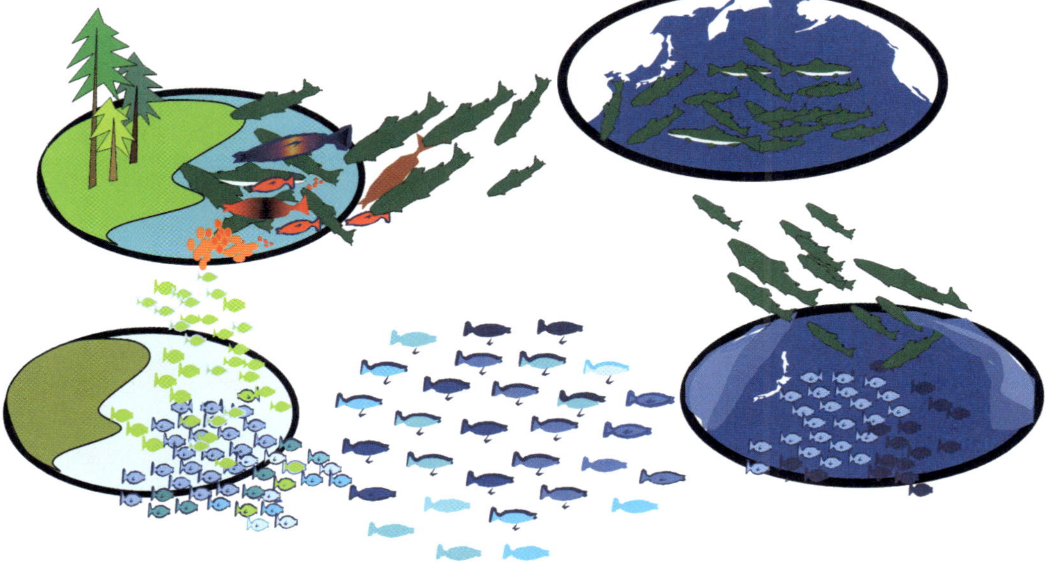

图4-2 大麻哈鱼类生活史与栖息地

（二）物种价值

1.科学价值　大麻哈鱼属高度溯河洄游性鱼类，为高纬度、高海拔、高寒区域冷水水域珍稀物种。其生活史联系淡水、河口、海湾和大洋等水域生态系统，洄游距离长达数万千米以上，生活史独特。大麻哈鱼洄游被列为世界自然大事件之一。

2.生态价值　栖息地生态环境与流域生态系统的健康状况直接相关。大麻哈鱼的生活与150余种生物构成水（鱼虾）、陆（熊）、空（鹰）生态链及食物链，对生态环境和生境变化敏感，是海洋陆地生态环境共享指示物种。

3.人文价值　黑龙江沿岸土著民，如赫哲族自古就以渔猎为生，孕育了丰富的鱼文化和传奇故事，创造了多彩的鱼文化产品，如鱼皮衣、鱼皮画等。观赏大麻哈鱼类洄游生殖季生态景观，见证一往无前的大麻哈鱼精神，呼唤激发全社会参与保护珍稀物种是独具励志意义的休闲渔业与环保文体融汇之旅。

4.经济价值　大麻哈鱼肉质营养丰富，鱼子营养价值极高，是世界公认的优质渔产品（图4-3）。

图4-3　大麻哈鱼类物种价值

5.战略地位　我国拥有大麻哈鱼类原始栖息地，是鱼源国之一。争取鱼源国权益，承担相应保护义务，制定保护增殖计划与措施，关注河口区、专属经济区动态，对保护生物资源、生态安全及维护国土资源安全有重要战略意义。

（三）种群易濒危因素

1.稀有种　分布区域较狭窄，单生命周期或一次生殖，种群密度较低，补充群体不稳定，种群数量波动大。

2.栖息地生态环境改变　流域内山、水、林、田、湖、草、海等地域生态状况，以及水利工程、森林砍伐、湿地退化、矿产采掘、采石挖沙、农田开垦、水土流失、环境污染和气候变化等生态环境问题，导致大麻哈鱼适宜栖息地严重缩减，分布区域缩小。产卵场生境的适宜性及其可利用空间规模直接影响种群繁衍和资源补充。

3. 洄游通道阻隔　拦河筑坝、河道淤积、河流改道、河道网栏等造成洄游通道阻隔和河流水量不足，导致洄游群体被拦截或死亡。

4. 过度捕捞　不合理的捕捞强度和捕捞作业设置会造成生殖群体不足或不能到达产卵场，种群繁衍数量濒于枯竭。

（四）淡水栖息地特征

1. 栖息河流　历史记载，我国大麻哈鱼类栖息河流主要有：①黑龙江干流（上游和中游），上源额尔古纳河，右岸上游支流呼玛河，中游支流逊别拉河、嘉荫河等；②松花江干流，北源嫩江，中游右岸支流牡丹江、巴兰河，下游北岸支流汤旺河等；③乌苏里江干流，中游左岸支流松阿察河、独木河、阿布沁河等；④绥芬河干流，上源大绥芬河，下游支流瑚布图河；⑤图们江干流，左岸中游支流红旗河、下游支流密江河、珲春河等。

2. 关键栖息地

（1）*产卵场*。产卵场即栖息河流中可进行产卵繁殖的场所。有产卵场的河流称为产卵河流，是鱼类繁殖、受精卵孵化、仔稚鱼发育的水域。历史上著名的产卵河流有黑龙江上游支流呼玛河，乌苏里江干流及其支流独木河，松花江中游支流牡丹江、下游支流汤旺河等，绥芬河干流及支流瑚布图河，图们江干流及支流珲春河等。在这些河流中分布着较大型的天然产卵场。

（2）*索饵场、越冬场*。产卵河流及其邻近水体（湖泡等）有稚幼鱼外营养期饵料基础的水域为索饵场；有一定水流、水深，水温在2℃以上的水域为越冬场。稚幼鱼索饵场和越冬场基本在同一水域。

（3）*洄游通道*。自产卵河流产卵场至河口水域为洄游通道，洄游通道上下行无断流、无拦截、无阻隔。

3. 产卵场生境要素（图4-4）

图4-4　大麻哈鱼类产卵河流生态环境

(1) 水文条件，包括水位、流速、流态、连通性等。

(2) 生态条件，包括理化因子、水质、生物、群落结构、河流连通性等。

(3) 生境条件，包括水温、底质、涌泉、溶氧、水位等。

4.产卵场现状　由于人类活动、气候变化及生态变迁等影响，多数产卵场环境和生境发生改变，如水质污染、水体透明度下降、石砾底质被破坏、水文状况不稳定、河流生态生境片段化、洄游通道阻隔等，部分产卵场功能几乎丧失（图4-5）。此外，由于种群或群体处于濒危或消失状态，无上溯群体到达产卵场。

图4-5　大麻哈鱼产卵场环境与现状

二、技术原理

大麻哈鱼类对产卵场的水温、溶氧、底质、水质、水文等生境条件要求严格，通过回归群体洄游分布和栖息地环境调查，对产卵河流历史产卵场功能现状进行分析评价，监测产卵场环境因子和生境要素指标，评估栖息地修复可行性和可利用性，主要通过栖息地选择、底质重建、微生境优化、河岸带植保、河道清淤等针对性的技术措施，修复产卵场的生境条件，为其种群资源恢复和栖息地重建提供科技示范。

三、技术方法

（一）栖息地调查与评价

通过对我国大麻哈鱼原始栖息地和回归生殖群体变动的多次科考及栖息地适宜性评估（图4-6），确定首选黑龙江支流呼玛河、松花江支流汤旺河下游河段作为可利用产卵河流生态修复试点。

图4-6　黑龙江抚远段大麻哈鱼回归群体调查

（二）增殖放流技术集成与示范

1.大麻哈鱼类规模化繁育及群体标记技术创新与示范　在放流站和实验基地进行大麻哈鱼类人工繁殖孵化，并对发眼卵进行耳石环境群体标记（图4-7），标记率达到95%以上。

2.大麻哈鱼产卵场三季精准增殖放流技术　针对大麻哈鱼类高度溯河生殖洄游的特性，在产卵河流进行发眼卵、稚幼鱼和回归生殖群体增殖放流，实施原始栖息地辅助种群恢复与重建。

3.大麻哈鱼回归群体调查与检验　对回归群体进行调查、标记检验和统计分析，对增殖放流效果进行评估。

图4-7　大麻哈鱼胚胎耳石群体标记技术

（三）栖息地修复与重建技术

1.大麻哈鱼类关键栖息地生境特征与功能因子权重分析

2.大麻哈鱼类产卵场底质修复技术与示范

（1）*底质复耕*。在河道底质清淤除草后，对裸露砾石翻动除污（图4-8），形成产卵繁殖生境。

（2）*底质铺装法*。将砾石铺装在河道底部，适当修复原生物群落，形成产卵繁殖底质生境。

3.仿生人造产卵场设计、制造与应用　设计铺设产卵场，人工模拟产卵场生境，开展鲑鱼类繁殖环境和生境因子实验研究。

图4-8　汤旺河产卵场河道疏通清淤

（四）大麻哈鱼类种群恢复与重建技术创新与示范

（1）产卵河流原始栖息地精准增殖放流。

（2）产卵场跟踪标记与生境选择。

（3）人工辅助迁移产卵场自然增殖示范。

四、应用与示范

1.松花江支流汤旺河下游历史产卵场栖息地修复与种群重建示范　2012—2020年连续进行标志放流，2015—2022年检测到人工增殖大麻哈鱼回归汤旺河及邻近水域（图4-9）。

图4-9　人工增殖大麻哈鱼回归汤旺河

通过实施河床底质复耕和铺装、河道疏通、河道整治、生物群落修复等综合技术方案（图4-10），营造适合大麻哈鱼产卵场的环境条件，将20组大麻哈鱼成熟亲鱼迁移至产卵河流，亲鱼主动选择上溯进入产卵场修复示范区，首次实现人工迁移大麻哈鱼在修复后的产卵场成功自然产卵繁殖，为大麻哈鱼类栖息地生态修复积累了宝贵的科学数据和资料。同时，人工增殖大麻哈鱼自海洋回归汤旺河，并在修复后的产卵场产卵繁殖，完成全人工增殖周期，对松花江生态系统健康状况起到指示作用。

图4-10　汤旺河下游产卵场修复与重建

2.黑龙江上游支流呼玛河下游历史产卵场栖息地修复与种群重建示范（图4-11）　该水域是以大麻哈鱼为主要保护对象的省级自然保护区，在前期大量调查监测和增殖放流工作的基础上，对呼玛河历史上原始大型产卵场水域开展生态修复工作。

图4-11　呼玛河下游产卵场水域

2014—2020年，进行三季标志放流（图4-12，图4-13）。

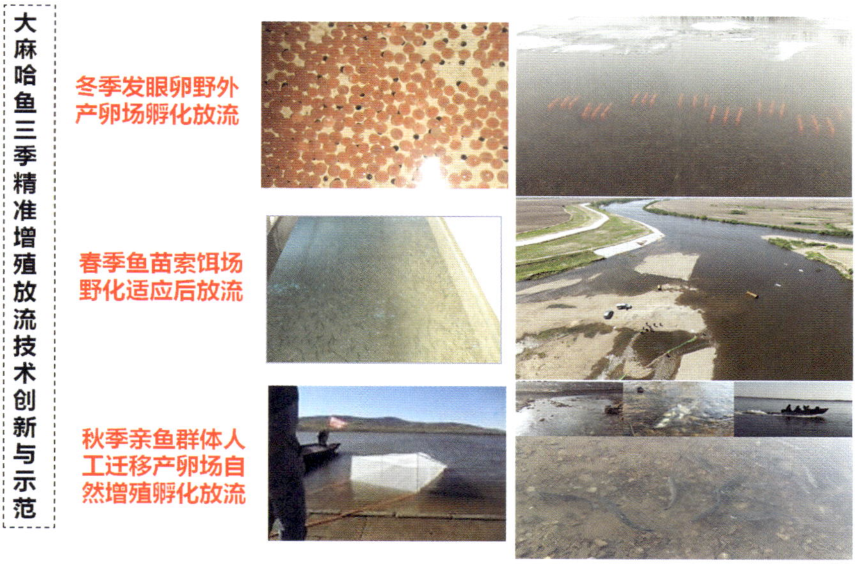

图4-12　产卵场三季精准增殖放流技术示范

图4-13　呼玛河下游产卵场水域春、冬和秋季增殖放流

2017年，开展产卵场底质复耕、水草清除、洄游通道疏通等工作，改善产卵场生境，人工迁移回归群体成功自然产卵繁殖，产卵率达85%以上。受精卵孵化正常，春季调查发现存活生长发育良好的稚幼鱼（图4-14）。

1.底质复耕、除草　　2.鱼类繁殖　　3.调查验证

图4-14　呼玛河产卵场修复效果验证

现场观察和标记跟踪（图4-15）显示，所有亲鱼均上溯迁移，33组亲鱼在同一时空环境条件下寻找适合的产卵位置，共发现做窝鱼巢约24处（图4-16）。

3.绥芬河标志放流与人造产卵场装置试验　2009—2020年开展耳石和剪鳍标志放流。2017年和2018年，在绥芬河东宁鲑鱼放流站进行鲑鱼类人造产卵场实验。

根据天然产卵场的生境特征，设计建造人工产卵场（图4-17），通过标记检测和水下视频观察，进行实验鱼繁殖行为、繁殖活动所需环境因子（水温、流速、溶解氧、底质等）研究。

雌鱼编号	消失时间	消失前监测点	最后监测点
1	2017-10-30 17:09:37.80 00:00:00.20	A	B
2	2017-09-10 04:13:24.78 00:00:00.00	A	A
6	2017-11-03 06:20:35.36 00:00:00.00	B	D
7	2017-11-10 05:54:02.52 00:00:00.10	B	B
8	2017-11-08 01:43:22.16 00:00:00.20	A	B
9	2017-10-28 00:20:00.84 00:00:00.00	A	C
10	2017-08-29 04:24:12.70 00:00:00.10	A	A
11	2017-11-07 23:13:57.80 00:00:00.21	C	C
12	2017-11-02 16:35:12.19 00:00:00.30	B	B
13	2017-11-10 05:45:09.17 00:00:00.40	B	B
16	2017-08-31 19:25:45.29 00:00:01.02	A	A
17	2017-08-30 01:27:47.83 00:00:01.53	A	A
18	2017-09-09 06:28:47.78 00:00:00.42	A	A
20	2017-10-28 21:12:21.27 00:00:00.00	C	C
21	2017-10-28 04:03:10.19 00:00:00.10	B	C
24	2017-10-30 21:26:32.24 00:00:00.40	B	B
36	2017-10-31 04:21:47.88 00:00:05.07	D	D
39	2017-10-31 02:57:33.53 00:00:01.73	D	D

图4-15　标记跟踪繁殖群体产卵场活动

图4-16 呼玛河下游历史产卵场修复实验区

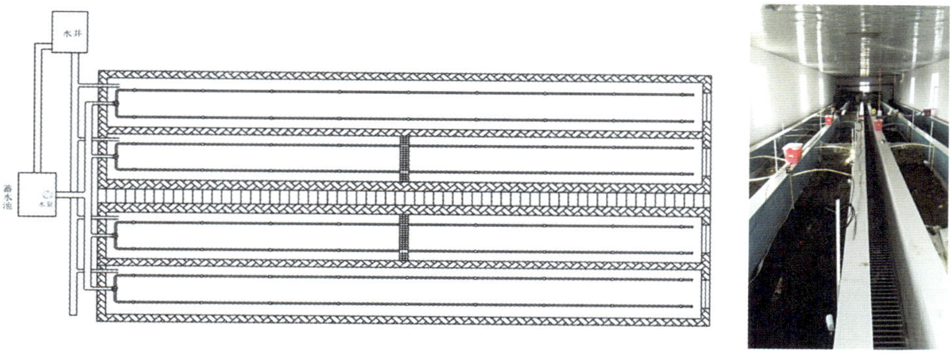

图4-17 人工模拟产卵场实验装置

大麻哈鱼、花羔红点鲑、细鳞鲑分别自然产卵繁殖，并成功孵化，首次在人工模拟产卵场环境条件下实现鲑鱼类自然繁殖、受精卵正常孵化，稚鱼上浮摄食（图4-18）。

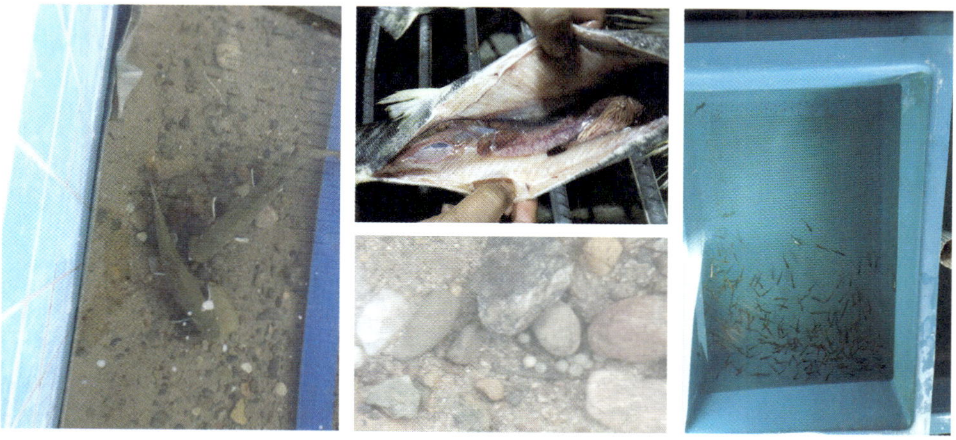

图4-18 人工模拟产卵场应用实验

4.其他水域 2015年在黑龙江中游萝北段、2016年在黑龙江中游支流逊别拉河产卵河流进行春季组合标记放流，2018年在黑龙江中游同江段街津口赫哲族乡进行海洋放牧标志放流，2019—2020年在乌苏里江支流阿布沁河进行秋季增殖放流。

五、应用前景

栖息河流生态修复是一项集生态、绿色、观光、公益于一体的系统工程，保护大麻哈鱼类栖息地就是保护人类自己。

六、相关建议

一是要对栖息地生态修复的可行性进行调查评估；二是设计研发底质、水质、水文等生境要素修复的基础设施与装备，以便广泛应用；三是与流域生态修复规划和保护修复行动结合实施，做好修复工程的保护和维护工作，实现可持续生态修复；四是倡导人与自然和谐发展的理念，科技先行、保护优先、合理利用、联合行动。自然水体及栖息的鱼类具有流动性，其保护利用依赖辖区和跨地区联合管理。

七、产卵场修复与重建团队介绍

1.主要研究方向 主要研究方向有：关键栖息地生境特征与适宜性分析评估；大麻哈鱼类放流群体标记技术；三季精准增殖放流技术；增殖群体野外适应性驯化放流技术；仿生人造产卵场设计、建造与应用；种群恢复与重建技术与示范；人工辅助迁移生殖群体产卵场自然增殖示范。

2.团队主要成员 主要成员见表4-1及图4-19、图4-20。

表4-1 团队主要成员

姓名	职称	备注
刘伟	研究员	设计组织实施生境修复技术
战培荣	研究员	栖息地调查、产卵场环境评价
唐富江	副研究员	资源调查、回归群体分析
王继隆	副研究员	资源调查、生物学、增殖放流
李培伦	助理研究员	繁殖生理生态、产卵场生境
鲁万桥	助理研究员	资源调查环境

图4-19 刘伟研究员

图4-20 中国水产科学研究院黑龙江水产研究所大麻哈鱼类种群恢复与栖息地修复研究团队

先进技术五

海藻（草）移植栽培技术

技术概要

一、工作背景

海草床具有重要的生态服务价值，是近海众多渔业资源的栖息、繁衍、索饵和庇护场所。近年来，随着经济社会的快速发展，海洋工程建设不断增多，海草床面积不断减少，功能不断退化。

二、技术原理

海草床的修复技术包括植株移植和种子播种两方面。海草苗种人工培育技术尚未建立，目前植株移植技术应用最为广泛。株移植技术主要通过人工固定或包裹的方式将植株固定在修复水域，并保证植株能够持续吸收营养物质。

三、技术方法

1. 枚订植株移植法：使用U形金属或木制枚订，将移植植株固定于底质。
2. 框架植株移植法：将移植植株绑缚于金属框架上，然后将框架投放至修复海域。
3. 基质包裹移植法：将移植植株用有益基质包裹，然后将其掩埋或投掷于修复海域。

植株移植技术关键需要解决植株固定和植株营养吸收两个问题。

四、适用范围

沿海海草历史分布区域，以及适宜海草生长的区域，要求海底泥含量重量百分比不低于50%。

五、工作成效

2017年在山东省威海市天鹅湖和逍遥湖开展了鳗草规模化移植，植株的平均存活率达到83%，显著高于国外移植案例的修复效果。

六、应用前景

可在海洋近岸环境修复工程中推广应用。

七、相关建议

一是进一步凝练简化技术；二是设计开发海草高效移植栽培设置，以便大面积推广应用；三是扩大移植栽培海草种类。

一、海藻（草）主要生态作用

（一）海草床的生态作用

海草床（图5-1）是近海三大典型生态系统之一，其生态服务价值可达19004美元/（公顷·年），是近海重要的产卵场、育幼场（图5-2）、栖息地（图5-3），亦是海洋最有效的碳捕获和碳封存生态系统之一。

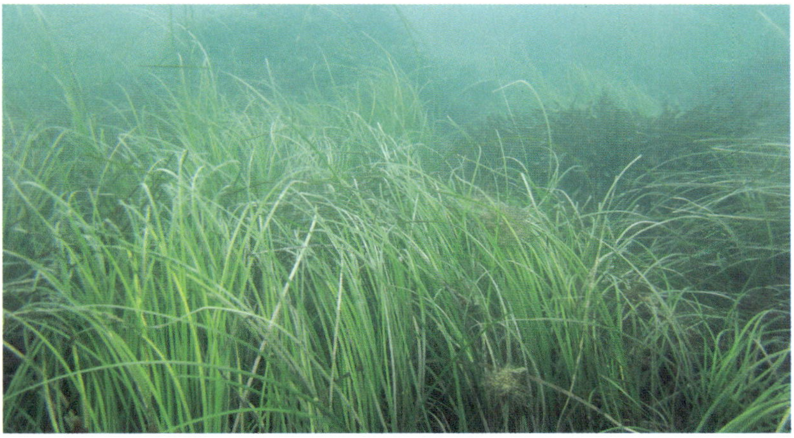

图5-1　荣成市马山里海域红纤维虾形草海草床

图5-2　海草床的育幼场作用

图5-3　海草床的鱼类栖息地作用

荣成天鹅湖鳗草生境的产卵场效应研究显示，鳗草叶片附着卵块从外形上大体可以分为具有卵鞘的卵块和凝胶状卵块（图5-4）。

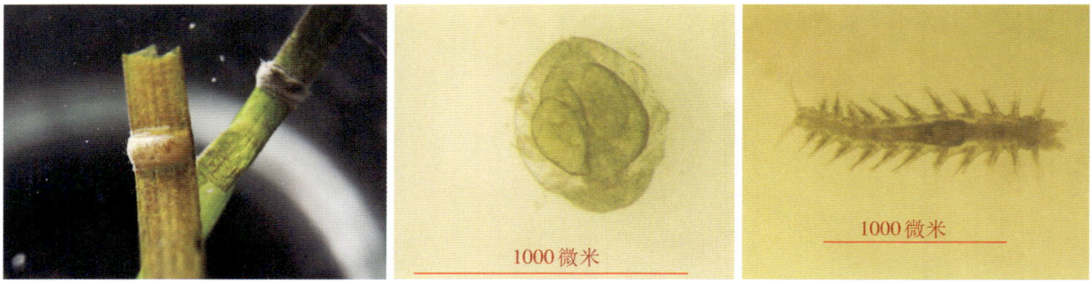

多齿围沙蚕

刺绣翼螺　畦螺属未知种　秀丽织纹螺　日本月华螺

图5-4　荣成天鹅湖鳗草叶片附着卵块

对海草床的产卵场效应分析显示，4月至11月上旬，天鹅湖鳗草草床对日本月华螺等小型腹足类群体的补充效应可达近13000千亿个，小型腹足类不仅具有较强的净水作用，亦是杂食性鱼类的主要饵料生物。多毛类是鱼类的优质饵料生物，据推算，4月至11月上旬，天鹅湖鳗草草床有2000亿条多毛类幼体补充到多毛类群体中（图5-5）。

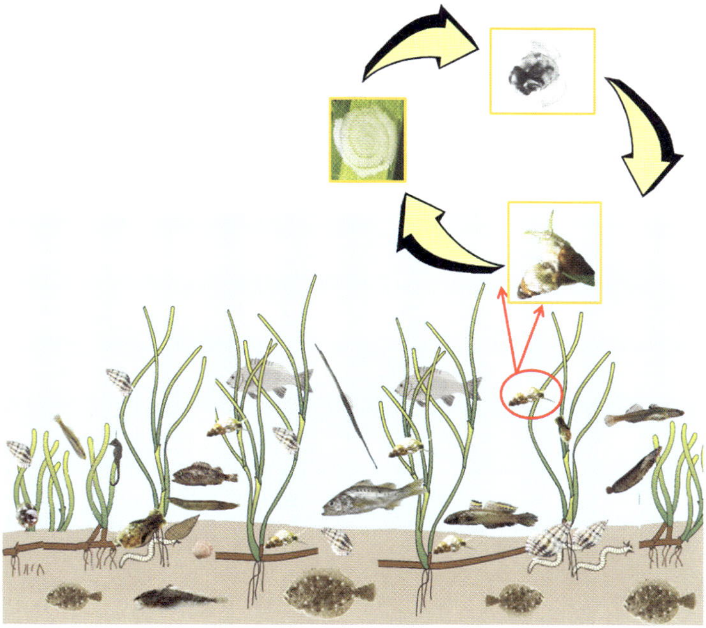

图5-5 海草床产卵场效应示意图

（二）海藻场的栖息地作用

海藻场也是近海重要的生态系统，在生态环境改善和渔业资源养护等方面发挥着重要的生态功能（图5-6）。

图5-6 人工藻礁大型藻类附着效果与渔业资源养护

二、海草移植栽培技术

海草床退化生境的生态修复技术主要包括植株移植修复技术和种子播种修复技术。目前，海草苗种人工培育技术尚未建立，对退化生境的修复仍依赖于天然供体，因此，在移植栽培过程中要充分利用供体植株（图5-7）。

图5-7　海草供体植株

（一）移植栽培方法

移植栽培方法主要有以下几种：

1. 枚订植株移植法　使用U形金属或木制枚订，将移植植株固定于底质。该方法适用于泥含量重量百分比不低于60%、水流平缓的海域（图5-8）。

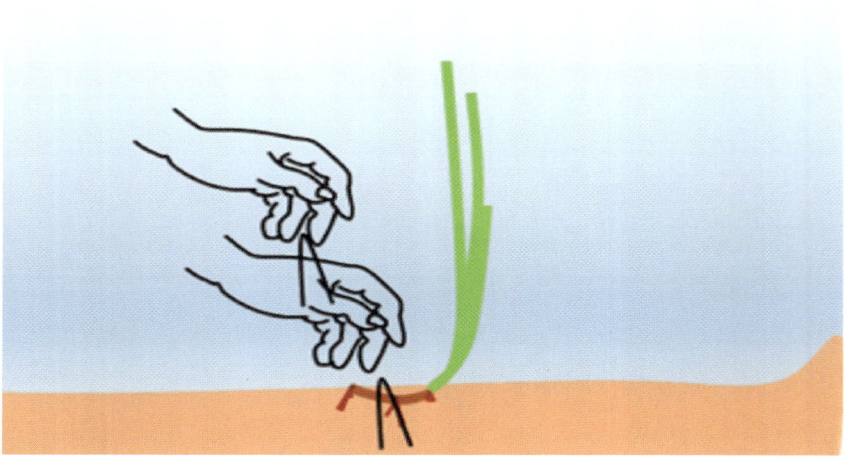

图5-8　枚订植株移植法

枚订植株移植法的操作过程见图5-9。

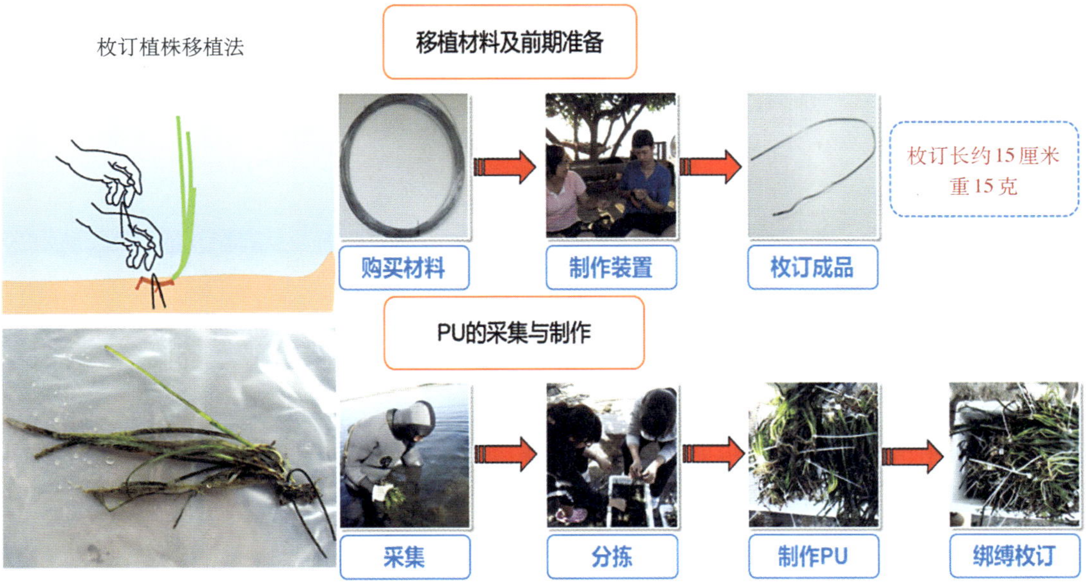

图5-9 枚订植株移植法的操作过程

2.框架植株移植法 将移植植株绑缚于金属框架，然后将框架投放至修复海域。该方法适用于泥含量重量百分比不低于50%、水流较大的海域（图5-10）。

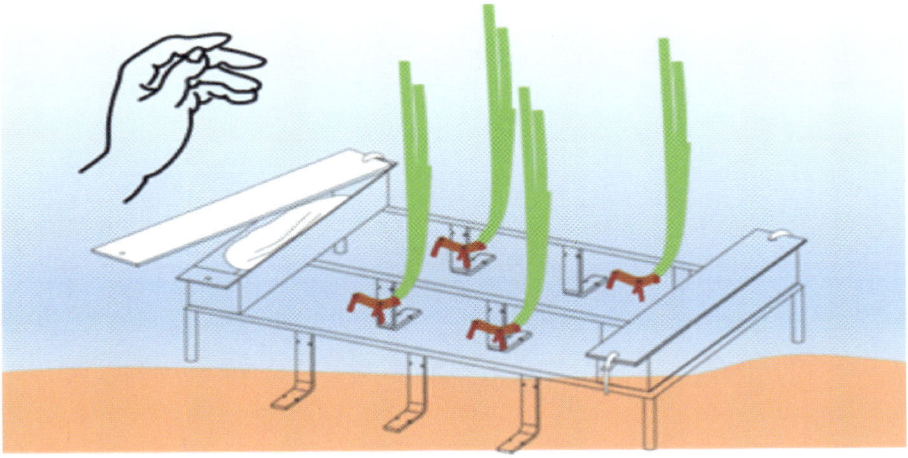

图5-10 框架植株移植法

框架植株移植法的操作过程见图5-11。

图5-11　框架植株移植法的操作过程

3.基质包裹移植法　将移植植株用有益基质包裹，然后将其掩埋或投掷于修复海域。该方法适用于泥含量重量百分比不低于60%、水流平缓的海域（图5-12）。

图5-12　基质包裹移植法

基质包裹移植法的操作过程见图5-13。

图5-13　基质包裹移植法的操作过程

（二）效果分析

1.枚订植株移植法存活率　实验研究发现，春季用枚订植株移植法移植大叶藻（鳗草）植株的平均存活率高于75%，而夏季移植存活率为100%，取得了良好的移植效果。4月移植的植株存活率最低，移植4个月后，平均存活率仅为57.8%，在我国北方海域，适宜使用枚订植株移植法进行大叶藻植株移植修复的时间为5—9月（图5-14）。

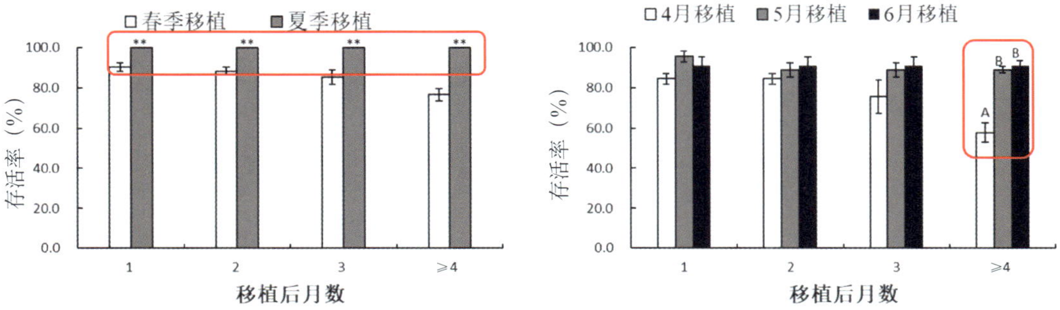

图5-14　枚订植株移植法春季移植大叶藻（鳗草）植株的平均存活率

2.框架植株移植法存活率　实验研究发现，春季用框架植株移植法移植大叶藻植株的平均成活率高于82.2%，夏季高于66.7%，取得了良好的移植效果。在我国北方海域，适宜使用框架植株移植法进行大叶藻植株移植修复的时间为5—9月（图5-15）。

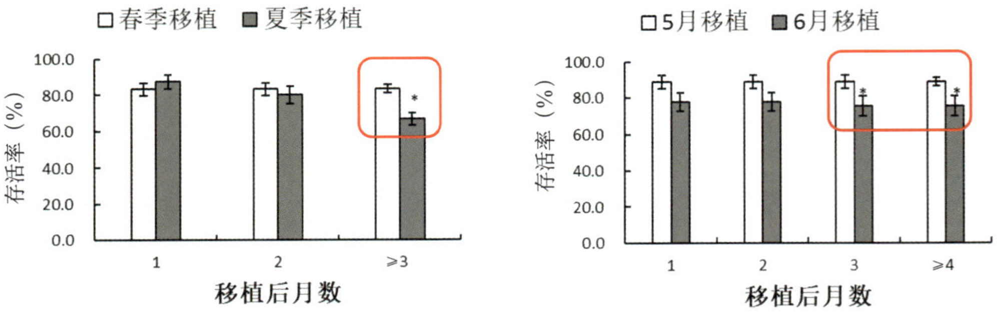

图5-15　框架植株移植法春季移植大叶藻植株的平均存活率

3.基质包裹移植方法的效果分析　实验研究发现，移植2个月后，基质包裹加激素法的植株存活率达到68%，显著高于直插法和枚订法；基质包裹加激素法的植株生长状况亦优于其他移植方法（图5-16）。

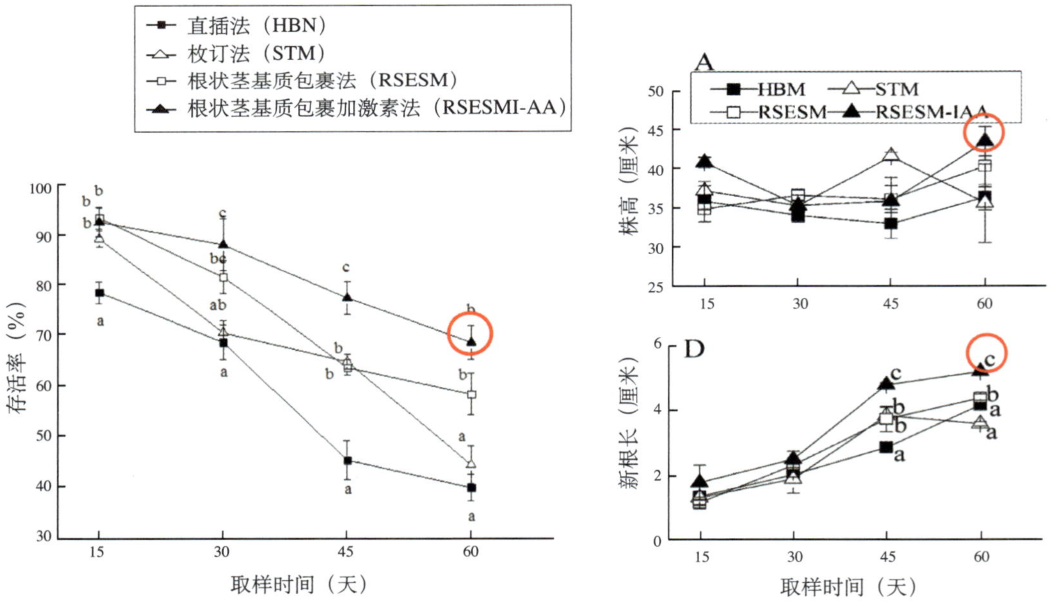

图5-16　基质包裹法移植大叶藻植株的平均存活率

枚订植株移植法和框架植株移植法海区实验效果见图5-17。

图5-17 枚订法和框架法海区实验效果

三、鳗草退化生境和人工新建（人工湖）海草植被恢复实践

2017年9月，分别在威海天鹅湖和逍遥湖（人工湖）开展鳗草海草植被恢复实践，其中天鹅湖移植植株5.1万株、播种种子13万粒，人工湖移植植株5.7万株、播种种子10.4万粒。植株移植和种子播种方法见图5-18。

图5-18 植株移植和种子播种方法

对天鹅湖移植植株的调查显示，移植后1个月，植株捆扎组的平均存活率为83%，显著高于未捆扎组（69%），且显著高于国外移植案例的修复效果（图5-19）。人工湖移植后6个月也形成了可以自我维持的草床（图5-20）。

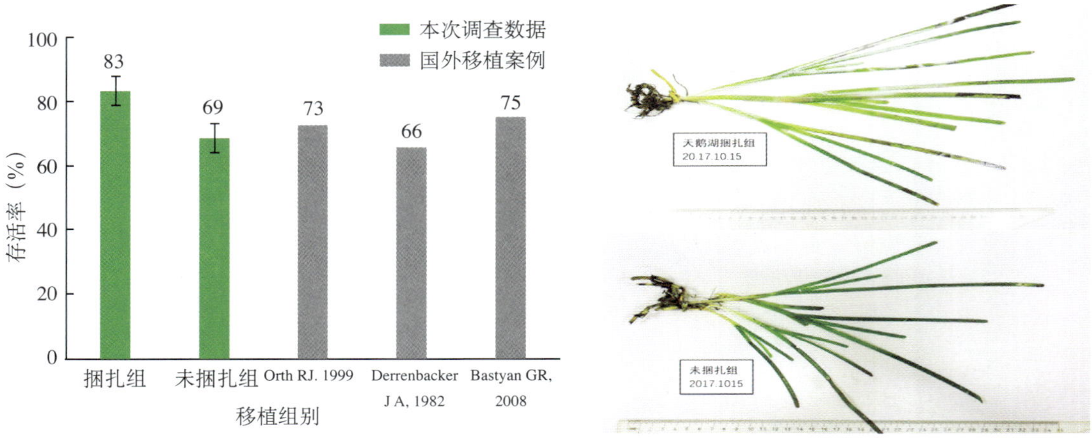

图5-19　天鹅湖移植植株存活率

图5-20　人工湖植株移植6个月后形成的自我维持草床

四、海藻场构建技术

（一）单位鱼礁投放数量的确定

通过室内大型水槽的行为学实验，以大泷六线鱼和许氏平鲉为对象，确定了单位鱼礁（平铺投放）的关键参数，建立了多功能产卵育幼藻礁制作与投放技术。聚集行为反应特征显示，适宜的单体礁投放数量比例为50%，且在该适宜数量比例条件下，单体礁投放布局对聚集效果无明显影响（图5-21）。

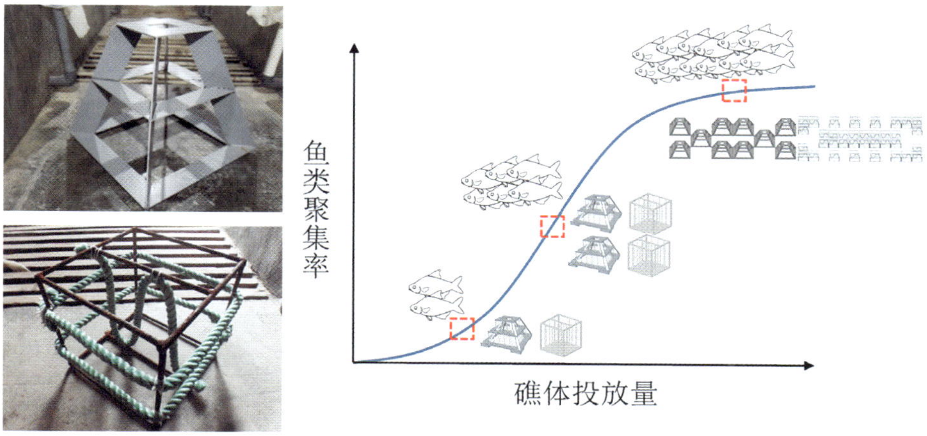

图5-21　礁体投放数量与恋礁性鱼类聚集率的关系

（二）混凝土礁材添加铁元素可行性分析

海头红（图5-22）移植试验显示：礁体铁含量为100微克/升时，植株生长速度和过氧化氢酶活性最高（图5-23）。

图5-22　海红头

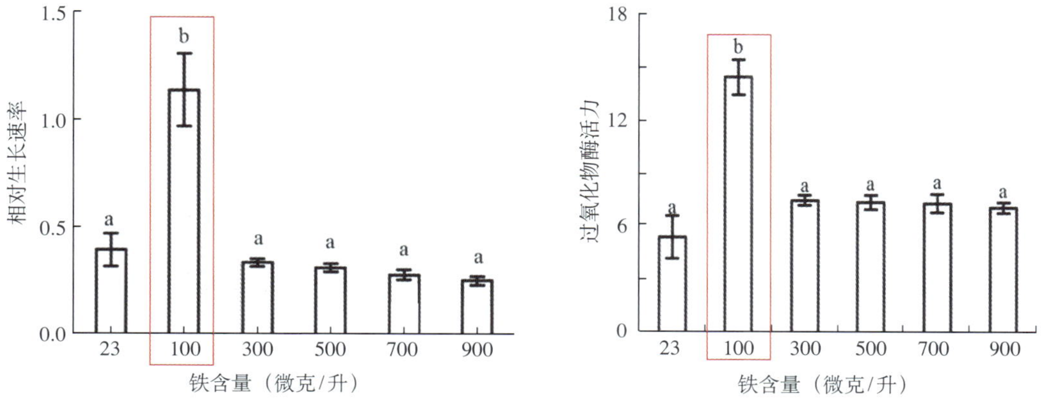

图5-23　铁含量对海头红相对生长速率和过氧化物酶活力的影响

对不同铁元素来源、添加量、添加方式条件下铁溶出特征的研究表明（图5-24），最适宜的铁添加方式为礁块表面添加300克铁粉和内部添加100克铁粉，礁体制作添加方案为礁体外部添加1.2千克/米^2，内部添加0.4千克/米^2。

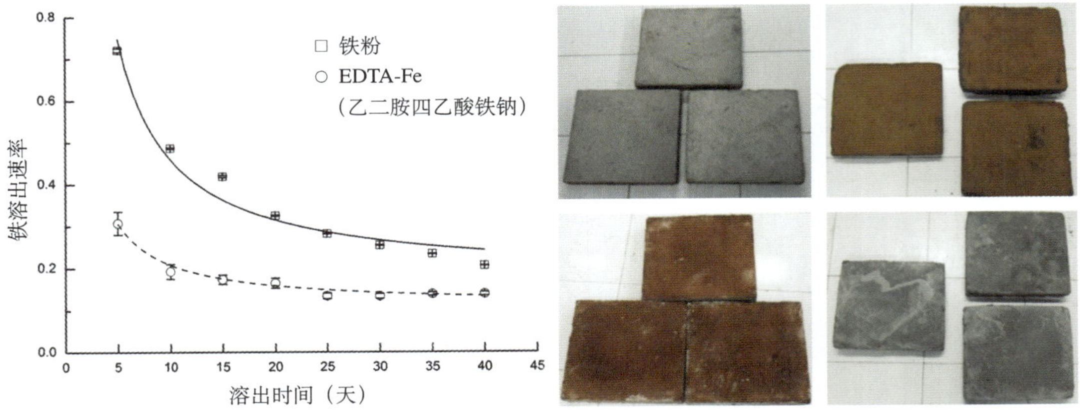

图5-24　不同铁元素来源条件下铁溶出特征

（三）两种新型多功能产卵育幼藻礁的工程设计

完成两种新型多功能产卵育幼藻礁的工程设计，并制作两种人工礁共30个，于2015年4月投放至青岛崂山湾海域，开展海区验证（图5-25）。其中，阶梯形多功能产卵育幼藻礁获得国家发明专利（专利号：ZL201610555152.7）。

图5-25　阶梯形多功能产卵育幼藻礁和正方体多功能产卵育幼藻礁的设计与投放

（四）多功能藻礁附着藻类调查

2015—2016年，共采集大型底栖藻类23种。2016年，加铁礁体藻类生物量总体高于未加铁礁体，铁的添加主要影响礁体中下层藻类的附着（图5-26）。

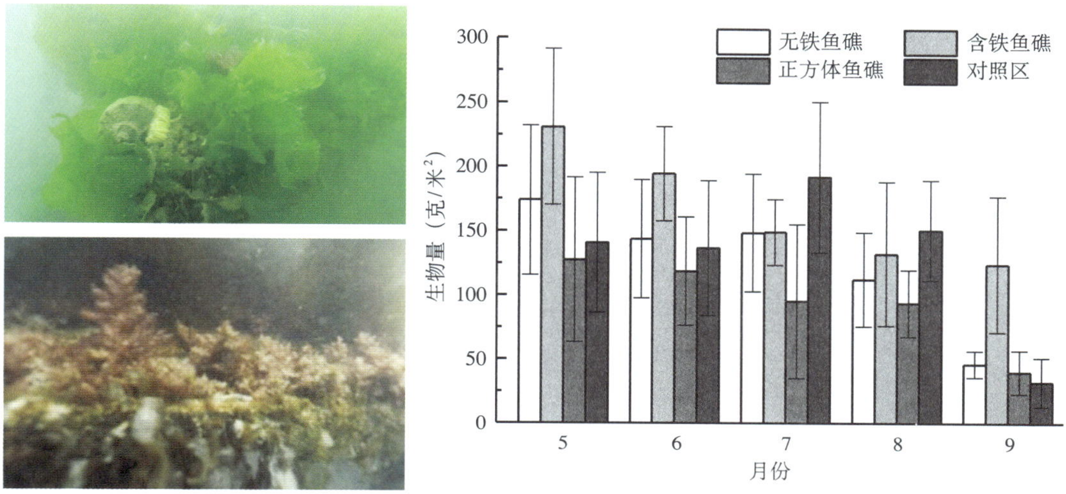

图5-26　不同时间各礁体大型藻类附着生物量

（五）多功能藻礁区附着动物调查

2016年，共采集附着动物 22 种，其中加铁阶梯形礁体丰度高于未加铁礁体，阶梯形礁体高于正方体礁体（图5-27）。

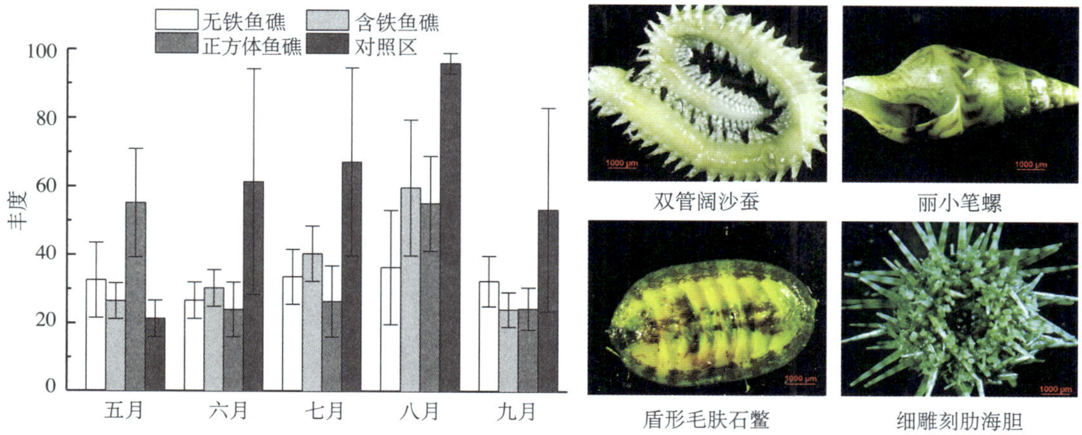

图5-27　不同时间各礁体大型藻类附着动物丰度

（六）多功能藻礁区鱼卵调查

2016年，共采集斑头鱼鱼卵3020粒（图5-28）。

图5-28　礁体鱼卵附着情况

（七）多功能藻礁区游泳动物调查

2015—2016年，共采集游泳动物8种，其中以恋礁性鱼类为主，正方体礁体游泳动物丰度高于阶梯形礁体（图5-29）。

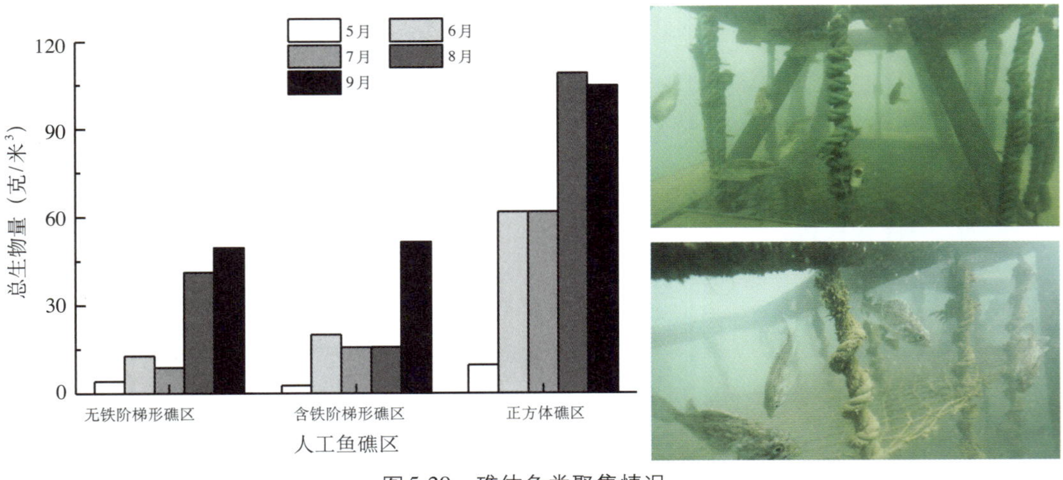

图5-29　礁体鱼类聚集情况

（八）多功能藻礁区刺参调查

加铁阶梯形礁体的刺参栖息密度最高，未加铁阶梯形礁体次之。石块礁低于阶梯形礁体，正方体礁体最低（图5-30）。

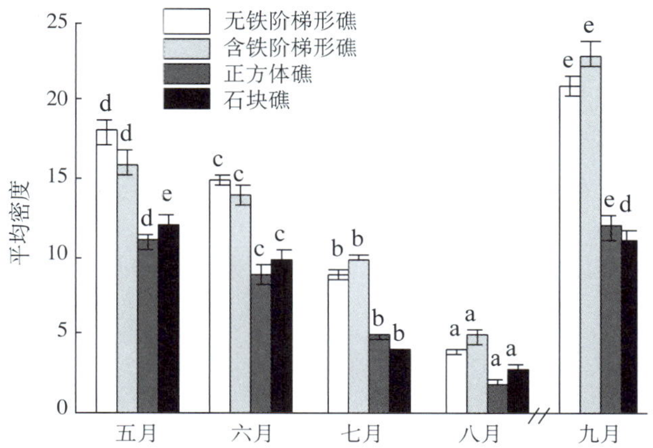

图5-30　礁体刺参附着密度

五、海洋生物资源增殖与保护研究团队介绍

1.主要研究方向　研究团队长期致力于海洋牧场、海草床恢复生态学与生态工程、渔业资源增殖生态学与养护技术、海洋典型生态系统构建与生态修复技术等方面的理论研究与技术研发，推动海洋牧场典型生境构建与资源养护、海洋牧场融合发展模式等技术水平的升级和高质量发展。

2.团队主要成员　团队主要成员见表5-1及图5-31、图5-32。

表5-1　团队主要成员

姓名	职称/职务	备注
张沛东	教授	海洋牧场建设专家咨询委员会委员、世界自然保护联盟（IUCN）物种存续委员会海草物种专家组成员
李文涛	副教授	技术骨干，世界自然保护联盟（IUCN）物种存续委员会海草物种专家组成员
宋娜	副教授	技术骨干
尤凯	副教授	技术骨干
闫文杰	博士后	技术骨干

图5-31　海洋生物资源增殖与保护研究团队

图5-32　团队负责人

先进技术六

造礁石珊瑚的培育移植技术

技术概要

一、工作背景

珊瑚礁为人类提供了多种重要的服务功能。然而，由于海水升温、海洋酸化、海平面上升、过度捕捞、环境污染和栖息地破坏等问题，珊瑚礁正在承受着巨大压力，全球超过1/2的珊瑚礁已经严重退化。近三十年，海南、广东、广西等地近岸珊瑚礁的珊瑚数量减少了80%，南海珊瑚岛礁周边的珊瑚数量也在2000年后锐减了2/3以上。

二、技术原理

首先要调查珊瑚礁自然恢复力状况。在珊瑚礁自然恢复力不足的情况下，通过增加幼体补充数量、有效培育成体以及提高底播移植存活率等方法人为增加造礁石珊瑚数量，进而促进珊瑚礁恢复力提升。

三、技术方法

人为增加造礁石珊瑚数量的关键在于突破其繁殖、培育以及移植技术瓶颈。通过造礁石珊瑚有性繁殖技术和幼体培育技术，增加幼体补充数量；通过造礁石珊瑚成体断枝培育苗圃技术，有效培育成体；通过造礁石珊瑚底播移植技术，提高其底播移植存活率。

四、适用范围

可应用于珊瑚礁退化或历史上有珊瑚礁分布的海域，特别是珊瑚礁自然恢复力不足的海域。

五、典型案例

分别在西沙七连屿海域和三亚的东锣岛海域采用珊瑚树苗圃法人工培育珊瑚断

枝，并根据不同海域类型选择适合的珊瑚底播移植手段，有效提高移植珊瑚的成活率，使退化的珊瑚礁生态系统得到显著恢复。

六、应用前景

相关技术可在珊瑚礁生态修复工程中推广应用，下一步可在适宜珊瑚礁生长的区域开展试验示范。

七、相关建议

一是进一步凝练简化技术和降低成本；二是增加移植栽培造礁石珊瑚的种类；三是加强对造礁石珊瑚底播移植技术和人工生物礁体技术的相关研究，进一步提高底播移植存活率。

一、工作背景

（一）珊瑚礁的定义

珊瑚礁生态系统是海洋生态系统的重要组成部分，对维持海洋生态系统的稳定与健康至关重要（图6-1）。珊瑚礁生态系统具有极高的生物多样性，被认为达到了海洋生态系统发展的上限，因此也常被冠以“海底花园”“蓝色沙漠中的绿洲”“海洋中的热带雨林”等美誉（图6-2）。

图6-1　珊瑚礁

图6-2 健康的珊瑚礁生态系统

（二）珊瑚礁生态系统的特点

珊瑚礁生态系统具有生物多样性高、生物资源数量丰富以及开发潜力巨大等特点（图6-3）。

图6-3 珊瑚礁礁栖生物

（三）世界珊瑚礁分布

珊瑚礁分布范围只局限于南北纬30°之间的热带和亚热带浅海海区。从世界范围来看，集中分布于印度—太平洋区系（80属700多种）和大西洋—加勒比海区系（26属41种）两个海区的珊瑚礁，分别占全球珊瑚礁总面积的78%和8%。

世界珊瑚礁总面积约为2.8×10^5千米^2，其中亚洲区域面积为1.12×10^5千米^2；中国珊瑚礁面积约为3.8×10^4千米^2，约占世界珊瑚礁总面积的13.57%。

（四）中国的珊瑚礁分布

我国的珊瑚礁主要分布在三个区域：华南大陆沿岸的北缘区；台湾岛和海南岛沿岸的过渡区；南海的东沙群岛、西沙群岛、中沙群岛和南沙群岛的大洋区域。其中，有典型的岸礁，也有典型的海岛型珊瑚礁，同时也有兼两者特征的过渡类型（主要分布于海南岛周围）。

（五）珊瑚礁的重要性

珊瑚礁以其占全球海域不足0.25%的面积，养育了超过1/4种类的海洋鱼类，在维持海洋生态平衡和生物多样性上扮演着重要角色，同时可为人类社会提供巨大的经济价值和生态服务功能。

珊瑚礁是一种重要的国土资源，造礁石珊瑚是形成热带海洋岛礁的最主要生物。除高尖石外，西沙群岛的其他岛屿均是由珊瑚礁形成的。同时，珊瑚礁的渔业资源丰富，全球超过10亿人使用珊瑚礁产出的渔业资源作为食物。此外，全球诸多知名旅游海岛都是依靠珊瑚礁吸引游客的，珊瑚礁潜水是其收入的重要来源。

（六）世界和我国珊瑚礁系统正在承受巨大压力

珊瑚礁目前面临的主要问题和威胁包括气候变化、人类活动和珊瑚病敌害。其中，气候变化引发的问题较为复杂，包括海水温度异常、海洋酸化、海平面上升、极端气候事件（如台风和洪水灾害强度和频率的增加）；人类活动因素则包括过度捕捞、非法渔业活动、海水富营养化、海岸带发展、工程建设和滨海旅游开发等。此外，还有各种珊瑚病害和敌害生物的暴发，如长棘海星、核果螺、黑皮海绵和珊瑚疾病的暴发等（图6-4至图6-8）。

图6-4 海洋热浪导致大面积珊瑚白化（2020年8月西沙群岛北礁）

图6-5 台风过后整株翻倒并开始死亡的芽枝鹿角珊瑚和风信子鹿角珊瑚（三亚鹿回头）

图6-6 非法砗磲采挖对珊瑚礁造成破坏

图6-7 正在摄食鹿角珊瑚和同双星珊瑚的长棘海星

图6-8 核果螺正在啃食珊瑚

近几十年来，由于遭受自然和人为的双重压力，世界范围内的珊瑚礁出现了严重退化，全球珊瑚覆盖率逐年下降，超过二分之一的珊瑚礁已经严重退化（图6-9）。在过去的三十年中，我国南海同样面临严重的珊瑚礁退化问题，尤其以我国海南岛和大陆近岸退化情况最为明显，而离岸的造礁石珊瑚覆盖率同样在近年来呈现出急剧下降的趋势（图6-10）。

图6-9 退化的珊瑚礁生态系统

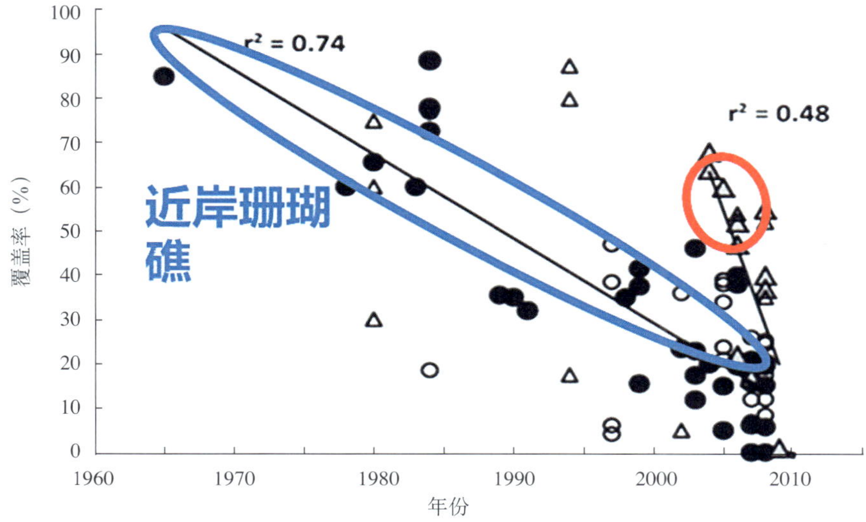

图6-10　我国珊瑚礁覆盖率变化情况

注：图中，圆圈表示近岸，三角形表示离岸；空心为只有一次调查数据的站点，实心为多次调查站点。

（七）珊瑚礁退化的严重后果

珊瑚礁生态系统的退化会直接造成珊瑚礁结构破碎、生态功能退化、海底荒漠化，与此同时，导致鱼类等礁栖生物数量下降，进一步造成渔民渔获减少（图6-11）。

图6-11　珊瑚礁生态系统退化后，其结构被破坏

（八）珊瑚礁生态修复的必要性

珊瑚礁生态系统退化的直接表现是造礁石珊瑚数量的下降，造礁石珊瑚数量的不足会导致精卵团数量下降和受精率降低，造成珊瑚幼虫和幼体补充数量减少，最终导致造礁石珊瑚数量的进一步下降。因此，需要以人工修复手段扭转这一趋势（图6-12）。

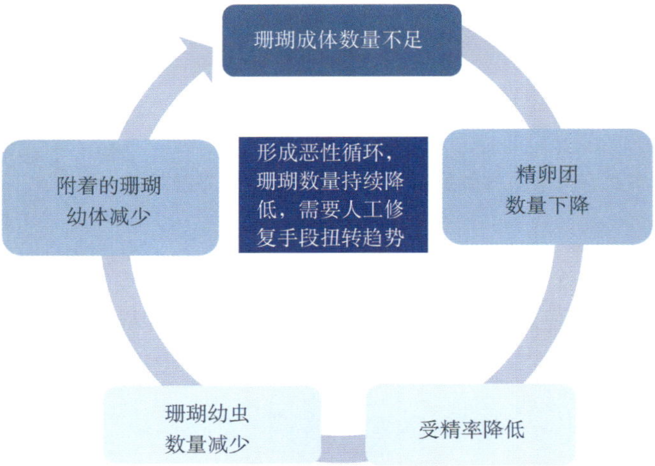

图6-12　珊瑚礁生态系统退化示意图

二、技术原理

珊瑚礁生态修复的关键是在珊瑚礁自然恢复力不足的情况下，通过增加其幼体补充数量、有效培育成体以及提高底播移植存活率等方法人为增加造礁石珊瑚数量，进而促进珊瑚礁恢复力提升（图6-13）。

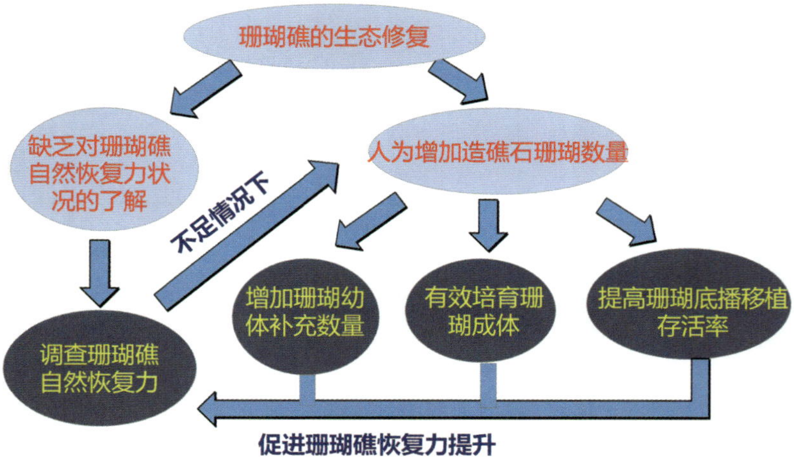

图6-13　珊瑚礁生态修复的基本思路

三、技术方法

珊瑚礁修复的主要技术方法有造礁石珊瑚有性繁殖技术、造礁石珊瑚幼体培育技术、造礁石珊瑚断枝培育苗圃技术、造礁石珊瑚底播移植技术以及人工生物礁技术。

（一）造礁石珊瑚有性生殖技术

使用造礁石珊瑚有性生殖技术（图6-14）要摸清多种造礁石珊瑚的繁殖时间与繁殖行为特性，在珊瑚繁殖期监测珊瑚繁殖行为（图6-15），并通过收集珊瑚精卵与人工授精，培育大量珊瑚浮浪幼虫（图6-16）。

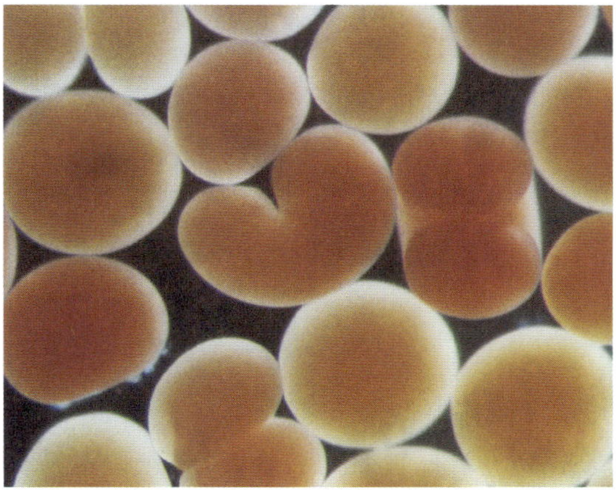

图6-14　造礁石珊瑚有性繁殖技术

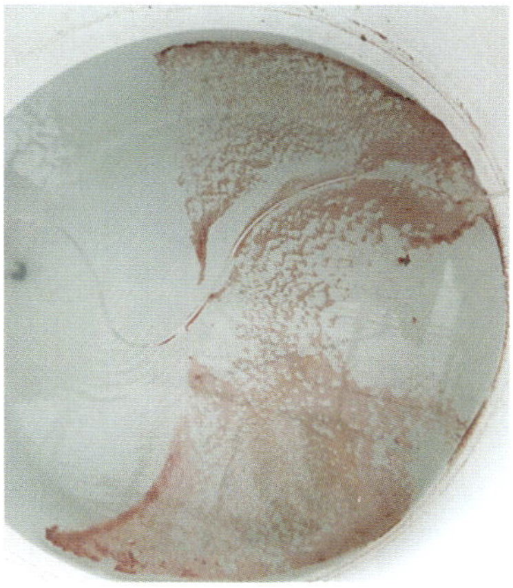

图6-16　培育的珊瑚浮浪幼虫

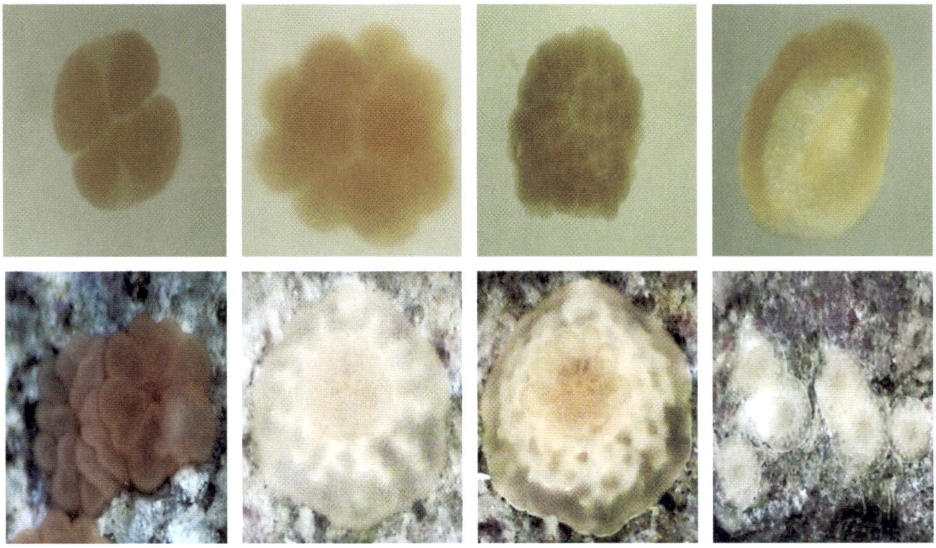

图6-15　造礁石珊瑚早期不同发育阶段（芽枝鹿角珊瑚受精卵发育过程与附着）

（二）造礁石珊瑚幼体培育技术

造礁石珊瑚幼体培育技术（图6-17）是在珊瑚受精卵发育至浮浪幼虫后，加入覆盖有珊瑚钙化藻的附着基，让其在人工控制的条件下生长至珊瑚稚体（图6-18，图6-19）。

图6-17 造礁石珊瑚幼体培育技术

珊瑚幼体培育系统

浮浪幼虫正在变态附着

附着在板上的珊瑚稚体

图6-18 造礁石珊瑚幼体培育系统及附着后的幼体

图6-19 表面长有珊瑚藻的附着基

（三）造礁石珊瑚断枝培育技术

造礁石珊瑚的断枝培植技术（图6-20）则是根据造礁石珊瑚无性增殖的特点，利用人工培育条件或野外培育技术促进造礁石珊瑚断枝的增长，使其达到移植所需大小。

目前主要的造礁石珊瑚断枝培育方法有树型苗圃、浮床苗圃、框架苗圃。在选择造礁石珊瑚断枝培育方法时，需要综合考虑修复区域原生造礁石的珊瑚种类、底质类型、台风及海浪发生频次以及经费预算等情况（图6-21）。

图6-20 造礁石珊瑚成体断枝培育苗圃技术

图6-21 各种造礁石珊瑚断枝培育方法

（四）造礁石珊瑚底播移植技术

造礁石珊瑚的底播移植技术（图6-22）是针对不同的珊瑚礁底质，采用相应的底播移植方法，将培育的珊瑚断枝固定在需修复的珊瑚礁底质上，避免被海浪打翻或脱落，保证退化珊瑚礁上的造礁石珊瑚数量，加快珊瑚礁的恢复速度。目前主要采用的造礁石珊瑚底质移植技术有移植钉珊瑚移植技术、生物黏合剂珊瑚移植技术等（图6-23）。

图6-22 造礁石珊瑚底播移植技术

图6-23　潜水员正在进行造礁石珊瑚的底播移植

（五）人工生物礁技术

使用人工生物礁技术（图6-24）在人工礁体表面培植珊瑚断枝，能够减少天敌和海浪对珊瑚的影响。利用水下胶将珊瑚断枝固定在礁体上，可使其在自然环境中生长增殖（图6-25）。

图6-24　人工生物礁体技术

大型人工拟态礁

增加底质结构的礁体

用于固定底质的礁体

移植在人工礁体上的珊瑚

图6-25 各种用于珊瑚礁修复的人工生物礁

四、应用示范

（一）利用珊瑚有性繁殖技术获得大量珊瑚幼体

在海南省三亚市的三亚湾和西沙的永兴岛上进行珊瑚有性繁殖实验与珊瑚幼体培育增殖实验，并在每年的繁殖季持续对三亚不同种类珊瑚的繁殖活动与幼体发育过程进行研究，目前已经掌握十多种造礁石珊瑚的繁殖规律和幼体发育过程（图6-26至图6-29）。

图6-26 造礁石珊瑚正在释放精卵团

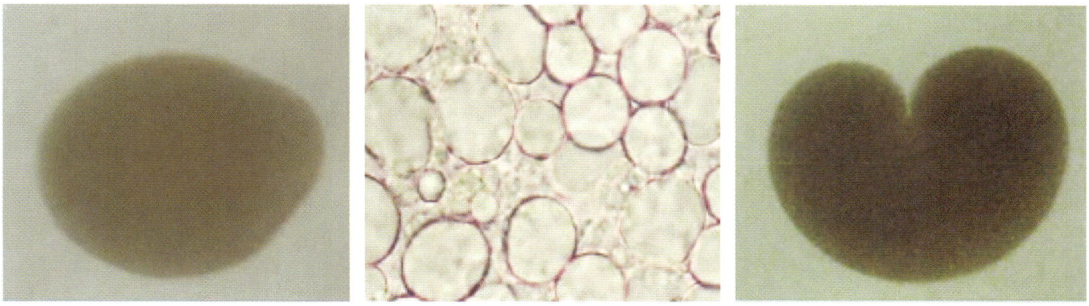

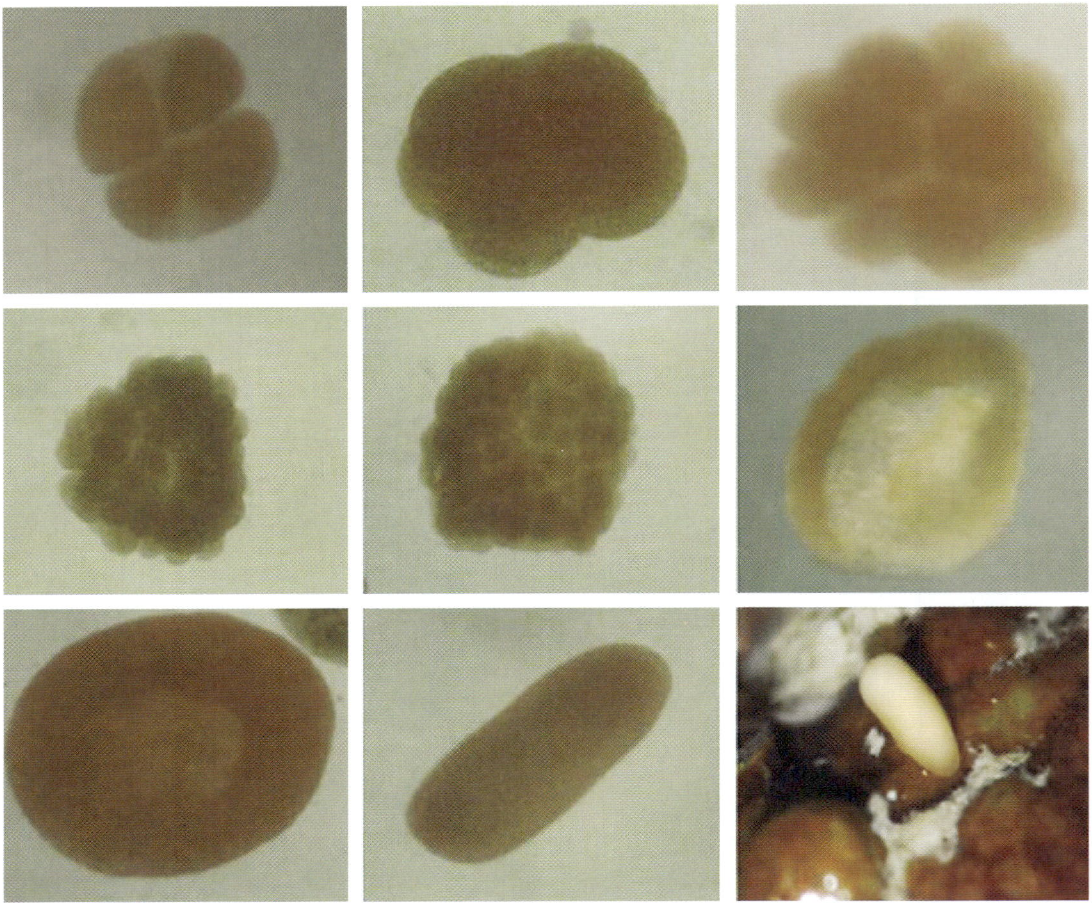

图6-27　珊瑚受精卵发育过程

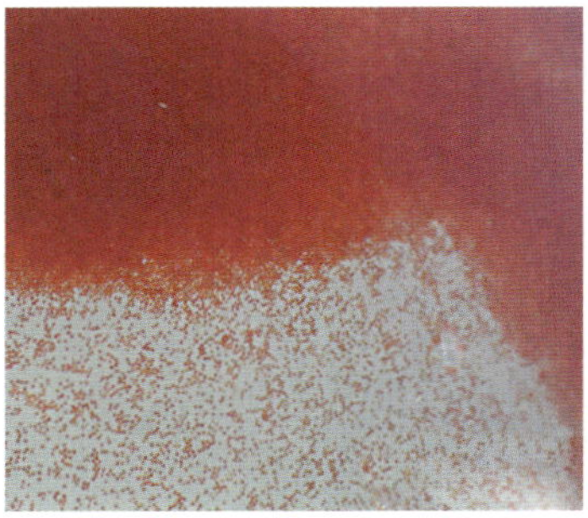

卵细胞

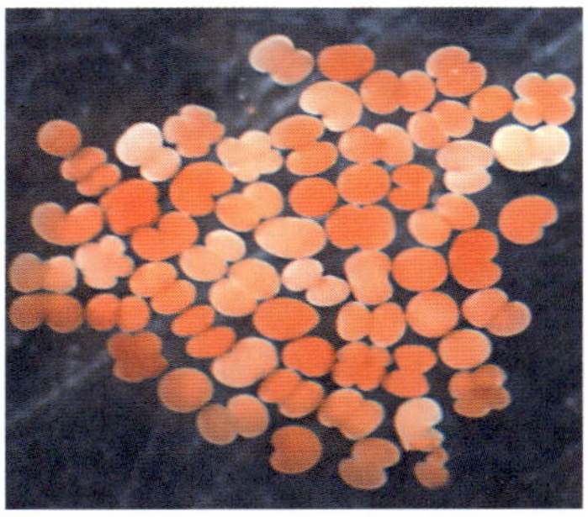

受精卵

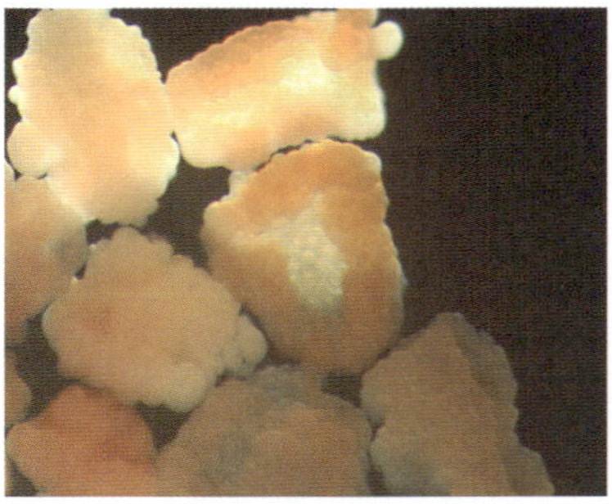

碗状结构

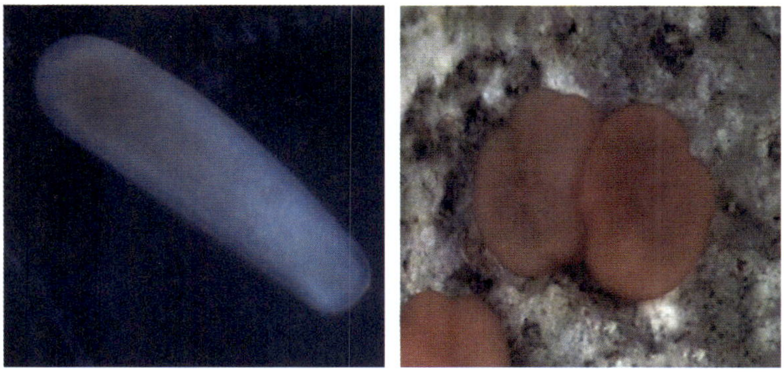

浮浪幼虫　　附着后幼体

图6-28　美丽鹿角珊瑚生活史早期各发育阶段

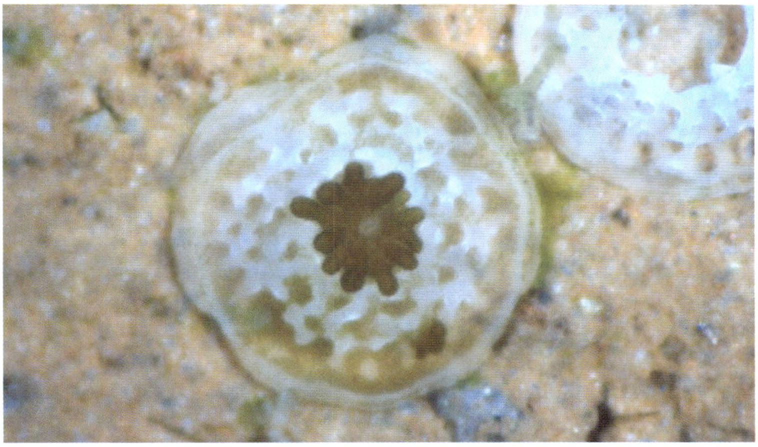

图6-29　人工培育的珊瑚幼体

（二）西沙群岛的造礁珊瑚幼体培育

通过对珊瑚受精卵的收集和培育，获得了大量的珊瑚浮浪幼虫和珊瑚幼体。随后，将珊瑚幼体与浮浪幼虫放归至需修复海区（图6-30）。

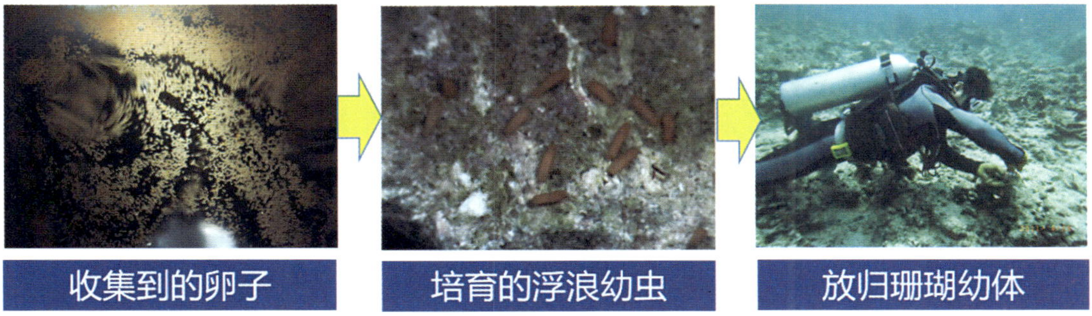

图6-30　造礁石珊瑚幼体培育过程

（三）利用珊瑚苗圃人工培育造礁珊瑚

在西沙群岛七连屿海域采用珊瑚树苗圃法培育珊瑚断枝。据统计，珊瑚可在一年内增长300%，超过自然环境下的增长速度（图6-31）。在三亚蜈支洲岛海域利用浮床苗圃法培育珊瑚断枝，一年后珊瑚断枝的成活率为85%，生长率为214%（图6-32）。此外，在三亚鹿回头海域采用铁架苗圃法培育珊瑚断枝也有良好的效果（图6-33）。

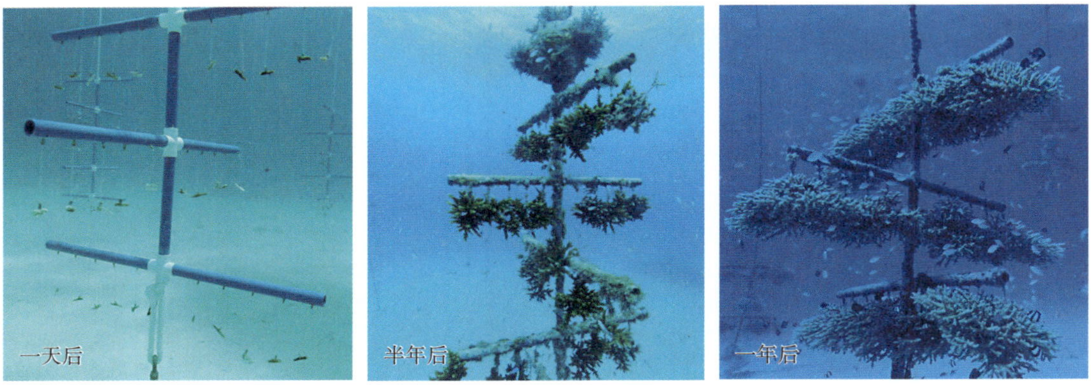

图6-31　珊瑚树苗圃法培育效果

图6-32　浮床苗圃法培育效果

图6-33　铁架苗圃法培育效果

（四）造礁石珊瑚底播移植

从20世纪90年代开始尝试进行珊瑚的底播移植，不断改进技术手段和方法理念。目前，在三亚的东锣岛、凤凰岛、蜈支洲岛，西沙七连屿以及南沙岛礁对造礁石珊瑚退化海域进行了造礁石珊瑚的底播移植。

在海南三亚的东锣岛东，利用η形珊瑚移植钉和生物礁进行珊瑚礁的生态修复与景观恢复（图6-34，图6-35）。示范区内共移植造礁石珊瑚12000株，投放小型珊瑚移植礁体200个。示范区内的造礁石珊瑚平均覆盖率从8.3%提高至27.7%，生物多样性提高了16.17%。

图6-34 东锣岛珊瑚礁生态修复效果示意图（η 形珊瑚移植钉移植）

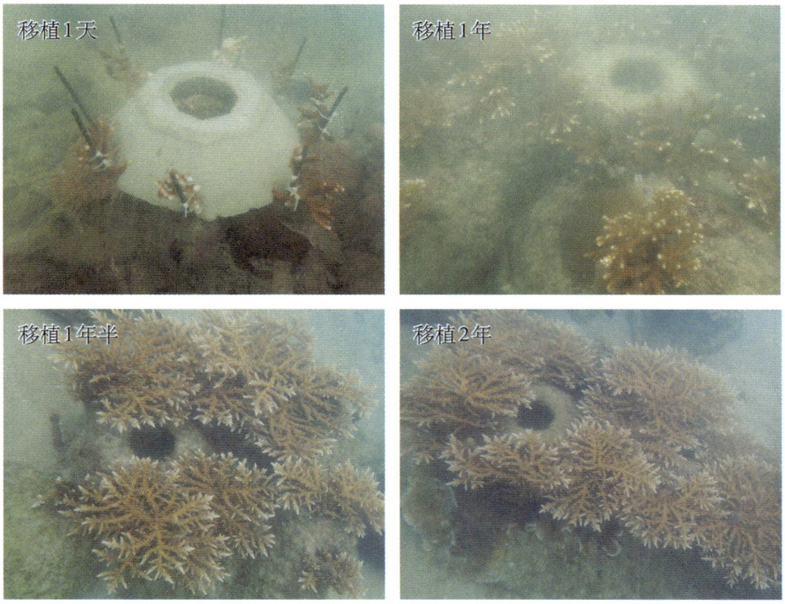

图6-35 东锣岛珊瑚礁生态修复效果示意图（生物礁移植）

在西沙群岛海域开展珊瑚礁生态修复示范工作，采用 η 形珊瑚移植钉、分离式移植礁体、生态礁体和混合礁体等方法底播移植造礁石珊瑚，对退化珊瑚礁生态系统进行修复。培育造礁石珊瑚约55000株，底播移植造礁石珊瑚约35000株。通过应用上述修复技术，修复区的造礁石珊瑚覆盖率从10.1%提高到21.6%（图6-36）。

图6-36　西沙七连屿海域珊瑚礁修复效果

五、工作成效

（1）率先在国内成功有性繁育20多种造礁珊瑚，并摸索出了一套适合恢复不同类型珊瑚礁的技术方法（图6-37）。

（2）积极向政府部门提出珊瑚礁保护管理方案和措施，推动成立徐闻国家级珊瑚礁自然保护区。

（3）在永兴岛附近的七连屿一带，采用珊瑚苗圃的方法人工培育珊瑚断枝，开辟了好几处“海底苗圃”（图6-38）。

图6-37　尝试不同的造礁石珊瑚修复方法

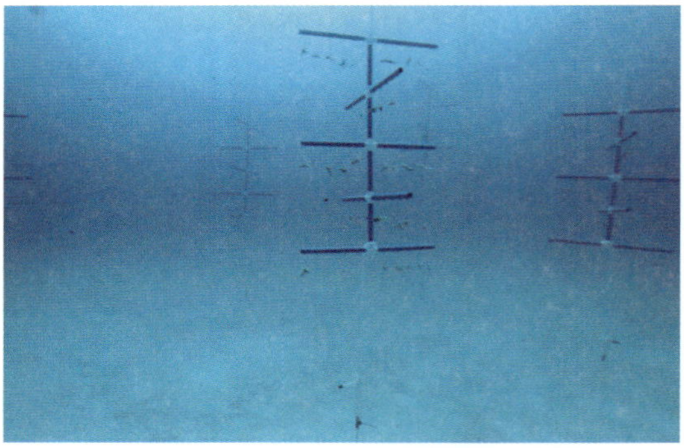

图6-38　在西沙七连屿搭建的珊瑚苗圃

（4）在南海建立了珊瑚礁保护修复重点示范区，成功种植了约20万米^{2}的珊瑚（图6-39）。

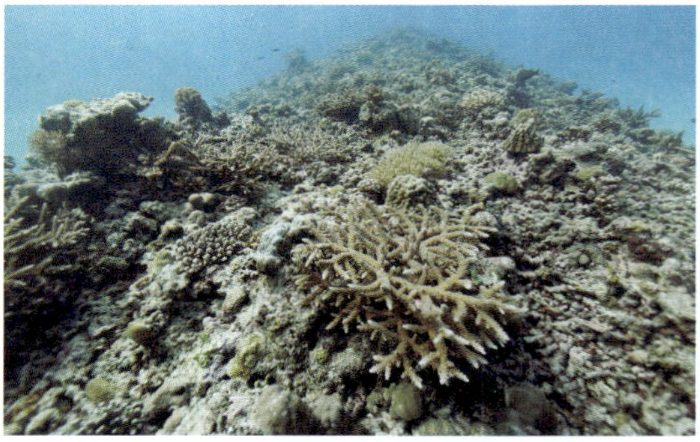

图6-39　南海珊瑚礁生态修复

六、中国科学院南海海洋研究所珊瑚生物学与珊瑚礁生态学学科组介绍

（一）主要研究方向

团队率先在国内开展珊瑚礁的退化与恢复机制研究，进行造礁石珊瑚人工繁育和培植技术的研发，并成功进行了大规模工程化示范。此外，团队多年来围绕珊瑚生长、繁殖相关的生物学问题和珊瑚共生功能体、珊瑚与环境的关系及生态系统结构与功能等生态问题，结合野外生态调查与室内模拟试验来研究与珊瑚繁殖、生长相关的生理生化过程和发育组织学，从而明确不同环境压力条件对珊瑚种群补充和恢复的潜在影响；分析影响珊瑚礁生态系统稳定的生物因子、环境理化因子及功能生物响应，揭示多重环境压力条件下珊瑚礁生态系统的退化机理与相应机制。

（二）团队主要成员

团队主要成员见表6-1及图6-40、图6-41。

表6-1　团队主要成员

姓名	职称／职务	备注
黄　晖	研究员	国家水生野生生物保护顾问委员，中华人民共和国濒危物种科学委员会委员，全球珊瑚礁监测网东亚国家协调员，海洋牧场建设专家咨询委员会委员，OW（开放水域潜水员）国际潜水资质
刘　胜	研究员	从事珊瑚礁生态系统营养级结构研究，OW国际潜水资质
袁项城	研究员	从事珊瑚礁生态系统碳汇研究，OW国际潜水资质
练健生	副研究员	从事珊瑚礁生态系统健康评估研究，Master（大师潜水教练）国际潜水资质
张浴阳	副研究员	从事珊瑚礁生态修复研究，OW国际潜水资质
袁　涛	副研究员	从事珊瑚礁生态修复研究，OW国际潜水资质
周国伟	副研究员	从事造礁石珊瑚微生物研究，OW国际潜水资质质
雷新明	副研究员	从事珊瑚礁生态修复研究，OW国际潜水资质
郭明兰	副研究员	从事珊瑚礁生态修复研究，OW国际潜水资质
胡思敏	副研究员	从事珊瑚礁生态系统营养级结构研究，OW国际潜水资质
刘骋跃	副研究员	从事造礁石珊瑚营养生态学研究，OW国际潜水资质
江　雷	助理研究员	从事造礁石珊瑚分子生物学研究，OW国际潜水资质
孙有方	助理研究员	从事造礁石珊瑚分子生物学研究，OW国际潜水资质

（续）

姓名	职称／职务	备注
罗　勇	助理研究员	从事造礁石珊瑚营养生态学研究，OW国际潜水资质
俞晓磊	助理研究员	从事造礁石珊瑚营养生态学研究，OW国际潜水资质

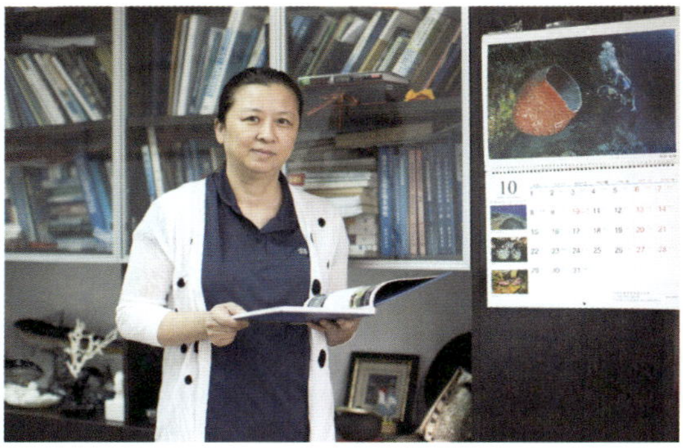

图6-40　黄晖研究员

图6-41　中国科学院南海海洋研究所珊瑚生物学与珊瑚礁生态学学科组

先进技术七

设立渔业增殖站　建立增殖放流苗种供应体系

技术概要

一、工作背景

增殖放流是一项复杂的系统工程，对增殖放流苗种供应有着特殊的要求，放流苗种的来源、种质、质量、数量、规格以及放流时间、地点、方式等会直接影响增殖放流的实际成效。随着增殖放流规模的不断扩大，放流工作的规范性和科学性日益提高，也对放流苗种供应提出了更高的要求，然而现有的放流苗种供应机制与方法难以满足相关工作的需要。

二、工作原理

在现有的政策和制度框架内，完善增殖放流苗种供应体制和机制，按照"公开、公平、公正"的原则，以省为单位，依法通过招标或者议标的方式统一确定放流苗种的生产供应单位。制定科学规范的苗种供应单位的遴选标准和程序，建立定期定点供苗及常态化考核机制，保障放流苗种优质高效供应，进而推进增殖放流向科学化、规范化、专业化发展，健全完善增殖放流苗种供应体系，为增殖放流持续发展提供坚实保障。

三、技术方法

通过设立渔业增殖站，建立相对稳定的增殖放流苗种供应体系。同时，制定出台渔业增殖站设置的地方标准和渔业增殖站管理办法，强化对渔业增殖站的标准化、规范化管理。在此基础上，进一步打造渔业增殖站的升级版——渔业增殖示范站，拓展渔业增殖站及增殖放流的社会公益性功能，提高增殖放流工作成效和社会影响力。

四、适用范围

增殖放流规模较大、供苗单位数量较多的省级或市县级行政区域，由区域内渔业主管部门主导实施。

五、工作成效

设立渔业增殖站，有计划地按时、保质、保量提供增殖放流苗种，确保年度增殖放流顺利开展，提高了增殖放流的生态、经济和社会效益。山东省从2006年开始，研究确立了招标设立渔业增殖站的定点供苗制度，成为山东省增殖放流工作的最大特色和制胜法宝。目前山东省增殖放流的资金投入、放流规模、增殖技术、管理水平及增殖效果等均为全国首位。

六、应用前景

可在具备条件的省或市县推广应用。通过设立增殖站，健全完善增殖放流苗种供应体系，引导带动增殖放流深入持续发展。

七、相关建议

一是开展山东模式的宣传推广；二是尽快赋予渔业增殖站法律地位；三是加强顶层设计，从政策或制度层面完善增殖放流苗种供应体制机制。

一、渔业增殖站设置背景

（一）增殖放流的定义

增殖放流（图7-1），是指采用放流、底播、移植等人工方式，向海洋、江河、湖泊、水库等公共水域投放亲体、苗种等活体水生生物的活动。增殖放流主要方式见图7-2。

图7-1　增殖放流活动

■ 放流鱼虾蟹类　■ 底播贝类、海参等　■ 移植海草海藻等

图7-2　增殖放流的主要方式

（二）工作开展

为养护渔业资源，山东省自20世纪80年代起就持续开展大规模增殖放流。2005年山东省政府批准实施《山东省渔业资源修复行动计划》后，资金投入逐年增多，放流规模越来越大（图7-3），增殖效果十分显著。但是，对放流苗种进行政府采购存在一些弊端，与生物学规律不相适应。

图7-3 山东省实施大规模增殖放流

（三）存在问题

1. 一些适宜放流物种因当地基本无养殖市场，竞标者不知能否中标而不敢提前生产苗种 存在这一问题的主要是那些养殖成本高、效益低、风险大的物种，如中国对虾、黑鲷、金乌贼、大叶藻、黄姑鱼、短蛸、海蜇、大泷六线鱼等（图7-4）。

中国对虾

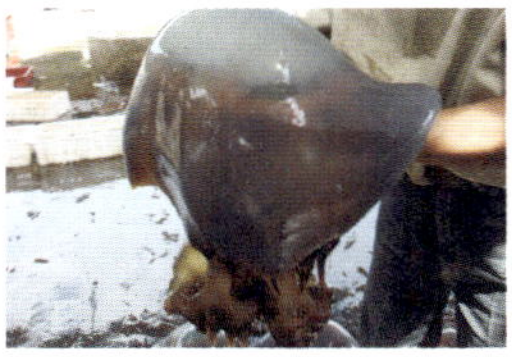

海蜇

金乌贼

大泷六线鱼

黄姑鱼

黑鲷

大叶藻

短蛸

图7-4 适宜放流但基本无养殖市场的部分物种

如此一来，会导致放流不能实施或者买苗放流。由于苗种来源不清楚，种质和质量无法保障，交易和运输过程增加成本，故购买苗种增殖放流存在疫情传播、种群污染等生态安全隐患。此外，因两地水环境差异较大，苗种成活率下降，也会最终影响水域增殖放流成效。

2.无法从苗种生产源头进行监管，低价中标，苗种质量和数量难以保障 不知道哪一家中标，就不能从亲本开始提前监管。此外，苗种招标经常出现吃养殖“剩饭”的局面，低价中标往往带来低质苗种或数量不足的问题。

3.招标时间长，常贻误最佳放流时机 项目执行进度较难把握。苗种繁育和增殖放流的季节性都很强，最佳放流期很短，招标工作的运作过程又比较复杂，招标早了苗种还未繁育，招标晚了往往又错过了最佳放流期。

4.随着增殖放流规模的不断扩大，招标产生的行政管理成本也很高 从长远来看，招标采购影响增殖放流工作深入持续开展。一是不利于苗种生产单位的前期筹备和持续投入；二是不利于科研推广部门进行技术指导和科学试验；三是不利于政府相关部门进行有效监管。

（四）解决方法

为解决上述问题，从2006年开始，山东省通过设立渔业增殖站，建立了相对稳定的增殖放流苗种供应体系（图7-5）。此举符合《水生生物增殖放流管理规定》（农业部第20号令）第九条“渔业行政主管部门应当按照‘公开、公平、公正’的原则，依法通过招标或者议标的方式采购用于放流的水生生物或者确定苗种生产单位”之规定。

图7-5　渔业增殖站育苗车间

二、渔业增殖站设置程序

1.设置程序

（1）省级渔业行政主管部门（招标机关）公布增殖站设置的区域、种类和数量。

（2）水产苗种生产单位自愿申报，由相关渔业行政主管部门进行资质审查后，按一定比例择优报省级渔业行政主管部门。

（3）省级渔业行政主管部门或其所属的增殖管理机构组织成立招标委员会，招标委员会由渔业及相关领域专家组成，负责对竞标单位进行实地考察和量化评分，提出中标单位名单及招标意见。

（4）省级渔业行政主管部门对中标单位进行审查并予以公示、公布。

2.设置要求

（1）渔业增殖站有效期三年。

（2）渔业增殖站挂统一匾牌，牌匾样式见图7-6。

图7-6　山东省省级渔业增殖站牌匾

3.设置标准　为规范增殖站设置，山东省于2011年出台了《渔业增殖站设置要求》（DB37/T 1789—2011）地方标准，分为范围、规范性引用文件、术语与定义、分类、布局、环境、设施设备、技术保障、经营管理、竞标资质、设置方式、设置程序、调整及终止、撤销14章。渔业增殖站评分内容及评分标准见表7-1。

表7-1　渔业增殖站评分内容及评分标准

评标项目	总分值	分项内容	评分标准
水域环境	15	水质状况	3
		水域性质	3
		水域底质状况	3
		潜在污染	3
		饵料及敌害生物状况	3
地理环境	10	地理位置	5
		交通状况	5
育苗设备设施	35（55）	生产水体或水面	15
		饵料水体	5
		水电气热等设备设施	15
		中间培育条件	0（20）
技术保障能力	20	技术人员配备	7
		检测化验能力	7
		技术操作保障	6
经营管理	16	管理制度建设	3
		生产经营状况	3

（续）

评标项目	总分值	分项内容	评分标准
经营管理	16	社会诚信度	3
		场内环境、设施	2
		育苗经验（育苗时间）	2
		苗种质量安全	3
其他	4	义务放流	2
		省级以上原良种场	2
总计	100（120）	—	100（120）

注：考察中间培育条件的满分为120分。

三、渔业增殖站管理

（一）为加强对增殖站的管理，2007年制定出台了《渔业增殖站管理办法》，明确规定以下内容：

1.职责　增殖放流任务由渔业增殖站承担（图7-7，图7-8）。

图7-7　渔业增殖站及生产情况

图7-8　渔业增殖站实施增殖放流项目

2.分级　增殖站分为省级增殖站和市县级增殖站，分别由相对应的渔业行政主管部门负责选划与管理。

3.终止　增殖站的生产经营状况发生重大变化，已无法承担增殖任务的，或增殖站临近水域因功能调整或水域条件发生变化，不适宜继续承担增殖任务的，由设置增殖站的渔业行政主管部门终止其增殖站资格。

4.考核　对增殖站实行“定期考核、动态管理”制度。对年度考核不合格的，取消增殖站资格。另外，有下列情形之一的，一票否决：

（1）增殖站被证实在增殖放流过程中存在弄虚作假行为的。

（2）增殖站未自行培育全部购买苗种放流的。

（3）增殖站向外转包年度放流计划的。

（4）增殖站未经批准未实施放流计划的。

5.苗种价格　放流苗种价格由省级渔业行政主管部门根据本省前三年市场平均价格确定。确定价格的原则为略高于前三年苗种市场平均价格。其原因是增殖放流的特殊要求导致苗种供应成本提高。

（二）渔业增殖站定点供苗制度优势

四十年增殖放流供苗制度的反复实践证明，渔业增殖站定点供苗制度存在显著优势，具体见图7-9。

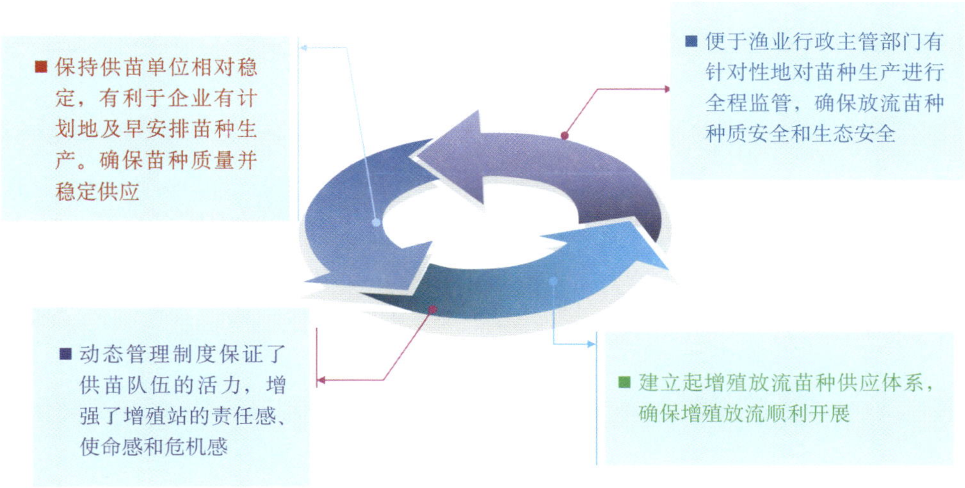

图7-9　渔业增殖站定点供苗制度优势详解图

四、打造增殖站升级版——渔业增殖示范站

（一）面临新问题

1.数量众多　随着山东省增殖放流规模越来越大，渔业增殖站数量也越来越多，2017年，省级海洋渔业增殖站已达185处。2018—2020年，根据“海上粮仓”建设需要，

拟设置海洋渔业增殖站230余处。

2.功能单一　渔业增殖站功能相对单一，与生态文明建设等要求有一定差距。

（二）带动新发展

1.示范站创建　为拓展渔业增殖站及增殖放流的社会公益功能，促进增殖放流事业高质量发展，2018年初，从省级海水渔业增殖站中评定出了第一批18处省级渔业增殖示范站（图7-10），示范带动全省增殖放流不断向科学化、标准化、精细化方向发展。

图7-10　渔业增殖示范站

2.示范站要求　为省级增殖站；放流基础扎实；硬件条件好；工作积极性高；社会责任心强。

3.示范站作用　进一步提高增殖放流在促进现代渔业转型升级、渔业增效渔民增收、增强全民水域生态文明理念等方面的贡献。

（三）主要功能

以“拓展功能、提质增效”为总要求，示范站主要具备政府增殖放流项目示范、引导规范社会放流（生）、水生生物资源养护科普、增殖放流技术创新四大功能（图7-11）。

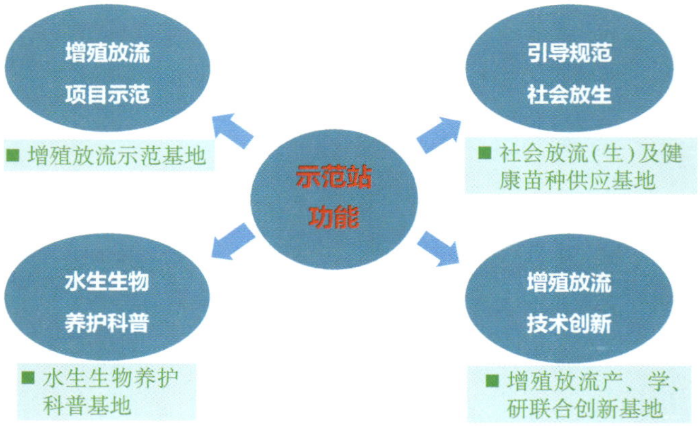

图7-11　渔业增殖示范站功能详解

1.增殖放流项目示范　认真执行增殖放流规章制度和技术规范，优质保量提供增殖放流苗种，规范履行检验检疫、苗种种质与质量安全检测等程序，取得良好增殖放流成效和社会影响，示范带动全省增殖放流工作更好发展（图7-12）。

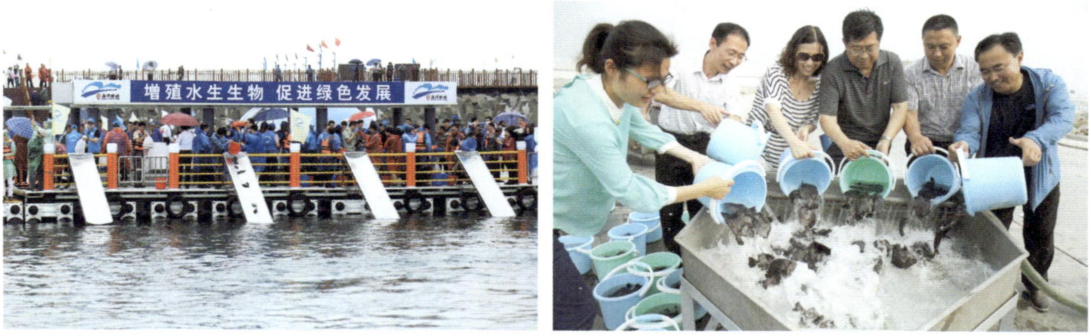

图7-12　增殖放流项目示范情况

2.引导规范社会放生　积极顺应社会放流放生需求，及时为社会放流放生供应健康苗种，搭建社会放流放生平台和载体（如放鱼台），科学引导和规范社会放流放生活动的开展，提高社会放流放生活动的科学性和规范性（图7-13）。

图7-13　社会放流放生平台和载体

《水生生物增殖放流管理规定》第十条明确规定，禁止使用外来种、杂交种、转基因种以及其他不符合生态要求的水生生物物种进行增殖放流。当前乱放生现象时有发生，大菱鲆、清道夫、红耳彩龟、大（小）鳄龟、牛蛙、雀鳝、锦鲤、凤眼莲等一些外来种、杂交种等被放生到了我国自然水域，对水域生态环境造成不良影响。渔业增殖示范站通过搭建平台、供应苗种以及开展科普宣传对社会放生进行科学引导和规范（图7-14）。

3.水生生物养护科普　具有水生生物资源养护科普能力，积极举办群众喜闻乐见、接地气、有影响力的水生生物资源养护宣传活动，动员更多社会资源投入水生生物资源养护事业当中，将增殖放流打造成像陆地植树造林那样的政府引导、各界支持、全民参与的社会公益活动和著名渔业品牌（图7-15）。

4.增殖放流技术创新　建立产、学、研联盟，坚持问题导向和需求导向，重点对增殖放流多功能综合体构建、增殖放流技术创新、藻类移植增殖、放流苗种种质快速检测、效果评价体系建设等放流关键技术进行探索，提高增殖放流的科技含量（图7-16）。

图7-14 丰富多彩的社会放流放生活动

图7-15 形式多样的水生生物资源养护宣传活动

■ 放流苗种标记

■ 放流苗种标记

■ 增殖放流效果监测

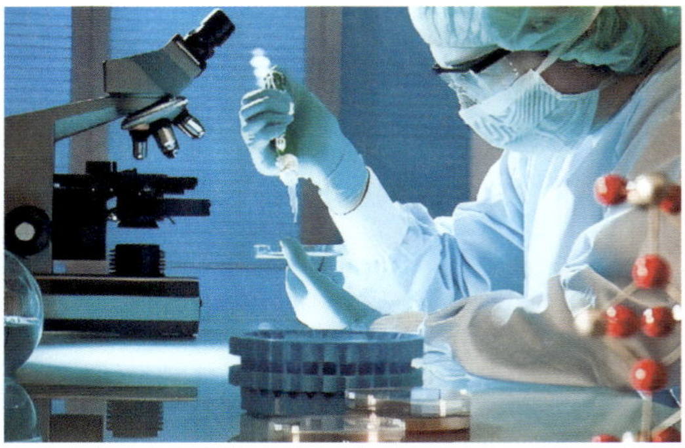

■ 放流苗种种质检测

图7-16 增殖放流关键技术创新

五、渔业增殖示范站设置程序

主要程序如下：

（1）省级渔业行政主管部门根据《山东省“海上粮仓”建设规划》等，结合财政资金规模和省增殖放流工作的实际需要，公开发布示范站申报指南。

（2）符合申报条件的省级增殖站自愿填报《山东省省级渔业增殖示范站申报书》，经县、市两级渔业主管部门逐级审查后，择优报省级渔业行政主管部门。

（3）省级渔业行政主管部门组织有关专家对申报单位进行评审，择优选出示范站，同时明确其示范放流物种，经公示后公布，并统一颁发示范站铭牌（图7-17）。

图7-17　渔业增殖示范站评定

六、渔业增殖示范站的管理

为加强对示范站的管理，已完成《山东省省级渔业增殖示范站管理办法（讨论稿）》，拟充分征求意见后出台。《山东省省级渔业增殖示范站管理办法》将明确示范站的四大功能、申报条件、评定程序和管理等。拟对示范站采取“年度考核、三年复查，动态管理、能进能退”的考核管理制度。

七、工作成效及前景展望

多年来，山东省增殖放流规模、规范化管理、增殖技术及增殖效果等均处全国首位，受到了广大渔民群众、专家学者、兄弟省市和各级领导的一致好评。

2006年，包括增殖放流在内的渔业资源修复行动被山东省政府确定为“为农民群众办的十件实事之一”。2011年，山东省海洋与渔业厅被评为全国水生生物资源养护先进单位。

2014年，山东省政府启动实施了“海上粮仓”建设发展战略，将增殖放流作为做大渔业增殖业和建设海洋牧场工程的重要内容之一，进行了周密部署和科学安排，确保增殖放流进一步做大做强（图7-18）。

图7-18 山东省增殖放流宣传活动

目前，山东省已将包括增殖放流在内的《山东省水生生物资源养护管理条例》纳入省人大立法计划，争取尽快出台。这将是我国第一部水生生物资源养护的省级人大条例。

增殖放流必将为山东的“海上粮仓”建设、海洋强省建设和生态文明建设做出新的、更大的贡献（图7-19）。

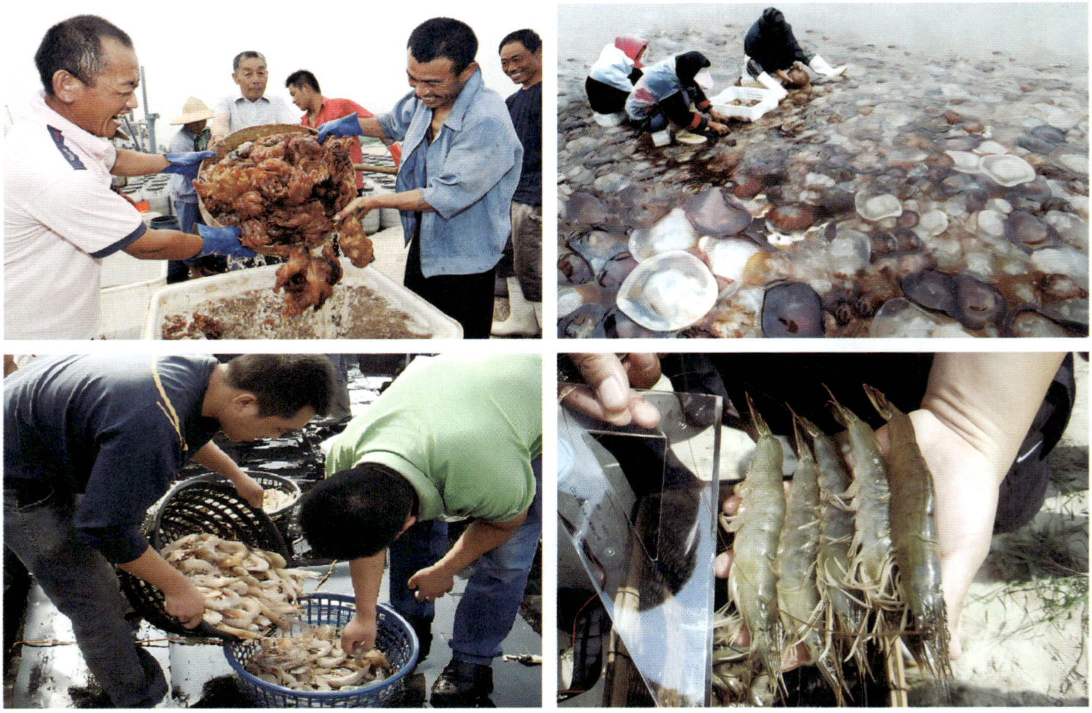

图7-19 山东省增殖放流资源回捕大丰收

八、单位介绍

以增殖放流等为主要内容的水生生物资源养护属复杂的系统工程，技术与管理并重，应当设立专管机构，方能“做实做细，做大做强”。为深入做好水生生物资源养护工作，山东省专门成立了山东省水生生物资源养护管理中心（图7-20）。中心隶属山东省农业农村厅，为正处级事业单位，编制39人，主要从事增殖放流、海洋牧场（人工鱼礁）、休闲垂钓、水生生物资源调查监测与合理利用等工作。2021年，该中心与山东省渔业技术推广站整合组建山东省渔业发展和资源养护总站。

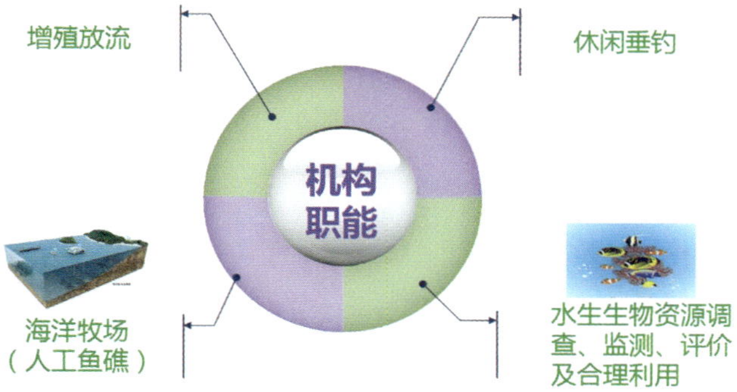

图7-20　单位职能

先进技术八

金乌贼增殖放流及效果评价技术

技术概要

一、工作背景

金乌贼曾为我国四大海产鱼类之一，受过度捕捞和产卵场生境退化等影响，其资源量明显衰退。1992年，金乌贼被列入山东省地方资源增殖计划，主要进行产卵附着基的海上投放。从2010年起，金乌贼又先后被列为青岛市和山东省增殖放流品种，目前全省年放流量达120余万只。为进一步扩大金乌贼增殖规模，优化增殖技术，渔业资源增殖养护技术研究团队在农业农村部物种资源保护费项目资金的资助下，开展了金乌贼增殖放流及效果评价相关技术研究。

二、技术原理

通过开展金乌贼繁殖生物学和遗传学研究、产卵附着基投放试验以及金乌贼标志放流研究等工作，阐明金乌贼的繁殖策略、增殖方式、放流群体生长及回捕率等，评估其增殖放流的生态、社会及经济效益，进而为增殖放流工作有效开展提供重要的科学依据。

三、技术方法

一是通过解析金乌贼繁殖过程中求偶、争斗、交配及产卵等行为特征，探讨其父权贡献和精子竞争等繁殖策略。二是通过开展金乌贼产卵附着基投放试验，确定合理的投放方式，并对其成效进行评估。三是构建繁育群体和放流群体分子指纹数据库，使用微卫星分子标记技术开展金乌贼标志放流和效果评估工作，辅以渔民捕捞调查，对其增殖放流成效进行科学评估。

四、适用范围

适用于我国近海金乌贼、曼氏无针乌贼、虎斑乌贼等头足类的增殖放流，也可用于指导具有领域行为的鱼类的人工苗种繁育，或产黏性卵的鱼类、贝类等资源的增殖。

五、工作成效

2016年，在青岛薛家岛海域和杨家湾洼前海域共投放2000个“十”字形可折叠产卵附着基，总附卵量为21.56万个，按照85%的孵化率计算，总计增殖金乌贼幼体18.32万只，产卵附着基的投放可有效实现金乌贼资源增殖与产卵群体的综合保护。金乌贼分子标记增殖放流及回捕调查结果表明，放流群体的秋季回捕效果显著，在2016年秋季回捕群体中，当年夏季放流群体占比7.76%，并有部分个体加入翌年繁殖群体。

六、应用前景

通过调节养殖密度和雌雄性比，可以有效提升金乌贼的繁殖效率，该技术可应用于头足类相关物种的人工繁育。与直接投放苗种的方式相比，投放产卵附着基进行补充资源原位修复的增殖效果可能更好，该技术可推广应用于产黏性卵的鱼类、头足类、贝类等资源修复中。随着分子生物学技术的发展，DNA分子标记技术将广泛应用于增殖放流效果评估。

七、相关建议

一是加强近岸产卵场的修复与保护，并辅助人工产卵附着基投放，强化金乌贼补充资源的原位修复；二是金乌贼前期繁殖洄游的亲体大、怀卵量高，子代具更长的适宜生长期，建议尽量采用前期洄游亲体进行人工繁育；三是降低秋季对幼体的集中捕捞，可显著提高增殖放流的经济和生态效益。

一、金乌贼简介

金乌贼广泛分布于我国黄渤海、东海、南海，日本北海道以南，朝鲜西南海域以及菲律宾群岛海域。每年春季，金乌贼就会从较深的越冬场向较浅的近岸海域生殖洄游，从而形成“墨鱼汛”，我国的黄海、东海海域就以出产包括金乌贼在内的各种乌贼而闻名。金乌贼背部的黄色素比较明显，整个身体金光闪闪，其名字也由此而来（图8-1）。

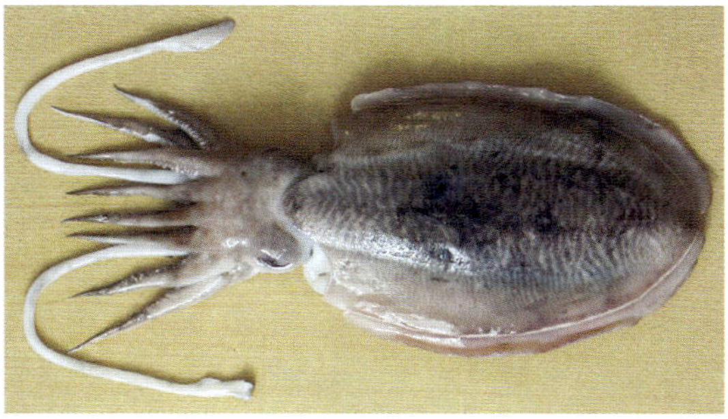

图8-1 金乌贼

金乌贼产黏性卵。雌雄交配后，雌性逐个将受精卵产在海藻、柳珊瑚或者各种海底固着物上。雌性可连续多次产卵，一般每天最大产卵量为150粒，1只雌性金乌贼一生的最大产量为1500～2000粒。繁殖结束后，亲体随即死亡，所以金乌贼的寿命只有1年（图8-2）。

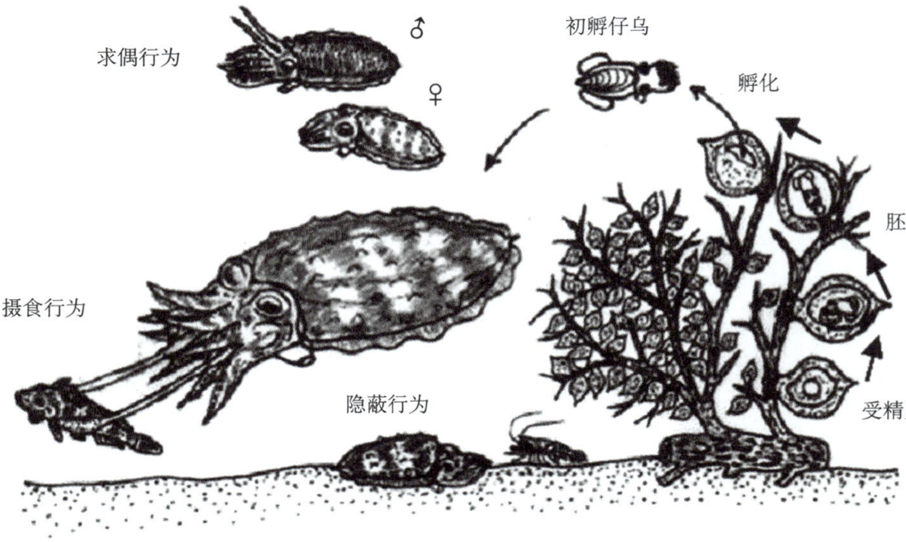

图8-2　金乌贼的生活史周期

金乌贼体内背侧有一块大型石灰质的“骨骼”，这实际上是乌贼外壳的遗留器官，即内壳，它还有一个更为人所知的名字——海鳔鞘（图8-3）。海鳔鞘有收敛止血、固精止带、制酸敛疮的功效，其中所含的碳酸钙可作止酸剂，能很好地缓解胃痛泛酸等症状。

图8-3　金乌贼的海鳔鞘

二、工作背景

自20世纪80年代以来，受过度捕捞和产卵场环境破坏等影响，金乌贼资源显著下降。为了恢复近海资源，从1992年起，金乌贼被列入山东省地方资源增殖计划，主要开展产卵附着基的海上投放。最初的产卵附着基是将海边生长的柽柳、黄花蒿等耐盐植物绑成捆，用绳子连接在一起，并用石块当沉子，投放在海里，给金乌贼提供“产卵床”（图8-4，图8-5）。

从2010年起，山东省除了开展金乌贼产卵附着基的投放之外，还启动了金乌贼幼体的增殖放流工作，目前年放流量达到120余万只。在农业农村部物种资源保护费项目的资助下，开展了金乌贼增殖技术研发及放流效果评估（图8-6，图8-7）。

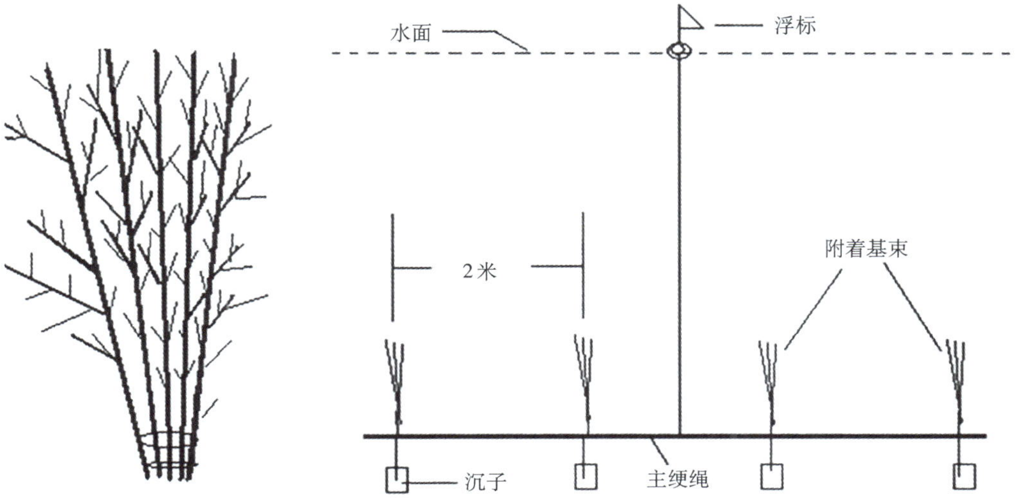

图8-4　金乌贼产卵附着基投放示意图

图8-5　金乌贼产卵附着基投放前及附卵后的照片

幼体计数

充氧装袋

水池降温　　海上放流

图8-6　金乌贼人工培育苗种及增殖放流

图8-7　金乌贼放流群体回捕调查

三、技术原理

首先观察金乌贼的繁殖行为，确定开展人工苗种繁育时亲体最适宜的养殖密度和雌雄搭配比例，以实现人工苗种的高效培育。通过分子标记技术，追踪人工放流群体的生长率和回捕率，并通过新型产卵附着基海上投放试验，综合评价增殖放流效果，最终实现金乌贼自然资源的有效恢复（图8-8）。

四、技术方法

（一）金乌贼繁殖行为观察

金乌贼具有复杂的繁殖行为，主要包括求偶行为、争斗行为、交配行为及产卵行为等。雄性选定雌性后开始追逐求偶，经一段时间伴游后会伺机进行交配（图8-9，图8-10）。

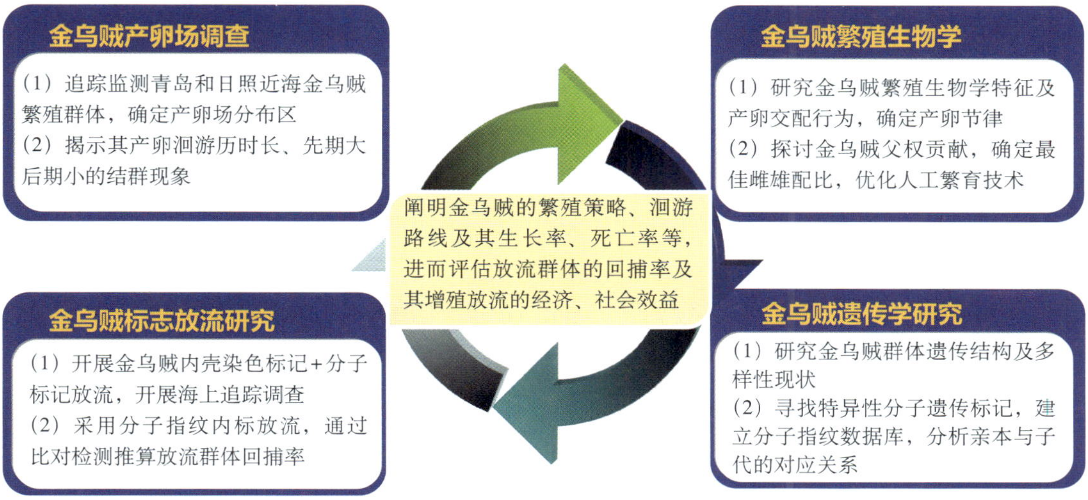

金乌贼产卵场调查
(1) 追踪监测青岛和日照近海金乌贼繁殖群体，确定产卵场分布区
(2) 揭示其产卵洄游历时长、先期大后期小的结群现象
金乌贼繁殖生物学
(1) 研究金乌贼繁殖生物学特征及产卵交配行为，确定产卵节律
(2) 探讨金乌贼父权贡献，确定最佳雌雄配比，优化人工繁育技术
阐明金乌贼的繁殖策略、洄游路线及其生长率、死亡率等，进而评估放流群体的回捕率及其增殖放流的经济、社会效益
金乌贼标志放流研究
(1) 开展金乌贼内壳染色标记+分子标记放流，开展海上追踪调查
(2) 采用分子指纹内标放流，通过比对检测推算放流群体回捕率
金乌贼遗传学研究
(1) 研究金乌贼群体遗传结构及多样性现状
(2) 寻找特异性分子遗传标记，建立分子指纹数据库，分析亲本与子代的对应关系

图8-8 金乌贼增殖放流效果监测评估研究方案

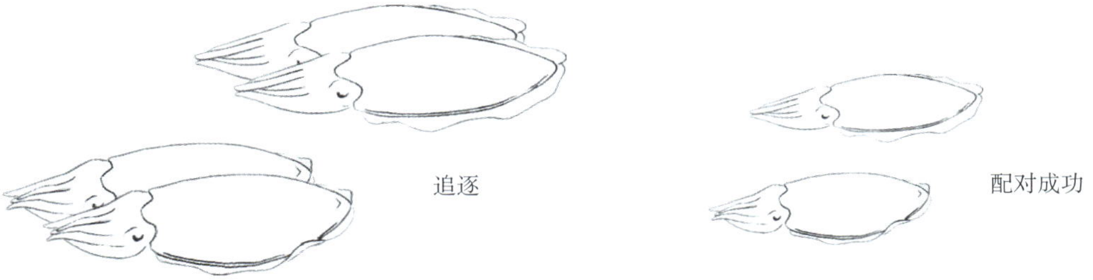

图8-9 金乌贼求偶行为

图8-10 金乌贼的求偶、交配行为

金乌贼一次交配过程持续2～5分钟，此时如果有其他雄性靠近，会打断交配，因此亲体养殖密度以及雄性个体比例不宜过大，以免引发竞争，影响繁殖效率（图8-11）。

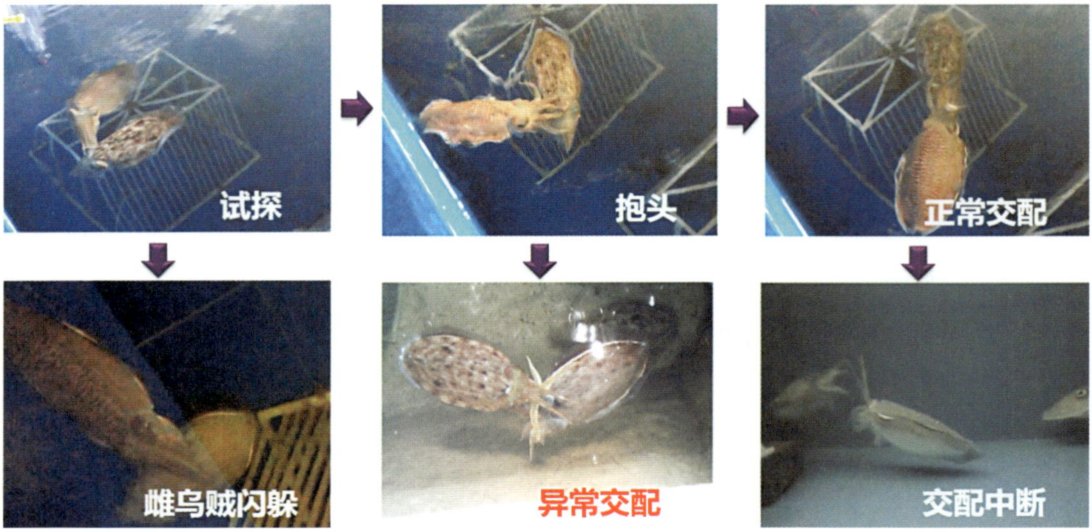

图8-11　金乌贼交配行为

（二）金乌贼择偶机制的探究

1.规格差异　在图8-12 1♀2♂和1♀3♂两个处理组中，B规格雌性选择A规格雄性作配偶的概率分别为100%和66.7%，说明雌性更倾向于选择比自身规格大的雄性为配偶；B规格雄性选择C规格雌性作配偶的概率均为75%，说明雄性更倾向于选择比自身规格小的雌性为配偶。

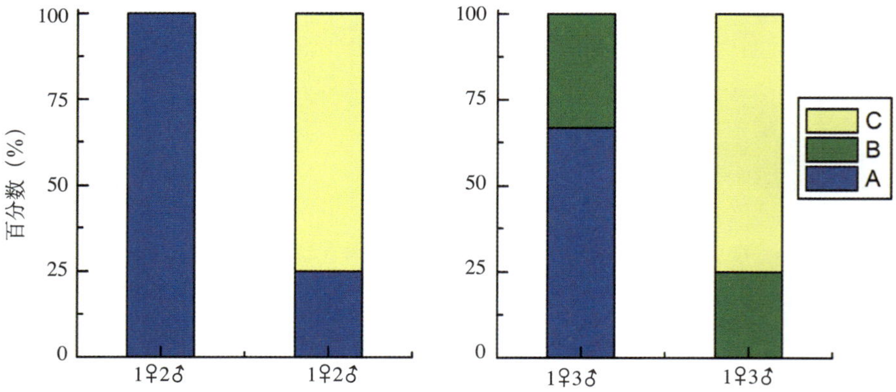

图8-12　金乌贼成熟亲本对配偶规格大小的选择

A、B、C代表规格，A＞B＞C

2.雄性婚配状态　雌性金乌贼原配存在，对雄性原配的躲避时间显著小于未交配和已交配的其他雄性。雌性金乌贼原配不存在，雌性对雄性的躲避时间无明显差异，会与争斗胜利者配对（图8-13至图8-15）。

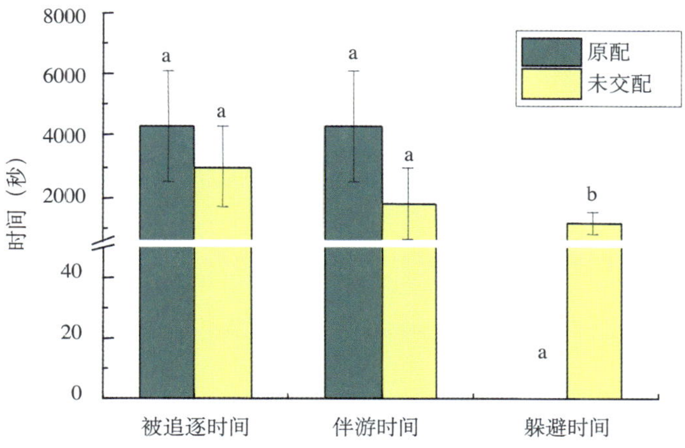

图8-13　雌性对原配和未交配雄性的选择

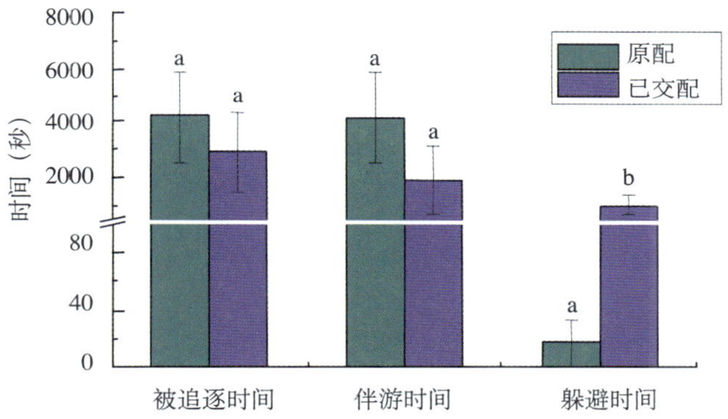

图8-14　雌性对原配和已交配雄性的选择

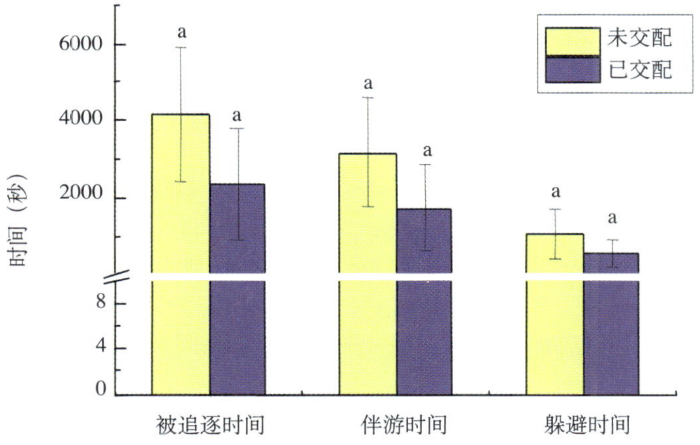

图8-15　雌性对未交配和已交配雄性的选择

3. 雌性婚配状态 雄性金乌贼原配存在，雄性更倾向选择原配，以提高其父权贡献率。雄性金乌贼原配不存在，雄性金乌贼对未交配雌性的总追逐和伴游时间显著大于已交配雌性，说明雄性能够识别异性的婚配状态，且更倾向于追逐未交配雌性（图8-16至图8-18）。

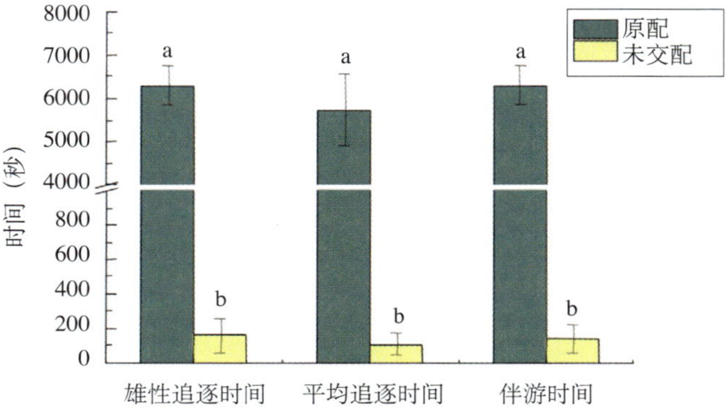

图8-16 雄性对原配和未交配雌性的选择

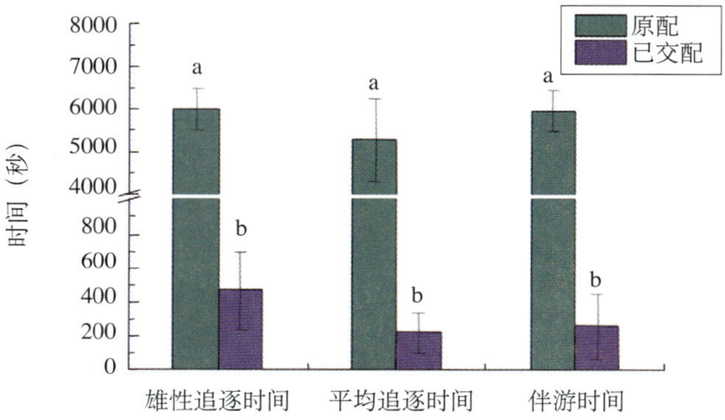

图8-17 雄性对原配和已交配雌性的选择

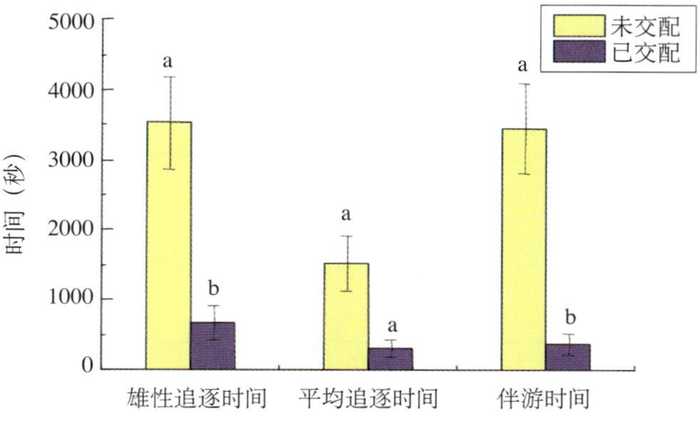

图8-18 雄性对未交配和已交配雌性的选择

（三）金乌贼的精子竞争

1.精子竞争

（1）定义。来自两个或两个以上的雄性个体的精子为争夺对卵子的受精权而展开的竞争即为精子竞争。

（2）条件。雌性亲本在繁殖期会与多个雄性多次进行交配；雌性存在某种存储精子的结构，使精子不会失活；雌性的精子储存器官能够长期储存不同雄性的精子。

（3）类型。一般用P2值（在两个雄性与同一雌性交配的实验中，最后交配的雄性后代在总后代中的比例）作为衡量精子竞争能力的重要参数，根据P2值，将精子竞争模式分为最先雄性精子优势、最后雄性精子优势和无雄性精子优势三种类型。

（4）研究结果。在繁殖过程中，一个雌性金乌贼可以和多个雄性进行交配，会产出不同雄性的子代。实验发现，如果让3个雌性（F01、F02、F03）分别按顺序和4个雄性（M01、M02、M03、M04）进行交配，F01、F02、F03产出的子代均存在优势父本，优势父本是最后一个与雌性交配的雄性（M04），M04留下的子代数量均大于先参与交配的其他雄性。金乌贼这种混合交配模式存在精子竞争，且属于最后雄性精子优势，即最后一个与雌性交配的雄性留下的子代最多（图8-19）。

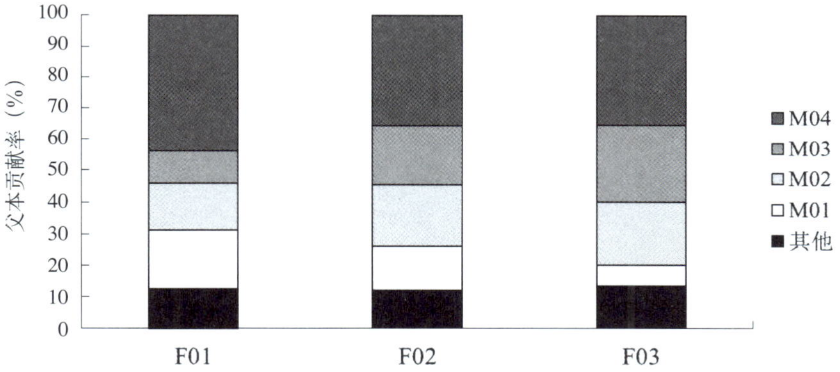

图8-19　金乌贼父本贡献的相对分布格局

2.实验设计　实验设计具体见图8-20。

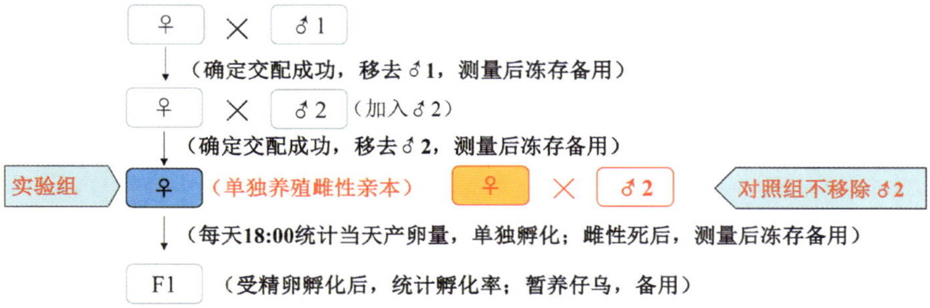

图8-20　金乌贼精子竞争实验设计

3.多次交配意义 隔离雌性与雌雄混养对照组的产卵量变化趋势一致，日产卵量差异不显著，证明多次交配的意义不在于生殖刺激（图8-21，图8-22）。

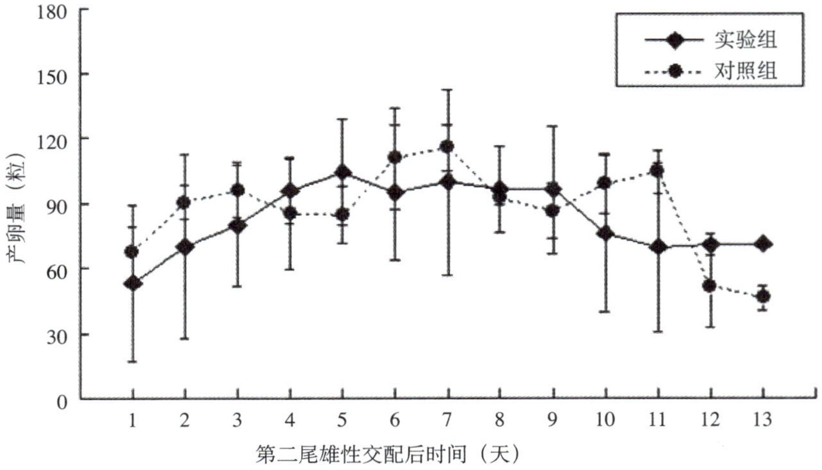

图8-21 多次交配和单次交配对金乌贼产卵量的影响

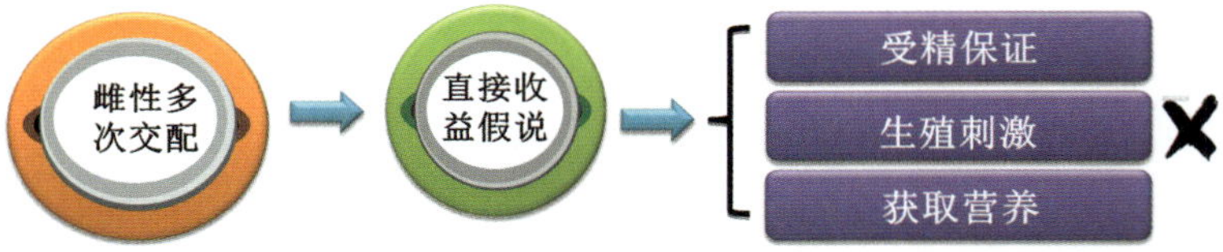

图8-22 雌性个体多次交配的生物学意义——非生殖刺激

与单次交配相比，对照组多次交配的受精率在多天后仍维持在较高水平，证明多次交配可以保证受精率（图8-23，图8-24）。

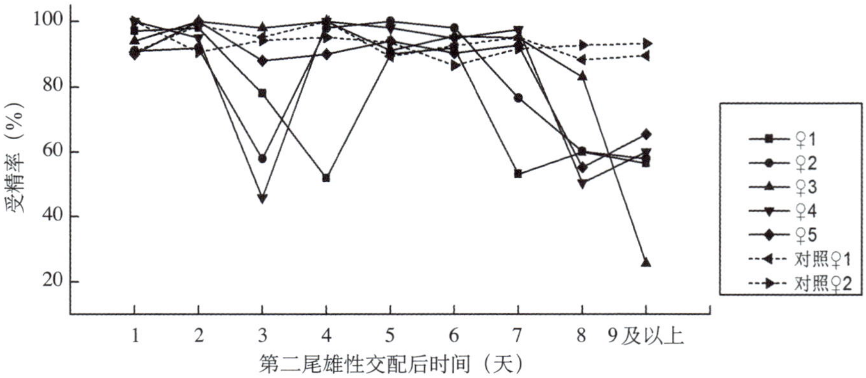

图8-23 多次交配和单次交配对金乌贼产卵受精率的影响

图8-24 雌性个体多次交配的生物学意义——受精保证

4.金乌贼精子竞争模式 实验结果显示，P2明显大于P1和P其他[①]，证明金乌贼精子竞争模式是最后雄性精子优势（图8-25）。

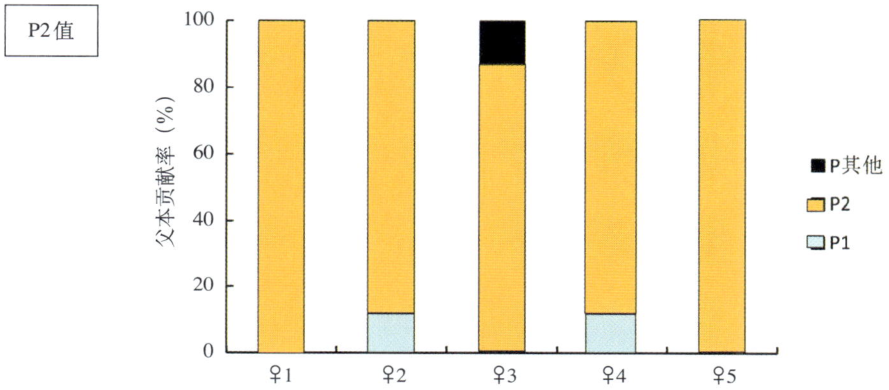

图8-25 金乌贼父本贡献的相对分布格局

注：鉴于金乌贼的繁殖习性，我们重点关注雌性第一天所产后代中最后交配的雄性所占的比例。

（四）金乌贼繁殖行为研究

1.实验设计 设计不同密度和不同性别的金乌贼繁殖行为实验，分析其对父本贡献、日均产卵量、繁殖行为特征的影响（图8-26）。

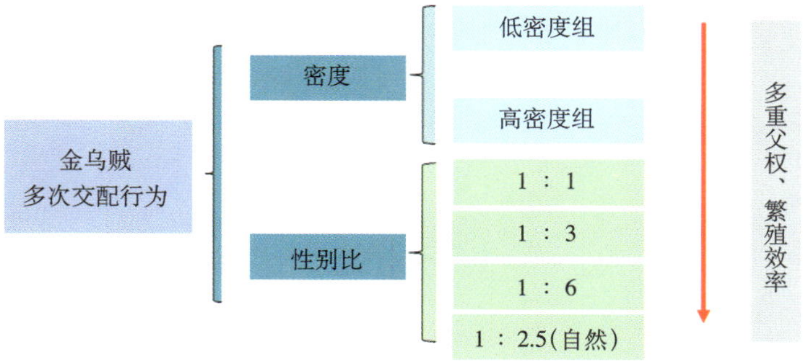

图8-26 密度和性别比对金乌贼繁殖行为影响的实验设计

① P1、P2分别是和雌性按顺序交配的雄性1和雄性2。实验发现，雌性3在开始实验之前，可能已经和其他雄性交配过了，用P其他表示。♂P1、♂P2按顺序和雌性♀交配之后，检测雌性的后代，结果发现除P1、P2的后代之外，有第三者子代P其他后代的存在。

实验结果显示：低密度条件下，繁殖产生的仔乌贼父本数多为2～3个。高密度条件下，繁殖产生的仔乌贼父本数多为4个。

2.雌雄性别比与父本贡献 在同一养殖池中，随着雄性数量的增加，雌性的平均配偶数也随之增加，当雌雄比例达到1♀：3♂后，雌性的配偶数趋于稳定，与1♀：6♂实验组中的平均配偶数基本相同。说明金乌贼虽然会与多个雄性交配，但其伴侣基本稳定在3～4个（图8-27）。

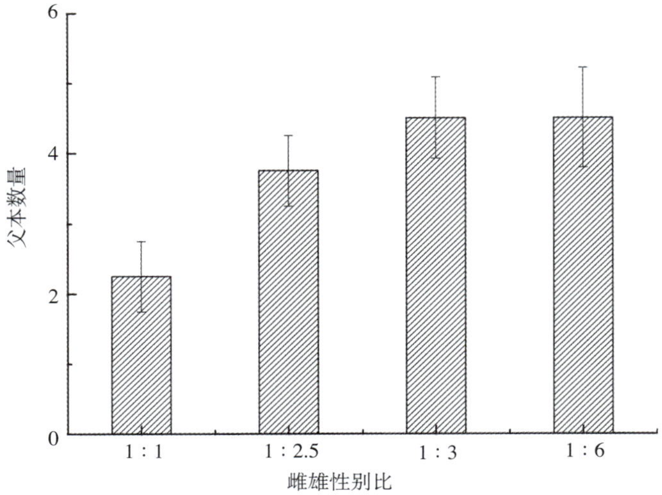

图8-27 不同群体密度组金乌贼仔乌多重父权分布情况

研究发现，养殖池中金乌贼的雌雄比例不同将对繁殖效率产生显著影响。雌雄比例1♀：1♂时，1个雌性每天的平均产卵量最大可达500粒左右，显著高于1♀：3♂和1♀:6♂实验组。雌雄比例为1♀：6♂时，日均产卵量最低，仅有300粒左右（图8-28）。

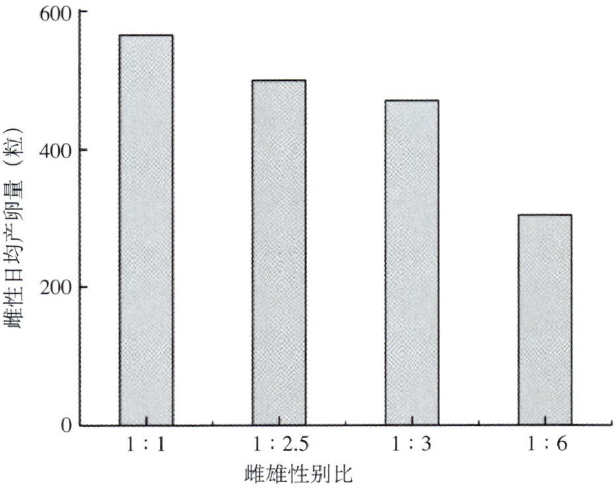

图8-28 不同雌雄性比组中雌性金乌贼的日均产卵量

为什么养殖池中的雄性越多，雌性的产卵数量却越少呢？研究发现，雄性越多，相互间争斗的次数就越多，争斗时喷墨的次数也越多，成功交配的次数随着雄性密度的增加而下降，由于其他雄性插足而被迫中断交配的比例不断上升。因此建议，在进行金乌贼人工繁育时，雌雄比例最好保持在（1♀：1♂）～（1♀：2.5♂），养殖密度以4～5只/米^{3}为宜（图8-29）。

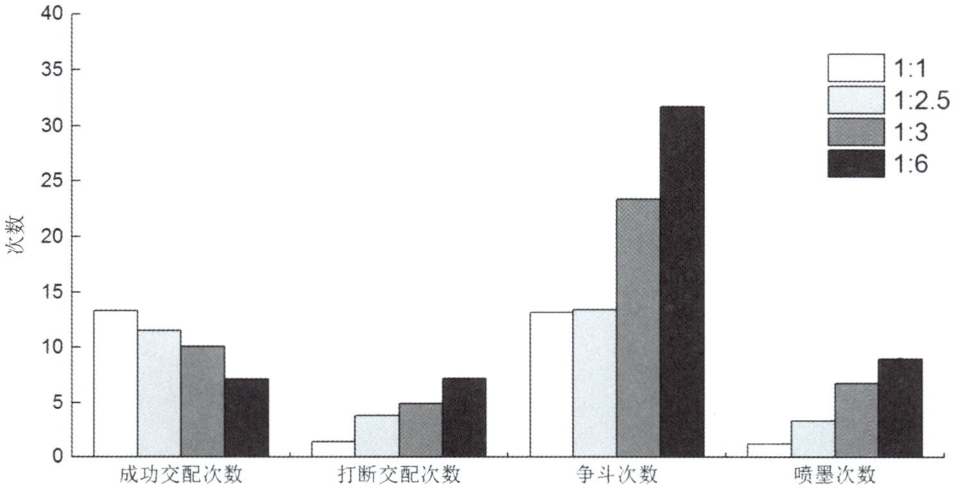

图8-29 不同雌雄性比组中金乌贼每天的主要繁殖行为情况

（五）对金乌贼新型产卵附着基的实验研究

1.不同颜色、水深的附着基附卵效果对比实验 为了给金乌贼提供新型产卵床，于2015年和2016年6月，分别在青岛近海投放了“十”字形可折叠式金乌贼产卵附着基。

2.不同颜色附着基附卵效果对比实验结果 产卵附着基由聚乙烯网衣材料制成，分为白色和绿色，并比较了不同颜色的附卵率和附卵量。2015年海上投放附着基的平均附卵率为82.14%。由于浒苔和海中悬浮污泥的附着，附着基颜色差异不明显，黑色和白色产卵附着基的附卵效果差异不显著（图8-30至图8-33）。

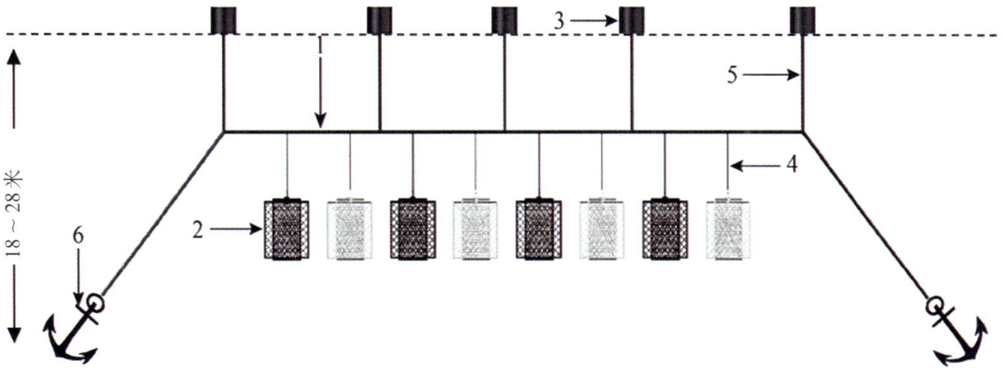

图8-30 2015年“十”字形可折叠金乌贼产卵附着基（黑白2种附着基）

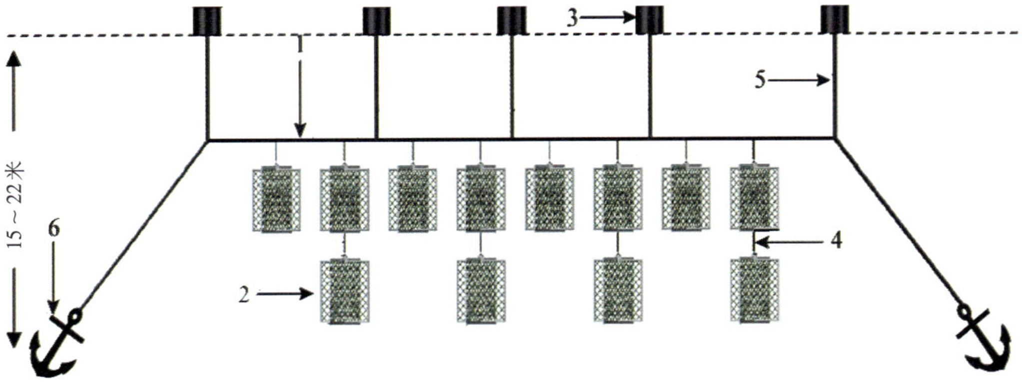

图8-31　2015年和2016年“十”字形可折叠金乌贼产卵附着基（设置水深不同）整体结构示意图

注：1主绠绳；2“十”字形附着基；3浮标；4支绳；5浮标绳；6铁锚

图8-32　“十”字形可折叠金乌贼产卵附着基海上投放和回收

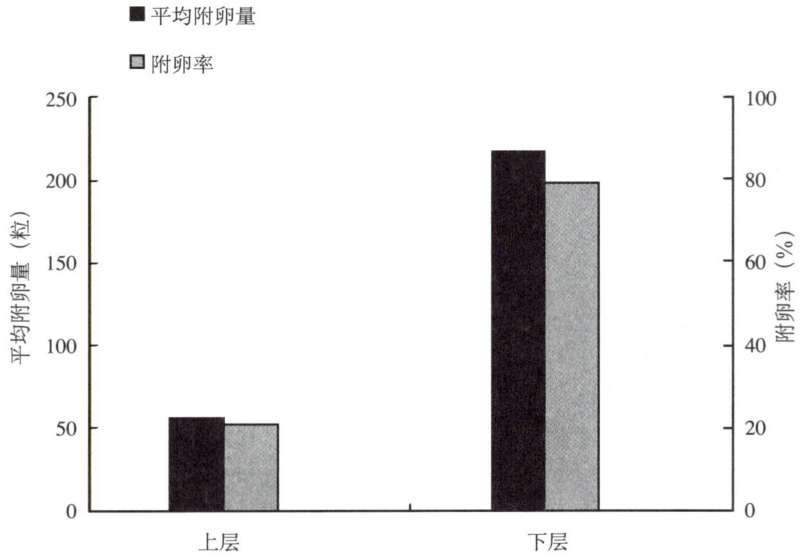

图8-33　“十”字形可折叠金乌贼产卵附着基的平均附卵量和附卵率

2016年试验结果：①薛家岛近海附卵率为56.72%，平均附卵量为199.52粒；②杨家洼湾前附卵率为13.33%，平均附卵量为16.11粒。上层悬挂的平均附卵量为66.48粒，附卵率为44.83%；海底悬挂的平均附卵量为149.59粒，附卵率为65.52%。结果表明，海底悬挂的"十"字形附着基的附卵效果显著优于上层悬挂的"十"字形附着基（表8-1）。

表8-1　不同海区产卵附着基的附卵效果

投放地点	年份	附卵率（%）	平均附卵量（粒）
杨家洼湾前	2015	82.14	299.96
斋堂岛		0	0
杨家洼湾前	2016	13.33	16.11
薛家岛		56.72	199.52

3.金乌贼新型产卵附着基增殖效果综合评价

（1）成效。2016年，在薛家岛海域投放产卵附着基1000个，总附卵量为19.95万个。在杨家湾洼前海域投放1000个，总附卵量为1.611万个，按照85%的孵化率计算，总计增殖金乌贼幼体18.32万只。

（2）结论。综合分析发现，在繁殖季节，选择金乌贼产卵场水深15～20米的缓流区，在海底设置"十"字形可折叠式产卵附着基，可为金乌贼提供舒适的产卵床，能有效进行资源增殖并保护产卵群体。

（3）思考。与金乌贼幼体增殖放流相比，在海里投放新型产卵附着基的成本低，附着基可回收重复使用，生态和经济效益明显（图8-34，图8-35）。

图8-34　"十"字形可折叠金乌贼产卵附着基海上投放

图8-35　金乌贼苗种海上增殖放流

（六）金乌贼增殖放流及回捕调查

1.基于COI基因序列的金乌贼群体遗传学分析　以虎斑乌贼为外群，基于邻接法构建系统发育树。结果显示，金乌贼和虎斑乌贼明显分开，但金乌贼的四个群体系统发育树的拓扑结构未检测到与采样地点相吻合的分支，谱系结构不明显，表明金乌贼群体之间有较高的遗传同质性，遗传分化不显著，没有出现明显的地理分支，可以作为一个大的种群进行渔业资源管理和增殖保护。

2.金乌贼分子标记增殖放流及回捕调查 采用微卫星DNA分子标记技术，开展放流群体的追踪监测和增殖放流效果评价。在2016年秋季回捕群体中，发现当年夏季放流群体占比7.76%，并有部分个体加入第二年的繁殖群体。按照山东省每年放流120万只金乌贼幼体计算，回捕金乌贼总量约9.31万只，秋季金乌贼平均体重按100克计，放流群体的秋季捕捞产量约为9300千克，增殖效果显著（图8-36，图8-37）。

图8-36 金乌贼苗种计数、装袋及海上增殖放流

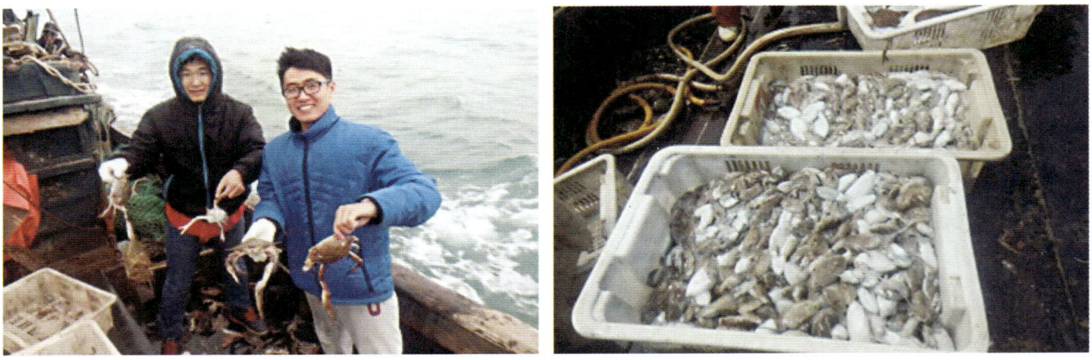

图8-37 金乌贼秋季回捕调查

以2016年调查数据为例，放流后4个月内，金乌贼胴长增加了约9倍，体重增加约321倍，幼体生长迅速（图8-38）。构建回捕金乌贼个体胴长、体重频率分布直方图，发现胴长、体重的分布范围逐渐增大，由此说明金乌贼亲体分批产卵、仔乌分批孵化导致补充群体的生长离散不断增大。

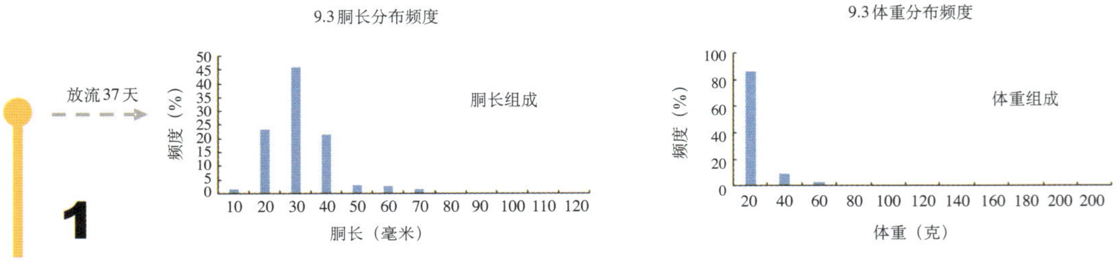

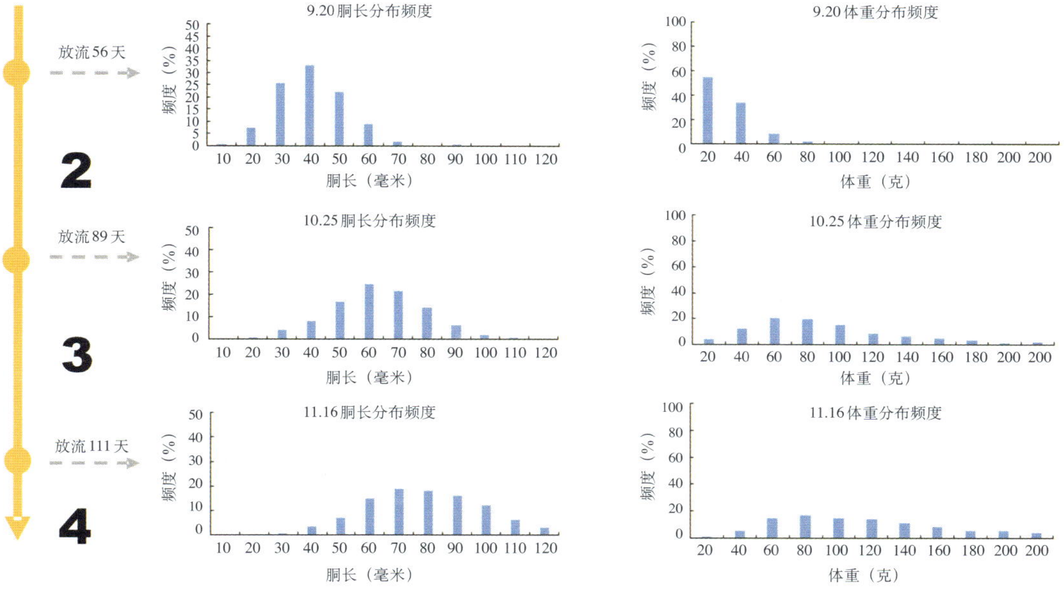

图8-38　2016年四个回捕调查航次的金乌贼胴长和体重分布频率

（七）金乌贼放流群体对自然资源补充机制的研究

仔乌孵化后，产卵场即成为仔乌的育幼场。每年10月之前，幼体停留于青岛近岸水域继续生长发育以储存越冬洄游所需的能量。而后，随时间推移、水温降低和运动能力的增强，金乌贼补充群体逐渐由近岸向东、南深水区扩散，最终洄游至黄海中南部海域越冬。第二年春天，金乌贼由越冬场陆续游向近岸产卵场开始结群繁殖。

2016年春季回捕亲体占2015年分子标记放流群体的1.47%，由此证明放流群体加入了翌年繁殖群体。在2016年秋季回捕群体中，当年夏季放流群体占比7.76%。

四、工作成效

据山东省青岛市胶南渔民反馈，2017年10—11月，其主要捕捞对象为蛸类、金乌贼、星鳗、木叶鲽、三疣梭子蟹等，这几种渔获物占渔船总收入的80%。其中，金乌贼产值占渔船秋季总收入的30%，这都得益于金乌贼增殖放流等资源修复政策的实施（图8-39）。

图8-39　青岛胶南近海捕捞渔船

金乌贼增殖放流工作取得了很好的经

济、生态和社会效益，媒体对相关工作进行了充分的报道（图8-40）。

图8-40　金乌贼苗种检测、计数和海上增殖放流，青岛电视台和青岛新闻网对金乌贼增殖放流进行报道

五、应用前景

（1）通过调节养殖密度和雌雄比，可以有效提升繁殖效率。该技术可应用于头足类相关物种的人工繁育工作。

（2）投放产卵附着基进行补充资源原位修复的技术可推广应用于产黏性卵的鱼类、头足类、贝类等的资源修复。

（3）传统标记方法有体外挂牌、剪鳍条和染色标记等。近年来，随着分子生物学技术的发展，DNA分子标记技术将广泛应用于增殖放流效果评估。

六、有关建议

（1）加强近岸产卵场的修复与保护，并辅助人工产卵附着基投放，强化金乌贼补充资源的原位修复。

（2）金乌贼前期繁殖洄游亲体大、怀卵量高，子代具更长的适宜生长期，建议尽量采用前期洄游亲体进行人工繁育。

（3）降低秋季对幼体的集中捕捞，可显著提高增殖放流的经济和生态效益（图8-41）。

图8-41　秋季金乌贼捕捞生产

七、渔业资源增殖养护技术研究团队

1. 主要研究方向 研究团队围绕环境丰容技术在海洋牧场建设中的应用及增殖苗种行为驯化等开展了创新性研究。对金乌贼、许氏平鲉、褐菖鲉、黑鲷等我国南北方重要海水增殖种的行为模式、环境丰容的作用机理以及行为驯化技术等开展了深入、系统的研究工作。利用微卫星DNA分子标记技术、环境DNA检测技术等开展了增殖放流物种的追踪监测以及增殖放流效果评价，为海洋牧场人工生境营造、增殖苗种高质量培育和增殖效益的明显提升奠定了理论基础，提供了技术支撑。

2. 团队主要成员 团队主要成员见表8-2及图8-42、图8-43。

表8-2 团队主要成员

姓名	职称/职务	备注
张秀梅	教授	浙江省“钱江学者”特聘教授 农业农村部海洋牧场建设专家咨询委员会委员
高天翔	教授	浙江省“钱江学者”特聘教授 中国动物学会鱼类学分会理事
郭浩宇	副教授	浙江省高校领军人才培养计划“青年优秀人才”
杨晓龙	副教授	辽宁省“百千万人才工程”万人计划
王晓燕	副研究员	中国动物学会鱼类学分会会员
何耀东	副教授	Water等国外期刊客座编辑
王一航	讲师/博士	中国水产学会水产动物行为学专业委员会委员
田　阔	讲师/博士	浙江生态学会会员
田晓飞	讲师/博士	中国海洋湖沼学会棘皮动物分会会员

图8-42 张秀梅教授

图8-43 研究团队

先进技术九

内陆水域测水配方水生态养护技术

技术概要

一、工作背景

目前，国内大部分内陆水域面临着水体富营养化导致的蓝藻水华、水草疯长和城市水体水生态环境质量下降等问题，水域生态系统服务功能受损，严重影响水资源利用和人类生命健康。发挥渔业的抑藻、固碳、净水等功能，修复水域生态环境，维持水生态系统稳定性，具有重大现实意义。由于水生态修复的基础研究还很欠缺，导致增殖放流存在一定的盲目性，制定科学简捷的测水配方技术可实现“放鱼养水”的科学化与精准化，有效发挥渔业生态功能。

二、技术原理

针对不同功能水域的生态环境问题和响应类型，基于生物操纵和食物网理论，科学配置水生生物类群，准确估算水域增殖容量，合理捕捞，确保一定的种群规模，维持水域生态系统的物质循环与能量流动的动态平衡。

三、技术方法

1.测水　开展放鱼前试验水域水环境及水生生物资源的本底调查，确定湖泊、水库和城市水系（河道、湿地和景观湖）生态环境问题，进行水体富营养化评价，判断水体富营养化的响应类型，明确不同功能水域的生态养护目标，连续跟踪监测各试验水域的水质、水生生物多样性、放养鱼类的生长状况和渔业资源状况。

2.配方　科学配置不同生态习性的水生生物类群、数量和比例，估算不同食性鱼类放养容量，按照“大配方，小调整”的原则，优先使用控制藻类生长的滤食性鱼类的设计配方，制定科学、可操作的“一水一方”放鱼方案，实施科学合理的捕捞制度。

四、适用范围

主要适用于内陆湖泊、饮用水源地水库、城市河道和景观水体等水域生态修复与渔业资源养护工作。

五、工作成效

在山东省南四湖、东平湖、8个水源地水库、2个城市河道和6个城市园林景观水体实施“测水配方”试验，推广应用水域面积200万亩。各试验水体透明度提高，营养盐含量下降，水环境监测指标达到水功能区水质标准；水体渔业资源增加，蓝藻水华、丝状藻华和水草疯长现象得到有效抑制，水生动植物群落结构优化，水生态系统结构和功能趋于稳定。制定山东省地方标准《内陆水域“测水配方”水生态养护技术规范》，构建了以渔抑藻、以渔控草、以渔控外来有害贝类、水生动植物和微生物耦合4种水生态养护模式。

六、典型案例

在南四湖、东平湖、利津县三里河城市水系和沂河城区段实施了以渔控草模式，在栖霞市长春湖和沂源县红旗水库等水源地实施了以渔控藻模式，在济宁市太白湖湿地、济西湿地实施了以渔控丝状藻、血红裸藻藻华模式，在威海市崮山水源地水库实施了以渔控外来有害贝类模式，在即墨区城市河道墨水河和济宁太白湖湿地实施了水生动植物和微生物耦合的水生态养护模式。

七、应用前景

在湖泊水库大水面生态渔业高质量绿色发展和城市水生态环境治理深入推进的大背景下，“放鱼养水”关键技术和典型模式适用于内陆湖泊、饮用水源地水库、城市河道、景观水体等水域生态修复和渔业资源养护工作。

八、相关建议

建议在全国范围内推广测水配方试验经验和做法，各地根据不同功能水域的生态环境问题，扩大“放鱼养水”精准化应用示范。

一、工作背景

目前，国内大部分内陆水域面临着水体富营养化，发生了蓝藻水华、水草疯长和城市水体水生态环境质量下降等问题，水域生态系统服务功能受损，严重影响了水资源利用和人类生命健康。

蓝藻水华（藻型）暴发和高等水生植物（草型）过度繁殖是我国水域富营养化的重

要表现形式。富营养化已成为影响山东淡水水域最严重的生态问题，菹草、大薸、水绵和血红裸藻过度增殖暴发，造成水体景观效果下降，城市河道与景观水体水质恶化，生态环境质量下降。外来淡水壳菜入侵水源地水库，影响供水水质（图9-1）。

图9-1　内陆水域富营养化后的生态环境问题

鱼儿离不开水，水体是鱼类赖以生存的环境。内陆渔业常常被认为是加速湖泊、水库富营养化的主要原因，使得湖泊水库渔业面临生存危机。随着水域生态功能的转变，湖泊水库网箱网围被全面清除，水域生态退化和渔业资源衰退成为影响水生态系统结构与功能稳定的主要问题。

如今，生态渔业不再是传统意义上的一种提供水产品的产业，而是发挥渔业抑藻、固碳、净水等功能，修复水域生态环境，维护水域生态平衡的社会公益事业和水环境保护工程。“放鱼养水”扩大了增殖放流的内涵，是山东省深化渔业资源修复的又一创新举措，也是淡水渔业可持续高质量发展的需要。

当前，山东省“放鱼养水”事业蓬勃发展（图9-2），由于水生态修复的基础研究还很欠缺，导致增殖放流存在一定的盲目性。制定科学简捷的测水配方技术，实现“放鱼养水”的科学化与精准化，对发挥渔业生态功能，改善山东省河流、湖泊、水库和城市水系生态环境，促进水生态文明建设具有重大现实意义。

图9-2 全省各地“放鱼养水”场景

二、技术原理

1.水库鱼产力评价 李德尚等（1991）对山东省39座大中型水库的研究表明：鲢、鳙是主要水库增殖鱼类，决定水库鱼产力水平的有集雨区性状、水库形态和水文状况等基础因素，包括主要离子、磷素、有机物、溶解气体、氨素等理化因子，以及浮游植物、浮游动物、初级生产力、鲢鳙生长等生物学因子。其中，影响力特别大的是浮游生物的丰度和总氮、总磷的浓度，只根据这三个因素即可对鱼的生长状况加以估计。鲢、鳙鱼的综合生长指数$GI=0.263+0.163BI+1.468TH\cdot TP$。鱼的生长情况可作为概略评价水域鱼产力的一个相对指标。

当时绝大多数水库都是放养不足且不稳定的，因而实际产量都远远低于鱼产力，放养鱼的生长速度接近或低于适宜放养量下的正常值。在强度经营下，水域中鱼类的生长状况与放养密度呈显著的负相关。

2.非经典生物操纵理论 以蓝藻控制为目标的食物网调控的非经典生物操纵理论，提升了藻类群落的多样性与稳定性，维持了生态系统的多功能性。该理论指导下的生态调控是一项环境友好、经济实用的生态技术，可有效防控富营养-中营养湖泊中的蓝藻水华。

1999—2001年，刘建康和谢平基于武汉东湖的长期生态学和系列实验湖沼学研究，提出了利用滤食性鱼类——鲢、鳙控制蓝藻水华以改善水质的非经典生物操纵理论，并于2003年出版了《鲢、鳙与藻类水华控制》（图9-3）。该理论认为：鲢、鳙鱼能滤食10微米至数个毫米的浮游植物，而枝角类仅能滤食40微米以下的较小浮游植物。与枝角类相比，鲢、鳙鱼可有效地摄取形成水华的群体蓝藻，有效控制大型蓝藻。同时，还提出在东湖有效控制蓝藻水华的鲢、鳙生物量的临界阈值是50克/米^3。研究表明，鲢鳙对蓝藻的消化率为30%～40%，其体重每增加1千克就可消耗约50千克的蓝藻等浮游植物，转移水中氮29.4克、磷1.46克、碳118.6克。

图9-3 鲢鳙控藻与净水渔业理论研究成果

2002年，刘家寿在深圳茜坑水库实践中提出了以生物操纵理论为基础的生态渔业“以渔养水”模式。2003年，刘其根等提出了“保水渔业”的概念，主要是基于千岛湖利用鲢、鳙来控制蓝藻水华的渔业实践。

2013年，王武提出“净水渔业”的概念，旨在实现渔业生产和环境修复两个目标。2017年，徐跑等出版了《蠡湖净水渔业研究与示范》。2018年，桂建芳院士领衔的中国科学院大水面生态净水渔业研究中心致力于千岛湖渔业资源与水生态环境保护。

3.水生生态系统稳定性演变的驱动机制 以沉水植被为主的草型清水稳态和以浮游植物为主的藻型浊水稳态具有不同的反馈机制，以维持其生态系统的稳定（图9-4）。上行效应在清水态占主导地位，下行效应在浊水态占主导地位。

4.大水面增养殖容量计算 基于水环境、饵料生物、鱼类群落和种群动态调查结果，根据不同功能水域浮游植物、浮游动物、底栖动物等饵料生物类群的生物量和生产力，及其被渔业生物摄食的生态利用率和饵料系数，通过图9-5中的公式，对各营养生态类型渔业生物的鱼产潜力进行估算。研究不同生态类群种类的合理放流技术、捕捞调控技术及多种群（鲢、鳙、鳜、翘嘴鲌、黄尾鲴、河蟹、甲鱼等）复合放养技术，集成示范以生物操纵、生态修复、水质改善和绿色渔产品生产为目标的多种群渔业利用技术体系及生态增养殖模式。

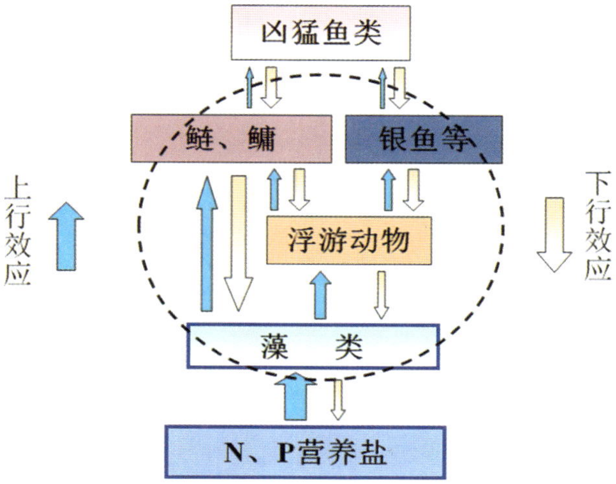

图9-4　水生态系统稳定性演变的驱动机制

$$FP = \frac{B \times P/B \times a}{k}$$

图9-5　渔产潜力进行估算公式

三、测水配方的含义

测水配方是根据不同功能水域的生态环境问题和水环境保护目标，以非经典生物操纵和稳态转换为理论支撑，基于水域的营养状况、饵料生物现存量和增殖容量，集成和研发增殖放流、水生生物群落构建、生物操纵与水环境调控等技术，重点解决增殖什么物种、多大规格、放流数量和科学捕捞等问题，形成不同水域科学、可操作的水生态养护模式，通过优质水产品的捕捞输出，实现富营养化水体的净化和资源修复，调控水生态系统结构的水生态养护技术。

四、工作成效

针对山东省内陆不同功能水域（湖泊、河流、水库和城市水系）的生态环境问题、响应类型和水环境保护目标，基于生物操纵和食物网理论，估算了试验示范水域以滤食性为主的鱼类放养容量，集成和研发水生生物群落构建、水草生物合理利用、不同生态习性鱼类放流比例与合理捕捞、水生动植物与微生物耦合等关键技术，构建了以渔控草模式、以渔抑藻模式、以渔控外来有害贝类模式、水生动植物和微生物耦合模式4种“放鱼养水”典型模式，实现了“放鱼养水”的科学化与精准化，在控制水体富营养化、遏制菹草疯长、恢复渔业资源、控制藻华发生等方面取得了显著成效，产生了良好的经济、社会和生态效益。

项目试验期间，协助山东省海洋与渔业厅、农业农村厅下发2018年、2019年、2020年、2021年测水配方试验指导意见，科学指导全省试验水域的“放鱼养水”工作，通过理论培训、现场观摩、经验交流等方式进行技术推广（图9-6），在全省范围内广泛形成了“放鱼养水、以渔净水、修复水生态”的共识。

图9-6　全省“测水配方”试验年度现场会

各试验和推广水域水体透明度提高，营养盐含量下降，水环境监测指标达到水功能区标准，蓝藻水华、丝状藻华和水草疯长现象得到有效抑制，水生动植物群落结构优化，水生态风险有效遏制，渔业资源得到有效恢复，水生态系统结构和功能趋于健康稳定，试验水域经济效益和生态效益显著。

编制发布了山东省地方标准《内陆水域“测水配方”水生态养护技术规范》，取得了授权实用新型专利3件，发布地方标准3项、软件著作权3项，发布实施山东省大水面生态渔业规划2项，发表论文4篇，为全省10处水域编制“放鱼养水”水生态修复方案，并在省内大中型水域得到广泛推广应用，取得了重大经济、社会和生态效益。

在测水配方试验成果的基础上，逐步在山东全省大水面和城市水系扩大“放鱼养水”应用示范，实现“一水一方”，在全省形成水域水质保护、生态环境修复和三产融合绿色高质量发展的渔业发展新格局。在山东省黄河菏泽段、南四湖、东平湖、8处水源地水库、南水北调东湖水库和大屯水库、3处城市河道和6处城市园林景观水体实施测水配方技术，推广应用水域面积260万亩。先后帮助制定南四湖和东平湖增殖放流方案与放鱼养水效果评价；为济南市、德州市庆云县、临沂市兰陵县和蒙阴县大水面生态渔业提供技术培训，指导“放鱼养水”工作，此外，还对潍坊市峡山水库和烟台龙口市王屋水库的增殖放流工作进行了指导。项目近三年累计实现总产值16.32亿元，新增利润2.86亿元，创建了一批大水面绿色有机水产品、地理标志产品认证和区域公用品牌，有力推动了山东省淡水渔业的绿色高质量发展。

2019年6月，该技术被农业农村部渔业渔政管理局会同全国水产技术推广总站、中国水产学会推荐为“水生生物资源养护先进技术”，面向全国推广。技术团队应邀参加第二届中国国际海洋牧场暨渔业新产品新技术博览会（图9-7），介绍山东省测水配方试验经验及水生态修复成果，并将该技术汇编为山东省渔业高质量发展“三新”材料。此外，该成果还被山东省总工会授予2021年度全省农林水牧气象系统“乡村振兴杯”技术创新竞赛一等奖。

图9-7　在第二届中国国际海洋牧场暨渔业新产品新技术博览会进行现场展示

五、技术内容

2014年以来，针对山东内陆水域富营养化带来的蓝藻及血红裸藻水华发生、菹草疯长、外来水生植物大薸暴发堵塞河道、水源地水库外来贝类危害供水安全和城市水体环境质量下降等生态问题，在全国率先开展了测水配方试验。连续9年筛选出济南、济宁、烟台等市41处典型水域，在分析论证试验水域生态环境问题的基础上，科学制定水生态养护的配方方案，具体指导实施“放鱼养水”和跟踪监测评价工作，确保“放鱼养水”效果，构建生态养护典型模式，提炼测水配方技术规范（图9-8）。

1.水生态环境监测和富营养化评价　调查不同功能水域生态环境状况，监测pH、溶解氧、高锰酸盐指数、总氮、总磷、叶绿素a、透明度等水质理化因子，运用单因子和综合营养状态指数法评价湖泊水库富营养化状况，分析富营养化水域的响应类型，确定水域属于浮游植物响应型（藻型）、大型植物响应型（草型）还是非响应型（混合型）。

2.水生生物资源调查与评价　开展水域浮游生物、大型底栖动物、水生维管束植物和鱼类资源状况调查，分析各种水生生物类群种类组成、群落结构、优势种和资源量，识别水域藻华（蓝藻水华、水绵、血红裸藻）发生、沉水植物疯长、外来水生生物入侵、鱼类多样性下降和水生态环境质量下降等生态问题。

3.放鱼品种选择与放养容量估算　根据水域富营养化程度、鱼类食性、栖息空间的不同，筛选鱼类区系内的滤食性、杂食性及肉食性等鱼类品种，配合水生维管束植物莲、菱、芡实、苦草等，和其他水生动物，如褶纹冠蚌、铜锈环棱螺、日本青虾等及中华鳖。根据水域的生态环境状况、水环境保护目标和渔业承载能力，估算不同食性鱼类的增殖容量。

4.优化生物操纵配方方案　从水质保护的角度来确定放养量，科学配置不同生态习性的水生生物类群、数量和比例。根据水域生态环境现状，实施以渔控草、以渔抑藻。按照“大配方，小调整”的原则，优先使用控制藻类生长的滤食性鱼类的设计配方，再根据水生植物生物量、覆盖度和底栖动物资源量，估算草食性鱼类和杂食性鱼类的鱼产力，进一步优化滤食性鱼类放养容量、菹草利用，以及草食性鱼类放养时间、规格、容量和搭配比例，形成“一水一方”放鱼方案。

图9-8 “测水配方”试验过程

5.“放鱼养水”效果跟踪监测与评估 根据试验方案，连续跟踪监测试验水域的水质、物种多样性、放养鱼类生长和资源变动情况。经渔业行政审批部门批准后实施放流鱼类起捕方案，对试验水域进行放流鱼类起捕测产验收，并在相关部门的现场监管下对试验鱼类采用“赶、拦、刺、张”联合渔法进行生产性起捕，严禁对土著鱼类进行捕捞。根据产量，分析营养盐输出转移、控草和抑藻净化水质情况与碳汇效益。

六、“放鱼养水”水生态养护模式构建

（一）以渔控草模式

1.试验水域 利津县城市河道三里河、泰安市东平湖、微山县南四湖、临沂市沂河城区段和沂南段

2.完成单位 山东省淡水渔业研究院、东营市利津县海洋与渔业局、济南市农业农村局渔管办、泰安市东平县水产业发展中心、临沂市渔业发展保护中心、沂南县渔业发展保护中心。

3.生态问题 利津县三里河城市景观水系（图9-9）、东平湖（图9-10）、南四湖、沂河临沂城区段水域富营养化较严重，菹草在4—5月生长速度快，生物量大，影响湖泊和城市水系的景观休闲功能，6月初，菹草腐烂聚集衰败，导致水体氮磷含量升高，引起水质恶化。

4.“测水配方”方案 不同功能水域放鱼配方技术参数见表9-1，试验水域“以渔控草”放鱼现场见图9-11。

图9-9 利津县三里河菹草发生，影响景观

图9-10 东平湖菹草大面积疯长与腐烂堆积

表9-1　放鱼配方技术参数

序号	模式类型	水域类型	监测指标	营养状态参考值	生态环境问题	放鱼配方技术参数			生物浮床	微生态调控	代表性水域
						种类	数量	搭配比例			
1	以渔控草模式	城市景观水系	透明度、总氮、总磷、叶绿素a、高锰酸盐指数、水生生物类群组成、优势种和生物量	综合营养状态指数（Σ）<30为贫营养 30≤综合营养状态指数（Σ）≤50为中营养 综合营养状态指数（Σ）>50为富营养 50<综合营养状态指数（Σ）≤60为轻度富营养 60<综合营养状态指数（Σ）≤70为中度富营养 综合营养状态指数（Σ）>70为重度富营养	水体富营养化、菹草疯长	以鲢、鳙为主，搭配草鱼、鲂等草食性鱼类	控制蓝藻水华发生的资源密度为40～50克/米^3；根据菹草生物量和盖度估算草食性鱼类的鱼产力，再确定放鱼规模	鲢鳙比例(7∶3)~(8∶2)，草鱼5%～15%			利津县三里河城市水系
2	以渔控藻模式	水源地水库			水体富营养化、蓝藻水华风险	鲢、鳙等滤食性鱼类	根据鲢、鳙控制蓝藻水华发生的资源密度为20～30克/米^{3}和水域大小，推算放鱼量	鳙鲢比例(6∶4)～(7∶3)			栖霞长春湖水库

（续）

序号	模式类型	水域类型	监测指标	营养状态参考值	生态环境问题	放鱼配方技术参数			生物浮床	微生态调控	代表性水域
						种类	数量	搭配比例			
2	以渔控藻模式	城市湿地	透明度、总氮、总磷、叶绿素a、高锰酸盐指数、水生生物类群组成、优势种和生物量	综合营养状态指数（Σ）<30为贫营养 30≤综合营养状态指数（Σ）≤50为中营养 综合营养状态指数（Σ）>50为富营养 50<综合营养状态指数（Σ）≤60为轻度富营养 60<综合营养状态指数（Σ）≤70为中度富营养 综合营养状态指数（Σ）>70为重度富营养	水体富营养化、血红裸藻暴发	鲢、鳙等滤食性鱼类	根据鲢、鳙控制蓝藻水华发生的资源密度为20～30克/米^{3}和水域大小，推算放鱼量	鲢鳙比例（7∶3）～（8∶2）			济西湿地
3	以渔控外来有害生物模式	水源地水库			外来底栖贝类入侵、影响供水水质	以鲢、鳙为主，搭配青鱼、鲂和鲤等底栖杂食性鱼类。	鲢、鳙控制蓝藻水华发生的资源密度为20～30克/米^3；根据底栖动物生物量估算杂食性鱼类的鱼产力，计算出的资源密度，再确定放鱼量	鲢鳙比例（7∶3）～（8∶2），青鱼、鲤和鲂5%～15%			威海崮山水库
		河流			外来大薸泛滥成灾堵塞河道，引发生态危机	以鲢、鳙为主，搭配草鱼、鲂等草食性鱼类	控制蓝藻水华发生的资源密度为40～50克/米^3；根据大薸过去发生生物量和盖度，估算草食性鱼类的鱼产力，再确定放鱼规模	鲢鳙比例（7∶3）～（8∶2），草鱼5%～15%			沂河沂南段

（续）

序号	模式类型	水域类型	监测指标	营养状态参考值	生态环境问题	放鱼配方技术参数			生物浮床	微生态调控	代表性水域
						种类	数量	搭配比例			
4	水生动植物和微生物耦合模式	城市河道	透明度、总氮、总磷、叶绿素a、高锰酸盐指数、水生生物类群组成、优势种和生物量	综合营养状态指数（Σ）<30为贫营养 30≤综合营养状态指数（Σ）≤50为中营养 综合营养状态指数（Σ）>50为富营养 50<综合营养状态指数（Σ）≤60为轻度富营养 60<综合营养状态指数（Σ）≤70为中度富营养 综合营养状态指数（Σ）>70为重度富营养	水体富营养化、生态环境质量下降	以鲢、鳙为主，搭配草鱼、鲤和鲫	改善水质的鲢、鳙资源密度为50克/米^{3}以上，以此推算放鱼量	鲢鳙比例（7∶3）~（8∶2）	适于城市河道和景观水体，配置水生鸢尾、美人蕉、菖蒲、空心菜、茭白、水芹等挺水植物和荇菜、睡莲、菱、空心菜、莲藕等浮叶植物。覆盖率为30%	采用有效微生物群液体菌剂泼洒、固体泥球和立体浮床技术。投放以光合细菌、放线菌、酵母菌和乳酸菌为主的有效微生物群菌剂。菌剂量一般为10^5～10^6个/毫升，使用频率为每7～10天泼洒1次	即墨墨水河城市河道
		城市湿地			水体富营养化、丝状藻华水绵暴发	草鱼和鲢搭配	草鱼30克/米^3，鲢10克/米^3	草鱼和鲢比例3∶1	构建挺水植物和沉水植物斑块镶嵌结构，筛选水生鸢尾、菖蒲、慈姑、茭白、水芹、苦草、黑藻、金鱼藻、狐尾藻、篦齿眼子菜和微齿眼子菜其中的一种或任意组合。覆盖率不低于60%	螺蛳、贝类的放养密度为每亩50～100千克。植物生长季节设置浮床面积不超过水面的30%	济宁太白湖湿地

图9-11 试验水域“以渔控草”放鱼现场

5.放鱼效果监测评价 利津三里河城市河道水域水质满足《城市污水再生利用——景观环境用水水质》，渔产品的捕捞转移输出氮磷、高锰酸盐指数、总氮、总磷、氨氮含量浓度下降，水体透明度明显提高，水草疯长现象得到明显遏制，景观效果得到有效提升（图9-12，图9-13）。

图9-12 项目实施前后翠园湖菹草分布情况

图9-13　项目实施前后河务局段菹草分布情况

（二）以渔抑藻模式

1.试验水域　烟台市栖霞市长春湖、烟台市莱阳市五龙河、济南市济西湿地、泰安岱岳区小安门水库、沂源县红旗水库。

2.完成单位　山东省淡水渔业研究院、山东省海洋生物研究院、烟台市栖霞市水产局、烟台市莱阳市海洋与渔业局、济南市农业农村局渔管办、泰安岱岳区水利局。

3.生态问题　栖霞市长春湖水库是烟台市最大的中型水库和水源供给保护地。由于水库上游流经城区，径流直接汇集造成水库富营养化，超标项目为总氮、总磷，综合营养状况指数表明水库处于富营养—轻度富营养化水平。莱阳市五龙河蓝藻水华与济宁太白湖湿地水绵发生（图9-14）。

图9-14　莱阳市五龙河蓝藻水华与济宁太白湖湿地水绵发生

近年来，血红裸藻成为济西湿地水体中的优势水华种。血红裸藻水华形成后，会迅速覆盖整个水面，形成水膜，随着光强的变化形成浅黄绿色或铁锈红“水华”，常称为“朝红夕绿”“晴红阴绿”。裸藻水华的频繁发生不仅会严重影响湿地水体景观，还会对湿地水生态系统结构和功能造成严重损害（图9-15）。

图9-15　济西某湿地血红裸藻水华

试验水域以渔抑藻放鱼现场见图9-16。

鲢　　鳙

图9-16　试验水域以渔抑藻放鱼现场

4.放鱼效果监测评价　长春湖水库放鱼后平均透明度为70厘米，比往年同期提高17%，总氮由4.26毫克/升降至3.0毫克/升，总磷为0.053毫克/升，比往年同期下降21.4%，渔产品的捕捞转移输出氮磷及蓝藻水华得到有效抑制，水质总体持续改善，满足GB 3838—2002中的Ⅲ类水质要求，水生态风险得到有效遏制。

济西湿地沉水植物菹草疯长拥堵河道的现象消失，水体透明度增加，没有出现血红裸藻水华大面积发生，不时能够欣赏到鱼跃的美景（图9-17）。

图9-17 济西湿地“放鱼养水”效果

（三）以渔控外来有害生物模式

1.试验水域 威海市崮山水库、沂河沂南段。

2.完成单位 威海市崮山水库管理处、沂南县渔业发展保护中心。

3.生态问题 崮山水库是威海市重要供水水源地。沼蛤为群栖性软体动物，常团簇生长并形成层叠群体，改变原有底栖生物群落结构，高密度附着输水管道会带来巨大的安全隐患和经济损失（图9-18）。

图9-18 威海崮山水库外来沼蛤入侵危害供水

一种外来入侵植物大薸已在沂河上安家，河道内全是绿色，几乎看不到水面（图9-19）。大薸属水生飘浮草本植物，2012年已被列为恶性入侵植物。大薸泛滥成灾，堵塞河道，会影响排水、通航和泄洪，还会挤占其他水生生物的生存空间，严重影响观感。死亡后，植物体腐烂分解，消耗水体中的溶解氧，使水体形成富营养化的恶性循环，从而引发生态危机。

4.放鱼效果监测评价 鲂、青鱼和鲤鱼都生活在水体的中下层，且都能以淡水壳菜等软体动物为食（图9-20）。鲂能控制小于等于14毫米的淡水壳菜，青鱼和鲤鱼可控制小于等于24毫米的淡水壳菜。放流时间在每年4—5月或10—11月，以冬末春初放养为好。连续放养鲂、青鱼和鲤鱼有效抑制了淡水壳菜的种群数量，底栖动物群落结构得到优化，水生态风险得到有效遏制，可维持水生态系统结构和功能的稳定。

图 9-19 大薸在沂河上疯长堵塞河道

青鱼

团头鲂

鲤

图 9-20 以渔控外来有害贝类的放流鱼类

（四）水生动植物和微生物耦合模式

1. 试验水域 济宁市太白湖湿地、即墨区城市河道墨水河。

2. 完成单位 济宁市渔业监测站、青岛市即墨区海洋与渔业局。

3. 生态问题 济宁市太白湖湿地春季水绵大量暴发，严重影响水体景观，丝状藻华悬附遮蔽水中植物，高温下，藻华变黄发白或沉底变黑，散发恶臭味，消亡时会消耗水中溶氧，造成鱼、虾、蟹因缺氧而死亡。

墨水河为季节性河流，枯水期河道内主要是污水处理厂处理后排放的废水，由于截污不完善和污水集中处理能力不足等原因，水质为劣V类，底质严重污染，伴有黑臭，水体中生物资源严重缺失，污染物无法得到及时有效的分解利用，加剧了污染的累积。

4.水生动植物和微生物耦合技术 针对典型富营养化水体，通过对不同营养级的生物进行组合，优化配置，构建具有削减营养盐、控制藻类生长或促进沉积物中碎屑分解等特定生态功能的生物链，在不同层次上充分发挥生物组分对富营养化调控的功能（图9-21）。构建水生植物群落的面积不应超过水面面积的60%，一般螺蛳、贝类的放养密度为每亩50～100千克，植物生长季节设置浮床面积不超过水面为30%。采用光合细菌和芽孢杆菌等微生态制剂，使用菌剂量一般为10^5～10^6个/毫升，使用频率为每7～10天泼洒1次。

图9-21 优化配置水生植被和各种水生动物类群

建设“鲤+鲢、鳙试验区”“草鱼+鲢、鳙试验区”各200亩，分别放养鲢、鳙2000尾（鲢：鳙=7 ：3），鲤400尾，草鱼400尾。构建水生植物浮床试验区700亩、微生物浮床试验区100亩、微生态浮床120米^3，泼洒微生态制剂，放养1000尾鲢、鳙。对照区面积300亩，放养鲢、鳙鱼3000尾（图9-22）。

图9-22 济宁市太白湖湿地水生动植物和微生物耦合试验

在墨水河游龙泉河1000余米河段上连续三年开展测水配方“放鱼养水”试验（图9-23）。设置上游和下游拦鱼网，投放花白鲢11000尾，每月定期检测水质情况，同时开展以水花生、EM菌、花白鲢以及花白鲢和凤眼莲组合的对照试验。

图9-23　即墨区墨水河水生动植物和微生物耦合试验

5. 放鱼效果监测评价　在墨水河试验河段实施放鱼和微生态制剂调控的河段基本消除黑臭，水质和生态景观都得到了较大改善。水体透明度可达50厘米，监测点溶解氧上升到5.2毫克/升，生态修复区CODcr、NH_3-N含量显著降低。放养花白鲢成活率较高，生长状况良好，重金属及药残检测结果未发现超标现象，表明墨水河可以投放适应性、耐受性强的水生动物进行修复，放鱼后，水质指标及动植物群落结构得到了优化。

七、应用前景

1. 重要意义　当前，中央高度重视水生态环境保护工作，许多内陆水域纷纷落实河长制和湖长制，在湖泊水库大水面生态渔业高质量绿色发展和城市水生态环境治理深入推进的大背景下，“测水配方”技术可以广泛应用到内陆水体的渔业资源养护和水生态环境修复工作中。

本成果属水产科学和水域生态修复技术领域。本项目形成的“放鱼养水”关键技术和典型模式适用于内陆湖泊、饮用水源地水库、城市河道和景观水体等的水域生态修复与渔业资源养护工作。

2. 有关建议　水域富营养化的治理是一项长期而复杂的系统工程，“放鱼养水”必须同其他修复手段有机结合起来，否则会因外源污染物的不断注入或生物修复本身的局限性影响治理效果，要进一步加强“放鱼养水”的基础理论研究。

针对全国范围内不同功能水域的生态环境问题，推广测水配方试验经验和养护模式，扩大“放鱼养水”精准化应用示范。

八、“测水配方”水生态养护研究团队

1.主要研究方向　山东省淡水渔业研究院资源与环境研究团队长期致力于湖库大水面生态渔业，连续多年开展了山东省内陆水域测水配方试验和水生态养护技术规范的编制，具有大水面生态规划、放鱼养水、合理捕放、生态修复等生态渔业技术和生产实践，积累了丰富的水域生态修复工程经验，促进了全省渔业绿色高质量发展。

2.团队主要成员　研究中心目前有各类科研人员12人，其中研究员4人、副研究员3人，具有博士学位的3人、硕士学位的7人。团队成员先后主持和承担国家重点研发计划项目、公益性行业专项以及省部委科技攻关等各类纵向课题项目40余项，横向项目20余项，获得省部级以上成果奖励5项，发表论文80多篇。团队主要成员见表9-2及图9-24。

表9-2　团队主要成员

姓名	职称	研究方向	备注
李秀启	研究员	水生生物学	制定年度测水配方实施方案，总结提炼养护模式，制定技术规范
董贯仓	研究员	水产养殖	技术骨干，指导放鱼养水试验
孙鲁峰	副研究员	渔业资源	技术骨干，负责优化“配方”方案
冷春梅	副研究员	浮游生物	技术骨干，负责浮游生物鉴定分析
丛旭日	助理研究员	渔业资源	技术骨干，负责渔业资源调查与评价
师吉华	研究员	水化学分析	技术骨干，负责“测水”与富营养化评价

李秀启

董贯仓

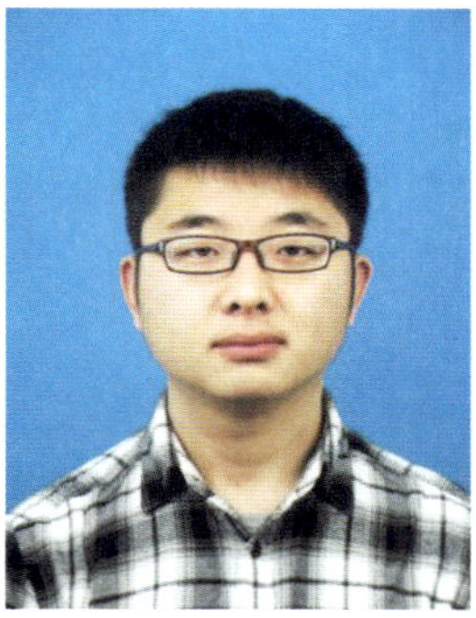
孙鲁峰

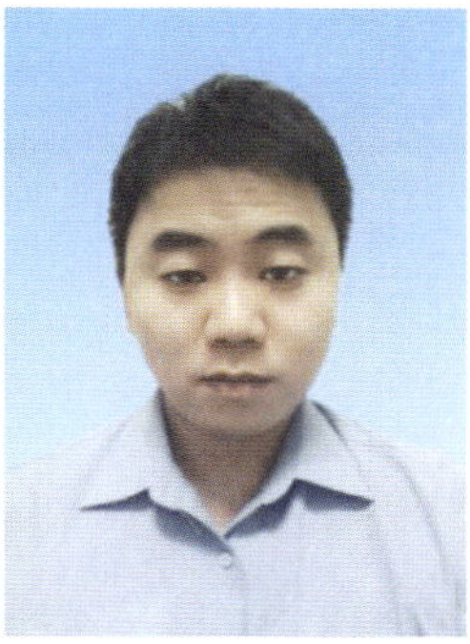
丛旭日

图9-24　团队主要成员照片

先进技术十

长江流域四大家鱼增殖放流及效果评估技术

技术概要

一、工作背景

青鱼、草鱼、鲢、鳙统称“四大家鱼”，是我国最重要的养殖和捕捞淡水鱼类，在水产品中具有基础性作用。长江是“四大家鱼”主要的种质资源库，由于过度捕捞、水利工程建设、水体污染等因素影响，自20世纪80年代以来，“四大家鱼”自然资源持续衰退。

二、技术原理

“四大家鱼”性成熟年龄较晚，对繁殖的水温和水文条件要求较严格，资源衰退后再恢复较为困难。本技术针对长江“四大家鱼”资源衰退的机制，结合“四大家鱼”繁殖特征，通过亲本增殖放流和效果评估，达到渔业资源科学修复的目的。

三、技术方法

一是通过开展长期系统性的资源监测，阐明影响长江“四大家鱼”资源变动的关键因素，提出“四大家鱼”资源增殖和生态修复的基础理论。二是通过亲本增殖放流和渔政管理相结合，补充和保护繁殖群体及幼鱼，科学养护渔业资源。三是建立多方法结合的增殖放流效果评估技术，使用微卫星和线粒体DNA分子标记技术开展“四大家鱼”亲本标志放流和效果评估，科学评估增殖放流成效。

四、适用范围

本技术适用于江河重要渔业资源状况监测、重要渔业资源增殖放流和养护、增殖放流效果评估等研究及实践工作。

五、工作成效

三峡工程截流后，长江中游“四大家鱼”卵苗发生量不断下降，最低年份不足1

亿尾。通过相关工作的持续开展，“四大家鱼”卵苗发生量呈上升趋势，2018年达到7.98亿尾，资源增殖取得显著效果。

六、应用前景

与直接投放苗种的方式相比，投放亲本具有效果持久、规模量大、卵苗自然繁育等特点，增殖放流效果更好，可推广应用于亲本性成熟较晚的鱼类资源增殖。在增殖放流资源回捕调查中，随着分子生物学的发展，基于染色体序列分析的分子标记技术将广泛应用于增殖放流效果评估。

七、相关建议

（1）开展资源增殖养护工作前需要预先开展资源调查和监测，查明资源衰退的关键因子和机制，从而制定针对性的养护措施。

（2）增殖放流初期，鱼类尚不能恢复正常活动习性，建议放流后在放流点附近进行3～5天的监管，防止放流生物被非法捕捞。

（3）选择适当的标志方法可提高放流效果评估的可靠性，建议多种方法联合使用。

一、研究背景

（一）“四大家鱼”的基本状况

青鱼、草鱼、鲢和鳙均隶属鲤形目鲤科，广泛分布于我国各大水系，并称为“四大家鱼”（图10-1）。“四大家鱼”是我国淡水渔业的主要捕捞对象和养殖基石。

青鱼

草鱼

鲢

鳙

图10-1　“四大家鱼”示意图

（二）“四大家鱼”资源历史状况

长江是“四大家鱼”主要的种质资源库，由于过度捕捞、水利工程建设、水体污染等因素影响，自20世纪80年代以来，“四大家鱼”自然资源持续衰退。1961—1966年，重庆到彭泽长江干流发现了36个规模大小不等的“四大家鱼”产卵场，年产卵规模1184亿卵。1986年葛洲坝兴建后，调查发现长江干流“四大家鱼”产卵基本不变，但产卵规模已有所减少，其中宜昌至岳阳段分布有11个“四大家鱼”鱼产卵场，产卵量约占全江的43%。

（三）四大家鱼面临的问题

1997—2002年（三峡截流前），监利断面“四大家鱼”卵苗年平均径流量为25亿尾，三峡截流（2023年）后，“四大家鱼”卵苗规模显著下降，其中2009年仅0.4亿尾（图10-2）。

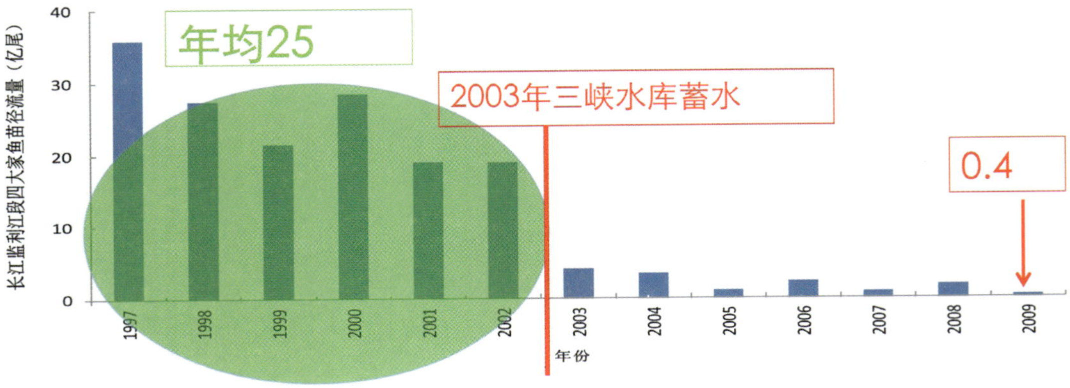

图10-2　1997—2009年监利江段四大家鱼卵苗规模

（四）渔业资源恢复措施

为了保护和恢复渔业资源，我国相应采取了一系列的渔业管理措施：设置禁渔期和禁渔区、建立水产种质资源保护区、进行渔业增殖放流。其中，增殖放流不仅具有投入小、收益大、改善水域生态环境等优点，同时还可以避免水产养殖业中空间、密度、污染、病害等不利因素，符合渔业可持续发展的长期目标。这种方式的出现和发展，是渔业史上的一次重大变革。

二、研究思路

（一）鱼类亲本增殖放流

亲本是指在自然情况下繁育的第一代鱼或第二代鱼，“四大家鱼”鱼龄在六岁以上，体重十几千克，具有繁殖能力。亲本鱼入江后，当水文和水温条件达到需求时，就可以产卵繁殖（图10-3），这样既能增加江中成熟亲鱼的数量，也能有效地增加产卵量。增加了繁殖亲本的数量也间接增加了天然幼鱼的数量，而以前放流鱼苗只增加了人工繁育幼鱼的数量，不能保证存活率。

图10-3　四大家鱼亲本增殖放流

（二）“四大家鱼”亲本放流效果评估

增殖放流想要取得成功，需要做到“三分放，七分管”，这点已经形成了共识。而后期对放流效果的监测与评估，既能指导“如何放”，又能服务于“怎么管”，至关重要。“四大家鱼”亲本增殖放流效果评估技术路线如图10-4所示。

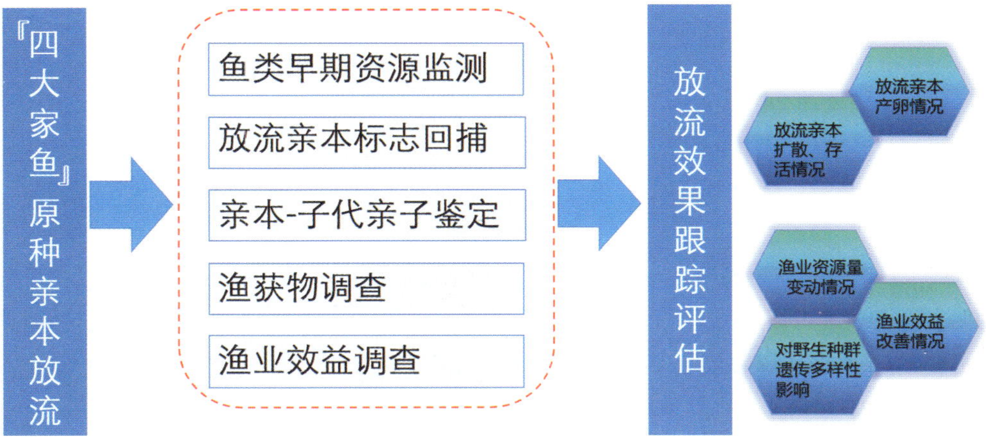

图10-4　“四大家鱼”亲本增殖放流效果评估技术路线

三、研究成果

（一）“四大家鱼”亲本增殖放流情况

中国水产科学研究院长江水产研究所自2010年起，每年在湖北省监利和石首江段开展“四大家鱼”原种亲本增殖放流（图10-5）。原种亲本来自监利老江河和石首老河国家级“四大家鱼”原种场，个体大、种质资源优，有效保证了放流个体的成活率及种质质量。至今放流到长江的“四大家鱼”原种亲本数量已超过2万尾。

图10-5　放流现场

（二）鱼类早期资源监测

1.监测方法　增殖放流后，每年5—7月是长江鱼类繁殖的时间，在湖北监利市三洲镇江段设置监测断面，开展鱼类早期资源监测。该断面上距葛洲坝约330千米，下距洞庭湖与长江交汇处约50千米。葛洲坝下繁殖的受精卵，随江水漂流至此处，孵化成为鱼苗。在左岸和右岸布设圆锥网和弶网，采集鱼苗和鱼卵，根据形态、色素、游泳姿势等特征鉴定其种类（图10-6），难以确定时，辅以DNA条形码鉴定。

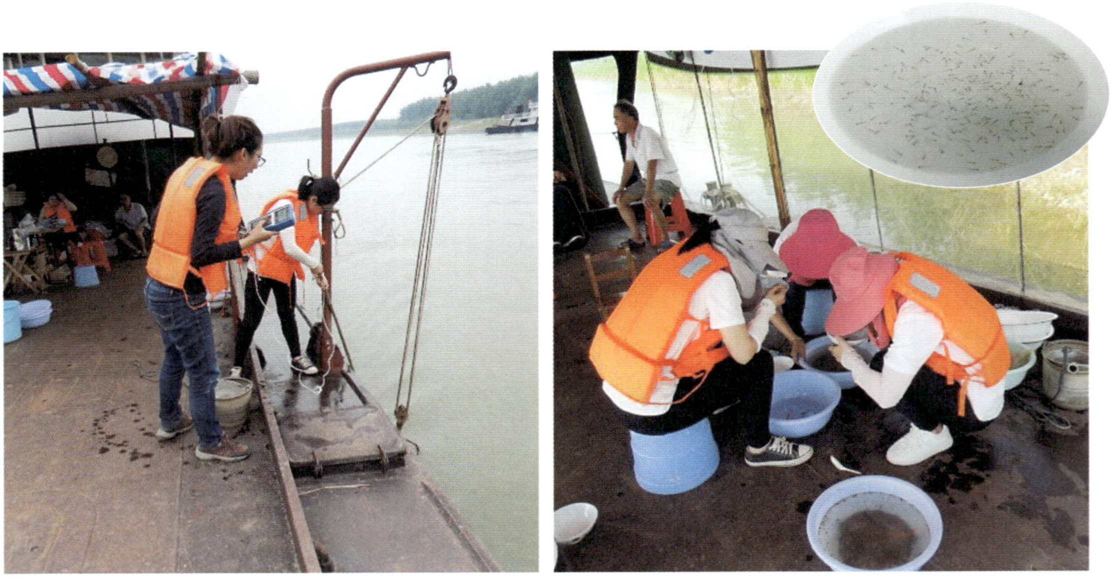

图10-6　鱼类早期资源监测工作

2.资源总量　2010年在长江中游开展“四大家鱼”增殖放流活动后，该江段“四大家鱼”数量出现明显上升趋势，“四大家鱼”苗径流量由放流前的不足1亿尾恢复至2018年的近8亿尾（图10-7）。

图10-7　增殖放流后监利段“四大家鱼”卵苗径流量

3.种类组成　同时监测“四大家鱼”鱼苗成色（数量比例）的变化。三峡工程截流后，“四大家鱼”卵苗成色发生明显改变，由过去青鱼和草鱼占优变为以鲢、草鱼为主。增殖放流后，以2018年为例，鲢卵苗约占总量的71%，其次是草鱼，约占21%，青鱼和鳙数量较少。监测结果同时也显示，增殖放流后，“四大家鱼”卵苗成色没有发生明显变化（图10-8）。

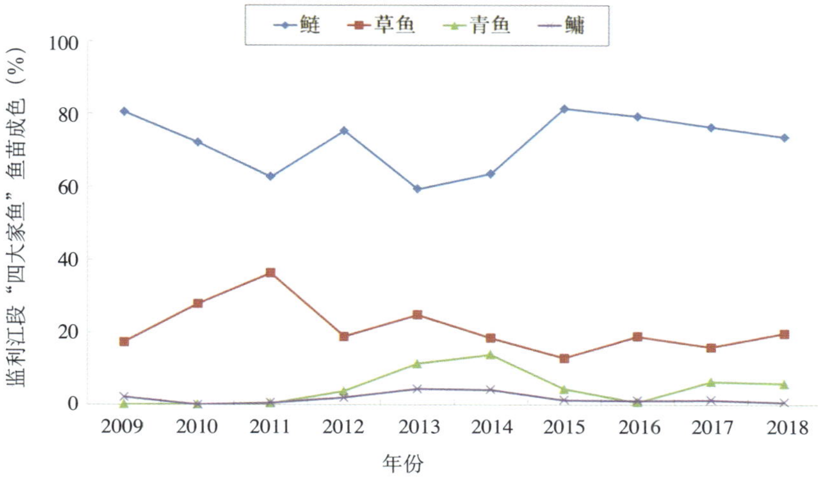

图10-8　“四大家鱼”鱼苗成色

（三）放流亲本标志回捕

为了便于回捕评估，所有增殖放流的亲本均在背部打入T形标志，每个标志上有唯一的编号及电话号码（图10-9）。放流后，制作宣传单，标明增殖放流工作的意义、回收后的处理办法，并为提供回捕信息的人员发放奖励等信息，以提高回捕率（图10-10）。

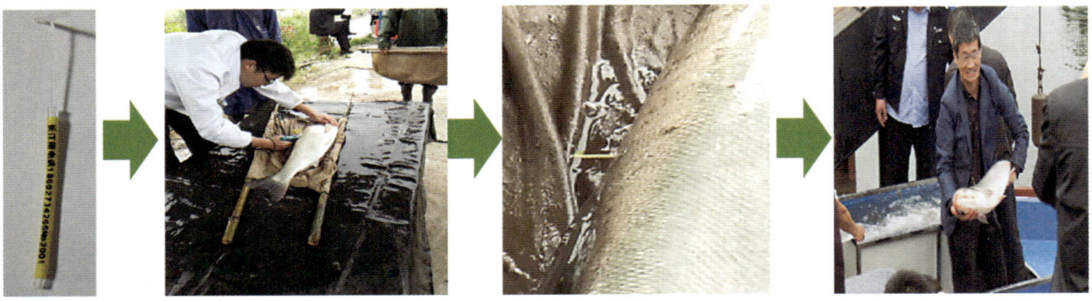

图10-9　T形标志放流流程

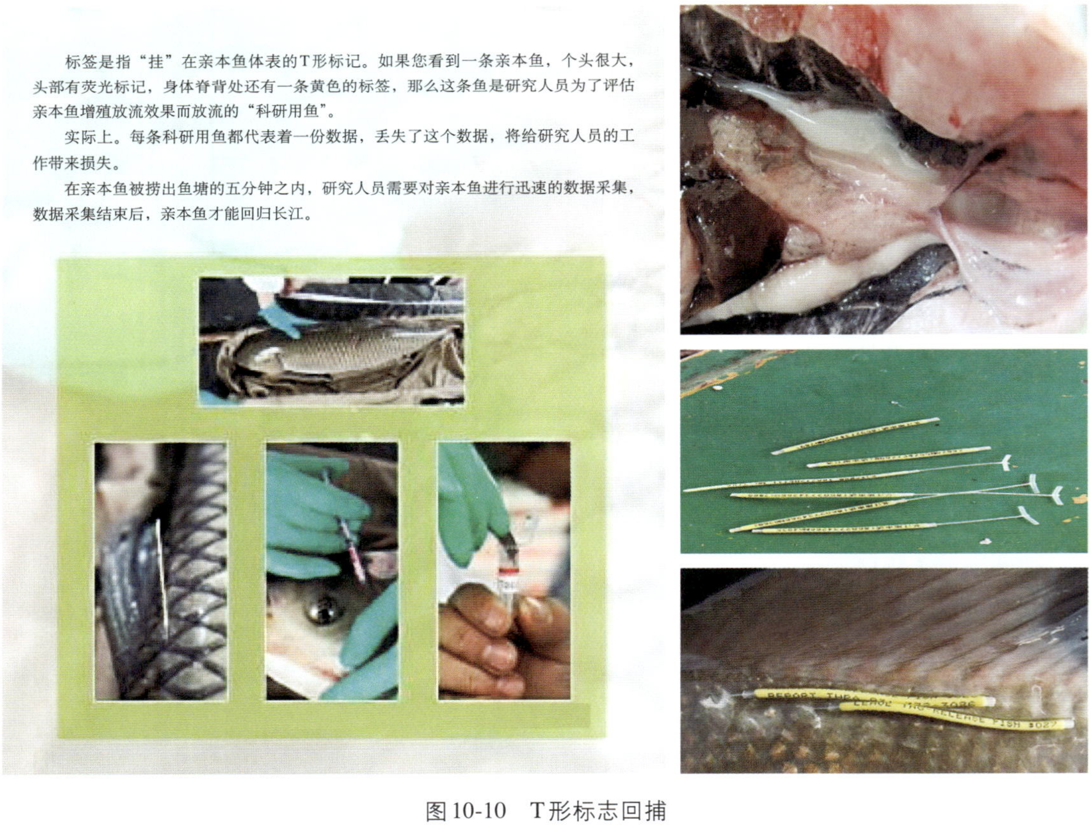

标签是指“挂”在亲本鱼体表的T形标记。如果您看到一条亲本鱼，个头很大，头部有荧光标记，身体脊背处还有一条黄色的标签，那么这条鱼是研究人员为了评估亲本鱼增殖放流效果而放流的“科研用鱼”。
实际上。每条科研用鱼都代表着一份数据，丢失了这个数据，将给研究人员的工作带来损失。
在亲本鱼被捞出鱼塘的五分钟之内，研究人员需要对亲本鱼进行迅速的数据采集，数据采集结束后，亲本鱼才能回归长江。

图10-10　T形标志回捕

通过渔获物调查、渔民走访（图10-11）等形式，开展标志回捕工作，标志回收率约为1%。对部分回捕亲本进行解剖，检查性腺发育、摄食及繁殖等情况，结果显示，增殖放流后的亲本能正常摄食，性腺发育良好，并且发现部分个体已经发生了排卵，说明放流亲本适应了长江的生态环境，并可参与当年的繁殖。

图10-11　渔民走访调查

（四）放流亲本洄游监测——超声波追踪

通过外科手术将超声波标志植入亲本腹腔，再放流到长江中。超声波标志能够记录水深、水温、位置等信息，放流后，采用移动搜索及固定监测两种方式对有超声波标志的“四大家鱼”亲本进行全程追踪，其中固定监测听筒布置范围从宜昌江段至岳阳江段。通过超声波信号，可以追踪分析亲本洄游路线（图10-12）。

图10-12　超声波标志方法

根据监测结果，从洄游周期看，“四大家鱼”亲本在放流后的运动行为可分为生殖洄游、索饵洄游、越冬洄游；从洄游规律（移动路线）看，可分为长江干流洄游型和长江干流—湖泊洄游型。

（五）分子遗传标记

1.定义和方法　所谓分子标记，是根据基因组DNA存在丰富的多态性而发展起来的可直接反映生物个体在DNA水平上的差异的一类新型的遗传标记，它是继形态学标记、细胞学标记、生化标记之后最为可靠的遗传标记技术。其分析流程一般包括样本采集、DNA提取纯化、DNA模版定量、PCR扩增、毛细管电泳及数据分析等（图10-13）。

分子遗传标记包含多个种类，目前常用于增殖放流评估的主要是微卫星标记和线粒

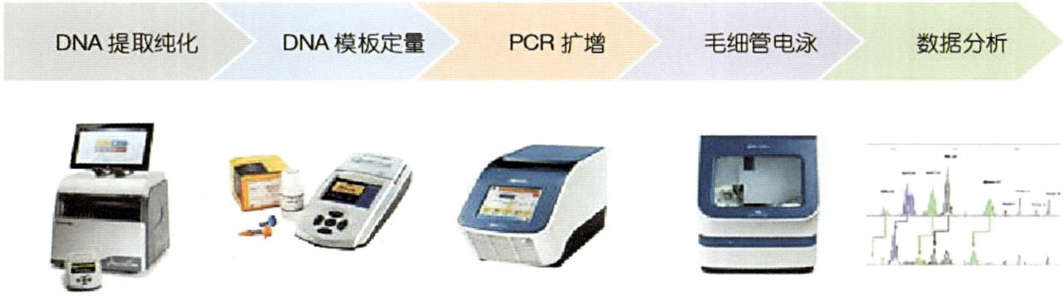

图 10-13　分子遗传学评估流程

体 DNA。微卫星标记，又被称为短串联重复序列或简单重复序列，是均匀分布于真核生物基因组中的简单重复序列，由 2 ~ 6 个核苷酸的串联重复片段构成。由于重复单位的重复次数在个体间呈高度变异性并且数量丰富，因此微卫星标记的应用非常广泛。线粒体 DNA 一般由 2 个 rDNA 分子、22 个 tRNA、13 个蛋白质基因和控制区组成，为共价闭合、环状双链、超螺旋分子。线粒体作为一种仅有的母系遗传标记，具有广泛的优点，常被用于动物起源进化、遗传多样性等的分析研究（图 10-14）。

基因组中一t 段简单重复序列，例如：

单一型：ATATATATATATATATATATATAT

复合型：ATATATCACACACACACACAC

间断型：ATATATCA ATATATCA ATATATA

微卫星 DNA

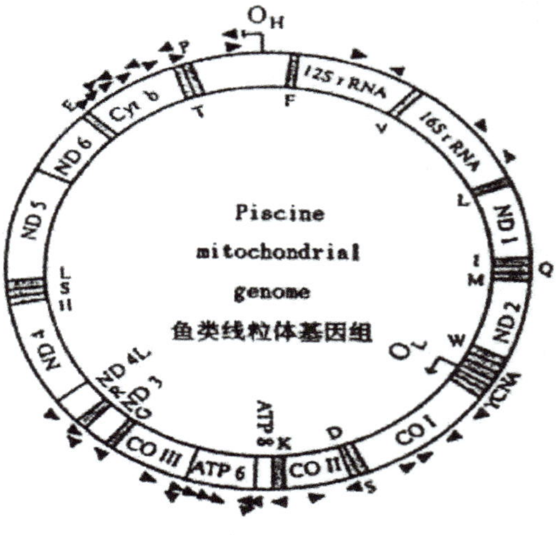

线粒体 DNA 结构

图 10-14　微卫星和线粒体 DNA 标记示意图

2. 实验结果　利用微卫星建立了“四大家鱼”亲子鉴定技术，并用于分析放流亲本和长江子代亲缘关系。结果表明，放流原种亲本对当年长江中游“四大家鱼”卵苗发生量的贡献率约为 10%。用线粒体 DNA 和微卫星标记分析了放流亲本对长江野生群体遗传多样性的影响，结果表明，“四大家鱼”原种亲本放流对野生群体的遗传结构没有产生显著影响（图 10-15）。

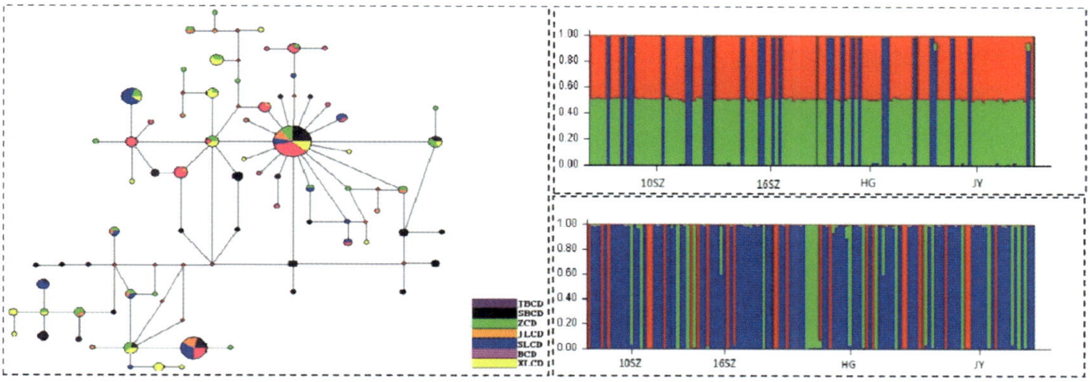

线粒体单倍型网络结构　　放流群体和长江群体之间遗传分化分析

图10-15　放流群体与野生群体遗传多样性分析

（六）渔获物调查

在长江中游开展渔获物调查（图10-16），比较历史数据发现：增殖放流前，部分江段“四大家鱼”占比不到10%；增殖放流后，中游“四大家鱼”总渔获物平均占比在20%以上，部分江段达到50%以上。

图10-16　渔获物调查现场

对“四大家鱼”体长、体重等生物学参数进行测量（表10-1），发现渔获物中个体平均体长达到30厘米以上，体重0.5千克以上。

表10-1　四大家鱼渔获物生物学参数

长江荆州段	青鱼	草鱼	鲢	鳙
平均体长（厘米）	88.5	40.2	31.0	38.0
平均体重（千克）	7.3	1.5	0.6	1.0

四、主要成效

1.经济效益 2010年后，长江中游"四大家鱼"天然捕捞产量得到逐步提高（图10-17）。2010—2016年，长江中游天然捕捞产量平均值为402吨，与放流前相比（2009年产量为95吨），产量增加307吨，按每千克50元计算，每年经济效益增加1535万元，经济效益显著。

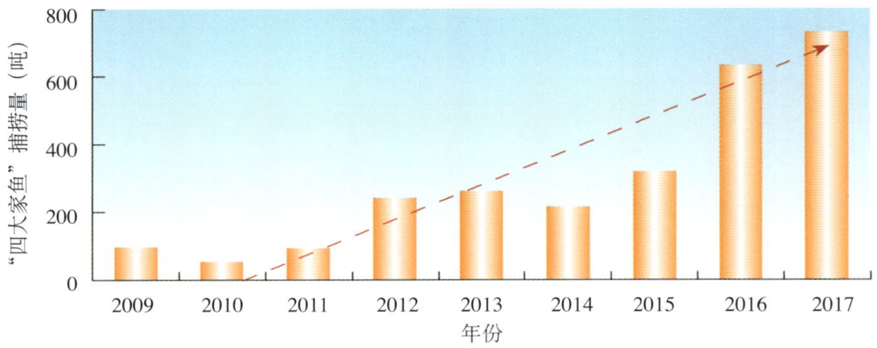

图10-17 2009—2016年长江中游"四大家鱼"天然捕捞产量

2.社会效益 对渔民的走访调查显示，所有受访者均支持增殖放流，大多数渔民认为增殖放流显著增加了捕鱼收入，希望政府加大增殖放流力度，表明增殖放流已经得到了渔民的认可（图10-18）。

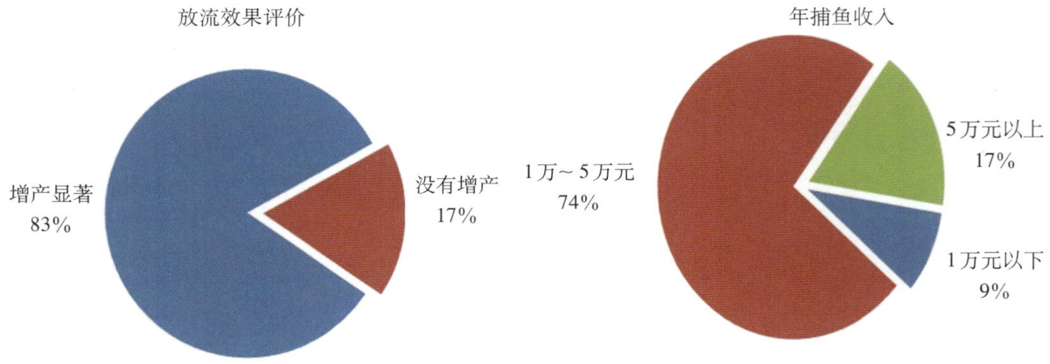

图10-18 长江中游渔民走访调查情况

3.生态效益 长江青鱼、草鱼、鲢、鳙"四大家鱼"历来是我国淡水养殖的主导品种。长江水系"四大家鱼"种质性状明显优于其他水系，产量一直在我国淡水水产品总量中占据首要地位，是我国鱼类基因的重要宝库之一，为我国淡水养殖业的发展提供了重要的亲本资源。

由于人为和自然的原因，长江“四大家鱼”的天然资源在不断减少，野生鱼种的数量下降，直接导致天然基因库中优良基因的流失，2009年，“四大家鱼”产卵规模仅0.4亿尾。2010年放流后，“四大家鱼”产卵规模总体平稳，2018年产卵8亿尾，按贡献率10%计算，贡献资源量达0.8亿尾（图10-19）。

图10-19　增殖放流的生态效益

五、渔业资源保护与利用团队

1.主要研究方向

（1）长江资源监测和资源变动机制。

（2）渔业资源养护和生态修复技术研究。

（3）涉水工程对渔业资源的影响。

2.团队主要成员　团队主要成员及团队首席见表10-2及图10-20、图10-21。

表10-2　团队主要成员

姓名	职称／职务	备注
陈大庆	研究员	学科带头人 中国水产学会资源环境分会副理事 中华人民共和国生态环境部环境评价专家
刘绍平	研究员	学科带头人 中华人民共和国生态环境部环境评价专家
段辛斌	研究员	技术骨干 中华人民共和国生态环境部环境评价专家
汪登强	研究员	技术骨干（分子遗传学分析方向）
王　珂	副研究员	技术骨干（水文学及鱼道方向）
刘明典	副研究员	技术骨干（渔业资源与环境评估方向）
田辉伍	副研究员	技术骨干（渔业资源养护及生态修复方向）
高　雷	副研究员	技术骨干（种群结构与资源变动方向）

（续）

姓名	职称／职务	备注
朱峰跃	助理研究员	技术骨干（渔业资源与环境评估方向）
邓华堂	助理研究员	技术骨干（食物链研究方向）
俞立雄	助理研究员	技术骨干（水动力及鱼道方向）

图 10-20　团队首席

图 10-21　团队成员

先进技术十一

水利工程水生生物增殖站建设及运行管理技术

技术概要

一、工作背景

随着经济社会的快速发展，由于工程建设、水域污染、过度捕捞等原因，天然水域的鱼类种群多样性丧失，渔业资源遭到破坏。建设鱼类增殖站并实行人工增殖放流，是有效减轻涉水工程对水生生物资源影响的一项重要环保措施，对补充和恢复珍稀特有生物资源、促进流域生态系统可持续发展具有重要作用，也是目前常采用的保护受水利工程影响鱼类的措施。

二、技术原理

通过建立专业化增殖站，收集天然水域种质资源，采用先进设施设备及工艺技术，实现保护物种、人工增殖和规范化放流，改善与修复因水利工程建设等遭受破坏的渔业种群资源。

三、技术方法

在水利工程毗邻区域配套建设专业增殖站，通过资源调查确定放流鱼类品种及数量，有计划地在水利工程所在水域开展野生亲鱼的采集及驯养。通过先进的工厂化养殖和人工繁育技术，进行鱼类繁殖和鱼苗培育，再采用野化驯养、标记放流、效果评估等科学的增殖放流技术，提高相关工作的专业化、科学化、规范化水平。

四、工作成效

目前，已建设50多个水电站鱼类增殖放流站，覆盖金沙江、长江、澜沧江、雅鲁藏布江、尼洋河、乌江、大渡河、岷江、塔里木河、嘉陵江、珠江等十多条河流，进行圆口铜鱼、长薄鳅、长丝裂腹鱼、黑斑原鮡、前鳍高原鳅等难度较大的驯养繁育科研技术攻关，进行多种标记放流方法的试验与实践，累计繁育、放流珍稀特有鱼类40余种，每年放流数量超过1000万尾。

五、典型案例

自2015年金沙江金安桥鱼类增殖站运行以来，开展了系统的鱼类繁育科学研究，攻克细鳞裂腹鱼、短须裂腹鱼的规模化人工繁育技术及苗种培育技术，共放流金沙鲈鲤、细鳞裂腹鱼、齐口裂腹鱼、四川裂腹鱼等珍稀濒危鱼苗205万尾，平均回捕率为0.92%。监测结果显示，该江段渔业资源修复效果显著。

六、适用范围

可应用于江河、湖泊、水库、海洋等天然水域水生生物增殖站的建设与运行管理工作，以及水生生物增殖放流工作。

七、应用前景

本技术的推广应用将有助于建立健全水生生物增殖放流苗种供应体系，提高增殖放流工作的科学化、专业化、规范化水平，切实提高增殖放流成效，进而推动增殖放流工作的深入持续发展。在当前国家对生态环境保护工作日益重视的形势下，水生生物增殖放流事业将持续发展，对相关工作的科学性、规范性的要求将不断提高，因此，该技术具有广阔的应用前景。

八、相关建议

（1）应用生态水工理论，开展水利工程生态调度，降低水利工程对渔业资源造成的不良影响。

（2）开展亲鱼谱系档案建设及种质遗传管理，进一步保障放流苗种种质安全。

（3）开展基于分子标记技术的放流效果监测，科学评估增殖放流成效。

（4）严格限制涉水工程和支流水电开发，保护河流原有生态环境，从根本上减少对渔业资源的不良影响。

（5）从国家层面建立流域性固定增殖站，专业化开展增殖放流活动，切实保障相关工作深入开展。

一、工作背景

（一）基本状况

长江流域有水生生物4300多种，其中鱼类400余种，特有鱼类180余种。进入21世纪以来，受拦河筑坝、水域污染、过度捕捞、挖沙采石（图11-1至图11-4）等因素的影响，水生生物生存环境日趋恶化，随之而至的是经济物种的锐减和珍稀物种的灭绝。

（二）水利工程对鱼类资源的影响

相关资料显示，长江天然捕捞量逐年递减，目前每年已不足10万吨。长江监利江段断面“四大家鱼”鱼苗径流量的监测数据表明：2003年三峡水库蓄水后，监利江段“四大家鱼”鱼苗径流量由年均25亿尾下降至不足1亿尾（图11-5，图11-6）。

图11-1　拦河筑坝

图11-2　水域污染

图11-3　过度捕捞

图 11-4　挖沙采石

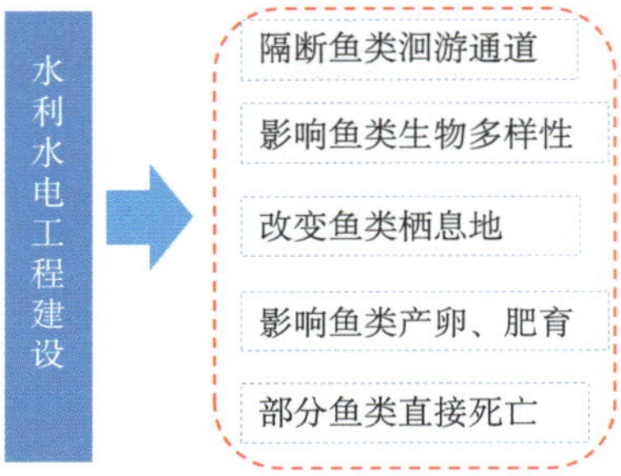

图 11-5　水利水电工程建设对鱼类的影响表现

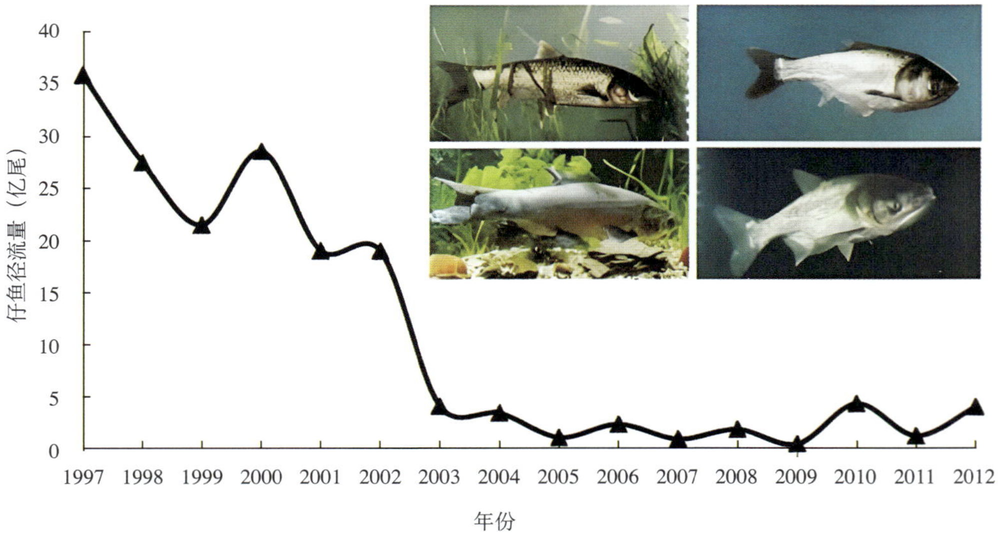

图 11-6　1997—2012 年长江监测断面四大家鱼鱼苗的径流量（王洪涛研究员提供）

（三）补偿措施

《中华人民共和国渔业法》第四章第三十二条规定："在鱼、虾、蟹洄游通道建闸、筑坝，对渔业自然资源有严重影响的，建设单位应当建、造过鱼设施或采取其他补救措施"。目前的主要措施包括建立水生生物保护区、建设鱼类增殖放流站实施人工放流、修建过鱼设施等（图11-7至图11-9）。

图11-7 建立水生生物保护区

图11-8 建设鱼类增殖站实施人工增殖放流

图11-9 修建过鱼设施

（四）增殖站建设

建设鱼类增殖站并实行人工增殖放流是有效减轻涉水工程对水生生物资源影响的一项重要环保措施，对补充和恢复珍稀特有生物资源、促进流域生态系统可持续发展具有重要作用，也是目前常采用的保护受水电工程影响鱼类的措施（图11-10，图11-11）。

图11-10 鱼类增殖站鱼苗培育车间

图 11-11　增殖放流活动现场

二、研究思路

（一）技术原理

1.增殖放流工艺流程　建立增殖站，利用设施设备，采用先进工艺技术，实现保护物种人工增殖和规范化放流，从而达到环评目标（图 11-12）。

图 11-12　鱼类增殖放流站建设及增殖放流的实施

2. 性质 该方法是补充渔业资源种群与数量、改善与修复因捕捞过度或水利工程建设等遭受破坏的生态环境、保持生物多样性的一项有效手段。

3. 目的 恢复渔业资源，修复水域生态，维护生态系统稳定，实现渔业可持续发展，实现生态、经济、社会效益的有机统一。

（二）技术路线

增殖站运行技术流程见图11-13。首先，通过资源调查，掌握工程影响江段水生生物资源状况（图11-14），以制定科学的增殖放流方案；然后，通过野生亲鱼的采集获得野生亲本（图11-15），采集后的亲本先在增殖站内隔离暂养，然后进行人工养殖条件下的驯化，使其适应人工养殖条件（图11-16），在繁殖季节前还需要对亲本进行强化培育，促进性腺发育成熟；亲鱼达到繁殖条件后，通过人工辅助催产获得受精卵，并在人工条件下进行孵化（图11-17）；孵化后的鱼苗进行鱼苗培育，达到放流规格的鱼苗再进行野化训练，使其适应野外的生活环境（图11-18）；在放流前，还需要对鱼苗进行标记，以方便后期进行放流效果监测和评估（图11-19至图11-22）。整个过程中，要以科研工作协助技术攻关，为增殖站运行提供技术支持。

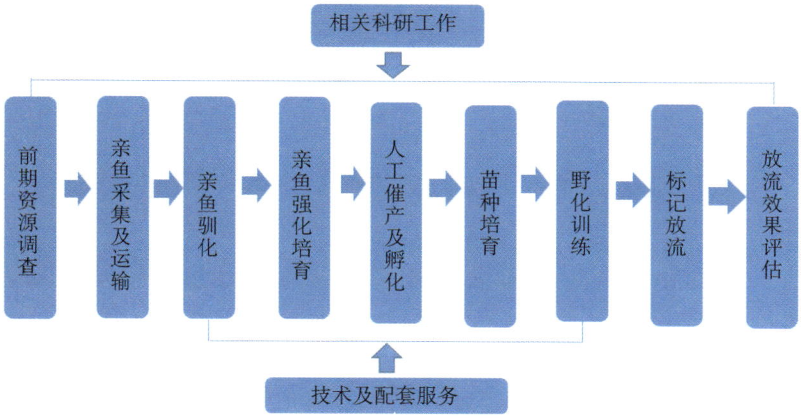

图11-13 增殖站运行技术流程

图11-14 早期鱼类资源调查

图11-15　亲鱼采集及运输

图11-16　亲鱼进场及驯养

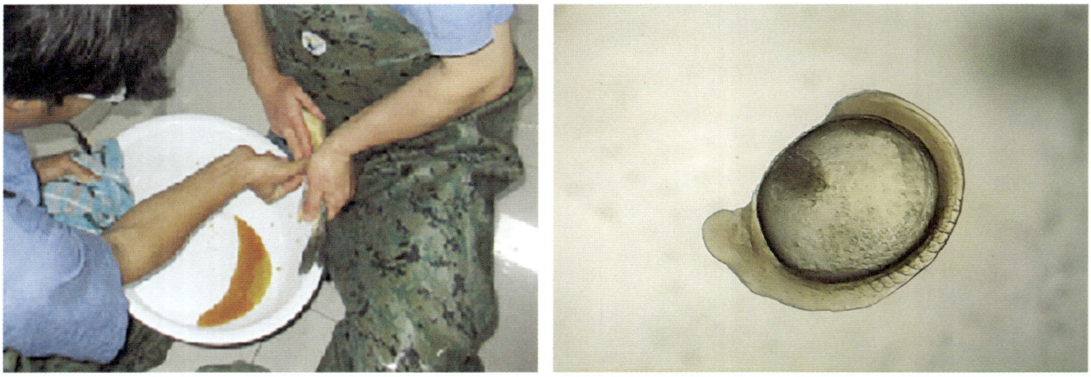

图11-17　人工繁殖

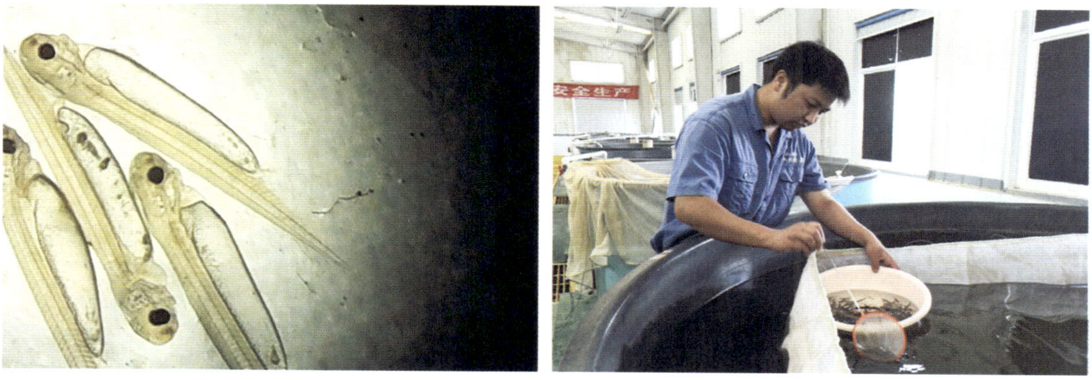

图 11-18　苗种培育

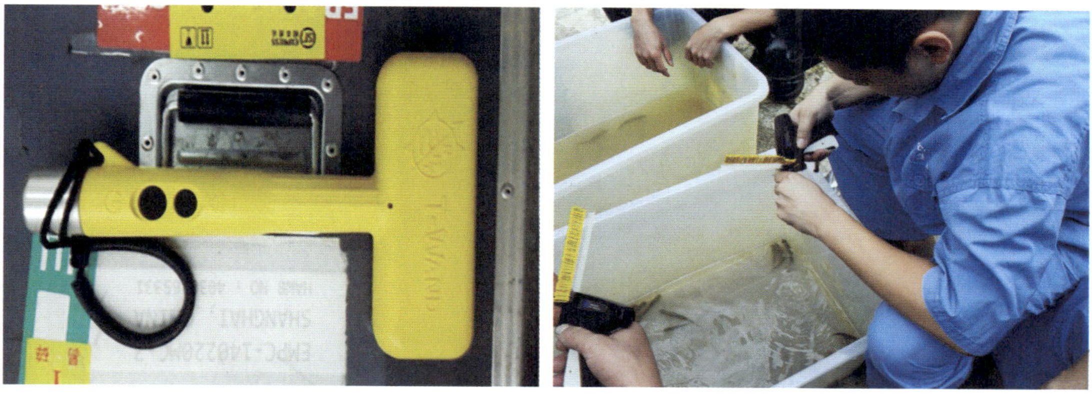

图 11-19　鱼苗标记

图 11-20　规范放流

图 11-21　监测回捕

图 11-22　增殖运行效果评估

三、研究成果与成效

（一）目前已开展的工作

目前，武汉中科瑞华生态科技股份有限公司（以下简称中科生态）共承担了50多个水电站的鱼类增殖放流站运行、鱼类繁育科研和放流效果监测任务，业务网络覆盖金沙江、长江、澜沧江、雅鲁藏布江、尼洋河、乌江、大渡河、岷江、克孜河、嘉陵江、珠江等十多条河流，涉及云南、四川、贵州、西藏、广西、新疆等15个省（区、市）和华电、华能、中电建、大唐、国家能源等10多个中央大型水电水利集团（图11-23），年繁育、放流珍稀特有鱼类40余种，数量超过1000万尾。

图11-23　部分鱼类增殖站点

（二）主要工作成效

（1）中科生态具有多种珍稀鱼类繁育攻关的成功案例，成功进行了圆口铜鱼、长薄鳅、长丝裂腹鱼、长鳍吻鮈、硬刺松潘裸鲤、黑斑原鮡、前鳍高原鳅等难度较大的驯养繁育科研技术攻关，为我国特有珍稀特有鱼类保护提供了技术支撑（图11-24）。

（2）中科生态已经实施开展过多种标记放流方法，成功进行了T形标挂牌标记、切鳍标记、金属线码标记（CWT标记）、耳石荧光标记、分子遗传标记、荧光标记（VIE标记）、PIT标记等多种标记放流方法的试验与实践，为我国特有珍稀特有鱼类增殖放流效果监测与评估提供了技术支撑（图11-25）。

（3）中科生态已经实施开展过多个水电工程的放流效果监测评估，包括金沙江上游叶巴滩、苏洼龙水电站鱼类增殖放流效果评估，金沙江中游梨园、阿海、金安桥、鲁地拉、观音岩、金沙水电站鱼类增殖放流效果评估，乌江流域黔中水利枢纽工程一期工程鱼类增殖放流效果评估，雅鲁藏布江中游流域多布、藏木水电站鱼类增殖放流效果评估，嘉陵江中游流域亭子口水利枢纽鱼类增殖放流效果评估，大渡河流域双江口、猴子岩、大岗山、瀑布沟、深溪沟、枕头坝、沙坪、沙湾、安谷水电站鱼类增殖放流效果评估等30多个项目，为我国鱼类资源生态补偿事业提供了技术支持（图11-26）。

图 11-24　开展技术攻关的部分科研鱼类项目

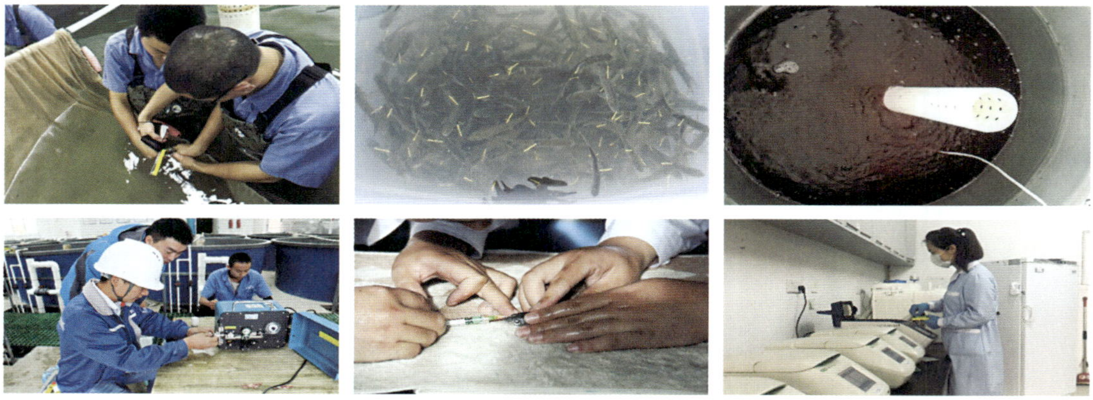

图 11-25　多种鱼苗标记方式展示

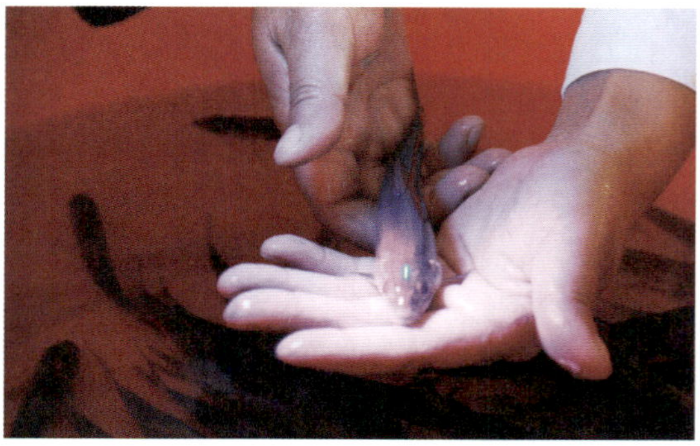

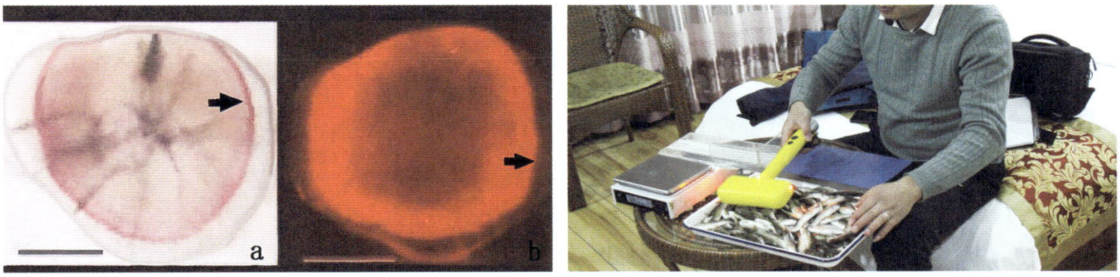

图11-26　放流效果监测工作照

（三）典型案例

1.增殖站运行状况　金安桥水电站鱼类增殖放流站（图11-27）位于云南省丽江市金安桥水电站坝址附近。2015年，引入放流鱼类的亲鱼，并进行人工驯养和鱼种培育研究；2016年，放流裂腹鱼类鱼苗量60万尾；2017年，放流裂腹鱼类和金沙鲈鲤鱼苗量70万尾；2018年，放流金沙鲈鲤、细鳞裂腹鱼、齐口裂腹鱼、四川裂腹鱼70万尾。

图11-27　金安桥鱼类增殖站

2.增殖站历年放流情况　在人工增殖放流方面，2016—2018年承办了金沙江中游金安桥水电站鱼类增殖放流活动，放流金沙鲈鲤、细鳞裂腹鱼、齐口裂腹鱼、四川裂腹鱼鱼苗共205万尾。放流前，对鱼苗进行物种鉴定（图11-28），过程严格按照渔业法相关法律法规，由古城区、永胜县两地渔政部门、公证单位、鱼类专家、新闻媒体等联合监督。这几次放流集中展示了金安桥水电站鱼类科研繁育工作取得的丰硕成果，为水电行业生态文明建设树立了典范（图11-29）。

3.鱼类繁育技术　自2015年金安桥鱼类增殖站运行以来，中科生态开展了系统的鱼类繁育科学研究，熟化了细鳞裂腹鱼、短须裂腹鱼规模化人工繁育技术及苗种培育技术，为生产及放流奠定了基础（图11-30，图11-31）。

齐口裂腹鱼子一代鱼种及亲鱼

四川裂腹鱼子一代鱼种及亲鱼

细鳞裂腹鱼子一代鱼种及亲鱼

金沙鲈鲤子一代鱼种及亲鱼

图 11-28　放流鱼类物种鉴定

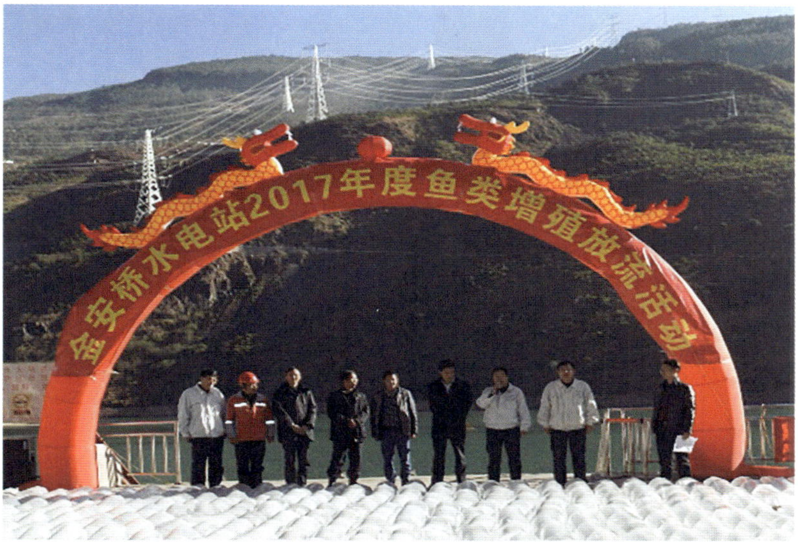

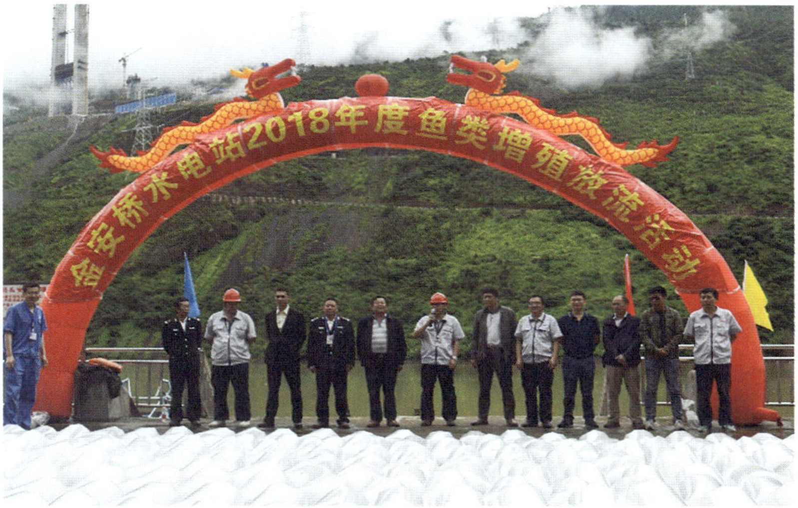

图11-29　历年增殖放流现场

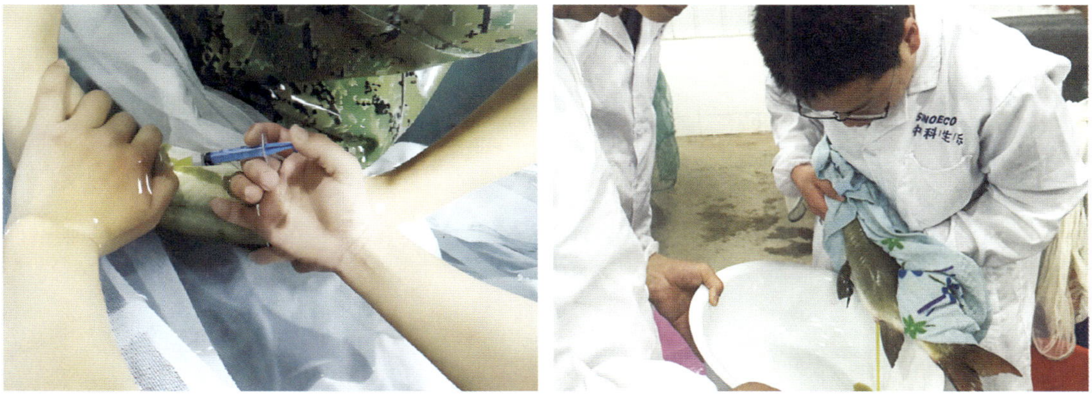

图11-30　鱼类人工催产及繁殖研究

图11-31　鱼类胚胎发育及繁育研究报告

4.放流效果监测与评价　根据该河段鱼类资源动态变化特征及对放流标记鱼类的研究（图11-32），与往年放流监测效果进行比较分析，总结出水电站鱼类增殖站历年放流的效果，分析放流后该流域内的生态效益和社会效益，为下一步增殖放流工作的合理开展提供可靠的科学依据（表11-1）。

图11-32　监测回捕鱼类分类研究

表11-1　金安桥增殖站放流效果监测汇总

时间	放流数量	标记方法	标记数量（比例）	标记鱼回捕数量
2016年	65万尾	T形标记、切鳍标记	3.25万尾（5%）	74尾
2017年	70万尾	耳石荧光标记、分子遗传标记	3.5万尾（5%）	228尾
2018年	70万尾	T形标记、切鳍标记	3.5万尾（5%）	205尾

四、应用前景

1.适用范围　该技术主要用于涉水工程生态补偿性放流（图11-33）、滩涂水生物资源保护（图11-34）、水产种质资源保护（图11-35），海洋渔业资源恢复等领域（图11-36）。

图11-33　涉水工程生态补偿性放流

图11-34　滩涂水生生物资源保护

图11-35　水产种质资源保护

图11-36　海洋渔业资源恢复

2. 应用前景　2006年《国务院关于印发中国水生生物资源养护行动纲要的通知》和2015年《农业部关于做好“十三五”水生生物增殖放流工作的指导意见》指出，到2020年，每年增殖重要渔业资源品种的苗种数量达到400亿单位以上。初步估计，增值放流的市场规模在每年100亿元以上。

3. 相关建议

（1）应用生态水工理论，开展水利工程生态调度，保证合理的生态流量（图11-37）。

图11-37　大坝生态流量

（2）开展亲鱼谱系档案建设及种质遗传管理，保证放流品种种源的可追溯性（图11-38）。

图11-38　亲鱼档案建立

（3）为保证放流效果监测手段的科学性、全面性和系统性，开展基于分子标记的放流效果评估工作（图11-39）。

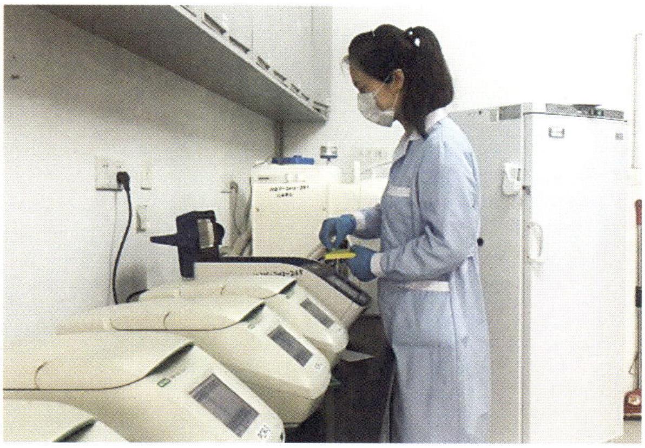

图11-39　鱼类分子标记研究

（4）严格限制涉水工程和支流水电开发。

（5）在国家层面建立流域性固定增殖站，专业开展增殖放流（图11-40）。

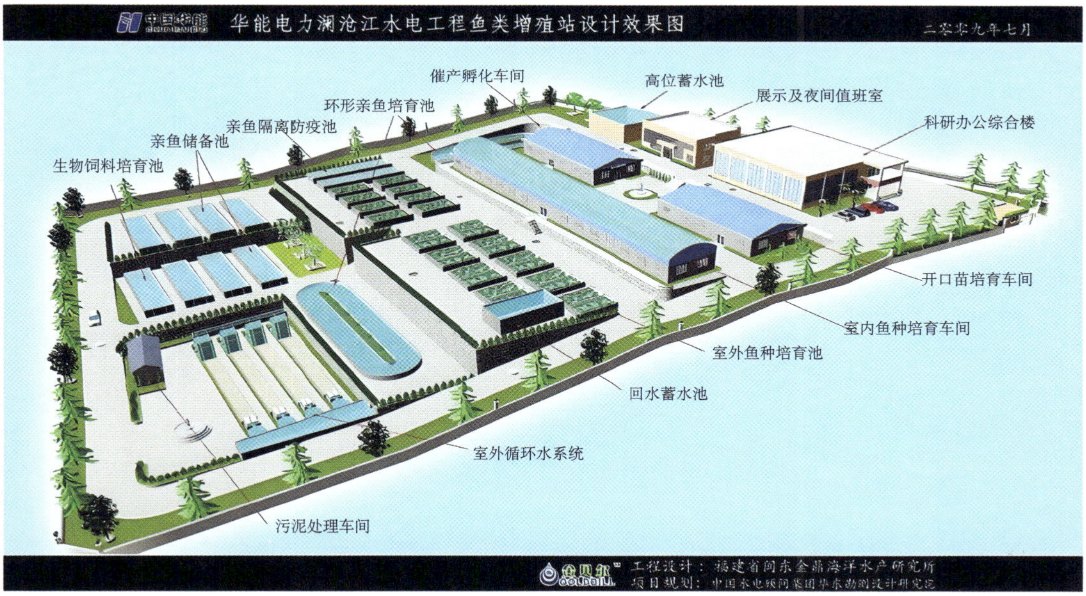

图11-40　建设增殖放流站，开展增殖放流工作

五、武汉中科瑞华生态科技股份有限公司简介

1.单位简介　武汉中科瑞华生态科技股份有限公司成立于2013年，已成长为国内水生态保护与修复行业的龙头企业。经过十余年的精耕细作，公司在水生态修复相关科研及技术服务、生态专用装备研制、珍稀水生物种质资源保护和珍稀鱼类繁育生态大数据平台等方面积累了诸多核心技术与领先成果，为中国水生生物多样性保护贡献了科技力量。目前，公司业务领域涵盖全国七大流域、20多个省市，公司有员工500余人。

2.研究方向与成果

（1）有核心专利技术206项、发明专利35项，参编国家行业标准4项。

（2）在全国运营珍稀鱼类保护增殖站50余座，每年有2000多万尾珍稀鱼种进行人工增殖，居于国内领先地位。

（3）有过鱼项目30余项，在国内居于领先地位。

（4）拥有142种珍稀鱼种人工繁育量产技术，在国内处于领先地位。

（5）各流域亲本数量共127276尾，居于国内领先位置。

（6）“濒危特有鱼类繁育关键技术及应用成果”经院士专家科技成果鉴定，达到国际领先水平；参与的“升鱼机和集运鱼系统双向过鱼设施关键技术研究与应用”科研成果，经中国水力发电工程学会鉴定，达到国际先进水平（图11-41，图11-42）。

图11-41　公司取得的成果

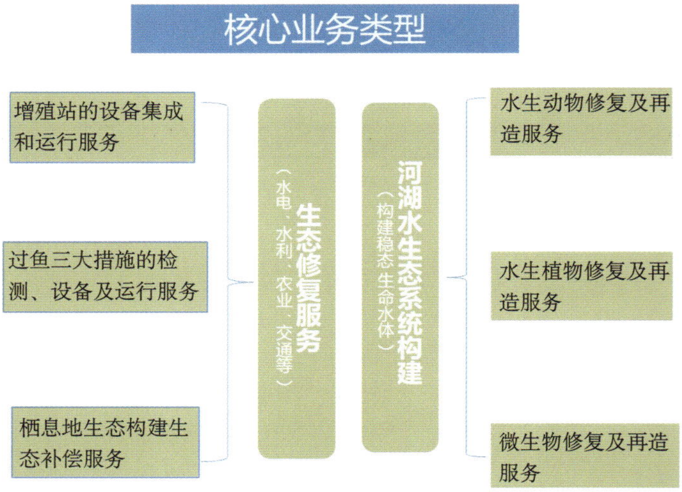

图11-42　中科生态核心业务类型

3.研究团队　团队成员见图11-43及图11-44。

图11-43　中科生态金沙江金安桥水电站鱼类增殖站运行团队

图11-44　中科生态大渡河黑马鱼类增殖站运行团队

先进技术十二

西洋海笋海水立体种植养殖技术

技术概要

一、工作背景

西洋海笋是一种可利用全海水灌溉种植的新型营养保健蔬菜。海水蔬菜耐盐能力极强，适宜在滨海盐碱地、沿海滩涂、内陆盐碱荒地种植开发，对于拓展耕地和节约淡水资源具有重要战略意义。当前，部分地区的海水养殖污染问题受到普遍关注，海水蔬菜立体种植养殖技术可以有效解决海水养殖污染问题，对海水养殖业持续健康发展具有重要意义。

二、技术原理

海水蔬菜立体种植养殖技术是在海水水面上种植西洋海笋等海水蔬菜、在水面下养殖海参、鲍鱼、虾、贝等水生生物的新型农业模式。海水养殖与西洋海笋等海水蔬菜种植相结合，一方面，海水养殖水体能为西洋海笋等海水蔬菜提供充足营养，可以减少肥料使用，降低种植成本；另一方面，西洋海笋等海水蔬菜能在一定程度上净化水质，有效降低水中氨氮、硝酸盐、亚硝酸盐、磷酸盐等的含量，并为水生动物提供适宜的栖息环境。这种种养模式不仅可以有效解决养殖尾水的富营养化问题，而且能够有效降低其中的含盐量，避免周边土壤盐碱化，同时还可以提高海产品质量和产量。根据定植栽培床固定方式的不同，海水立体种植养殖模式可分为漂浮栽培床模式和固定栽培床模式。

三、技术方法

首先培育出耐盐能力达到能够利用海水灌溉水平的海水蔬菜品种，然后开展海水蔬菜品种育苗，并制作海水水面定植栽培床。在适当时间，将海水蔬菜移栽到定植栽培床上，然后做好种植的日常管理和海水蔬菜的及时采收。

四、适用范围

西洋海笋在我国南北方的滨海盐碱地、沿海滩涂和内陆盐碱地均可种植。海水蔬菜立体种植养殖技术可适用于以上地区的海水养殖区域。

五、工作成效

该技术从2017年起在山东威海市沿海地区开始实施。试验证实，在海参养殖池水面进行西洋海笋的种植，对于富营养化水质的净化效果非常明显，水体透明度提高。同时，在炎热的夏季，西洋海笋可有效降低水温，并遮阴避光，有利于海参的生长发育，明显提高了海参的产量和品质。

六、应用前景

西洋海笋等海水蔬菜属于海水灌溉作物，具有较高的营养价值和独特的保健功效，是符合现代人需要的健康食品，未来市场需求将不断提升。我国广阔的滨海盐碱地、沿海滩涂和内陆盐碱区域为海水灌溉农业的不断发展提供了空间。当前，国家高度重视生态环境保护及盐碱地开发工作，海水立体种植养殖技术可以有效解决海水养殖污染问题，符合盐碱地综合利用的国家战略，对海水养殖业持续健康发展和沿海滩涂土地资源的开发利用具有重要意义，在当前形势下具有良好的发展前景。

七、相关建议

（1）建议养殖搭配品种为海参、鲍鱼、南美白对虾以及贝类等活动能力有限的水生生物。对于需要见光的海产品种类，在西洋海笋定植床的选择和水域面积布局上要考虑透光性。

（2）建议根据南北气候特点，充分考虑西洋海笋种植的茬口安排，特别是移栽的季节等因素。

（3）探索研究西洋海笋人工湿地种植模式，即海水种植养殖综合生态农场，进一步扩大应用领域，比如与海洋牧场建设、沿海滩涂修复治理以及工厂化养殖等相结合。

一、全海水灌溉蔬菜——西洋海笋

海水蔬菜是世界蔬菜产业的新兴品种，是基于野生盐生植物种质资源（图12-1），利用现代生物技术，从野生盐生植物中筛选、驯化、培育出的口感好、营养丰富、可利用海水浇灌的蔬菜，具有较高的营养价值和独特的保健功效。海水蔬菜耐盐能力极强，适宜在滨海盐碱地、沿海滩涂和盐碱荒地种植开发，对于拓展耕地和节约淡水资源具有重要战略意义。

图12-1　野生盐生植物种质资源

近些年来，一种可以利用全海水灌溉的新型营养保健蔬菜——西洋海笋越来越多地出现在世界各地的市场上。西洋海笋的幼苗和嫩尖是一种营养保健蔬菜，有“植物海鲜”“海人参”之美誉。西洋海笋进入生殖期（花果期）以后，形状似虫草，因此也被称为“海虫草”（图12-2）。

图12-2　西洋海笋植株

西洋海笋利用滩涂盐碱地种植，全海水灌溉，病害很少，生产过程中可以做到不使用化学农药、肥料，符合有机蔬菜生产要求，而且是由野生耐盐植物驯化而来的非转基因蔬菜，是全生态概念安全蔬菜（图12-3）。

图12-3　全海水灌溉西洋海笋

西洋海笋色泽如翡翠，形状似珊瑚，口感脆嫩，有独特鲜美的海鲜风味。由于具有极高营养保健价值和社会生态价值，西洋海笋已成为美食极品，逐渐风靡欧美市场，成为蔬菜中的“新贵族”，并在世界范围内逐步推广（图12-4）。西洋海笋除作为一款特色蔬菜之外，也是一种具有医疗保健价值的传统药用植物。科学研究证实，其营养保健价值包括降血压、降血糖、降血脂、抗氧化、消炎杀菌、免疫调节与皮肤美白等。

图 12-4　市场上的西洋海笋蔬菜

二、工作背景

改革开放以来，随着我国工业化、城市化步伐的加快，生态环境形势日益严峻，河流污染、水土流失、土地沙漠化、土壤盐碱化等问题亟待解决（图 12-5）；非农业建设用地增长迅速，耕地面积不断减少，守护耕地保护红线刻不容缓（图 12-6）。

图 12-5　土地盐碱化及土地沙漠化

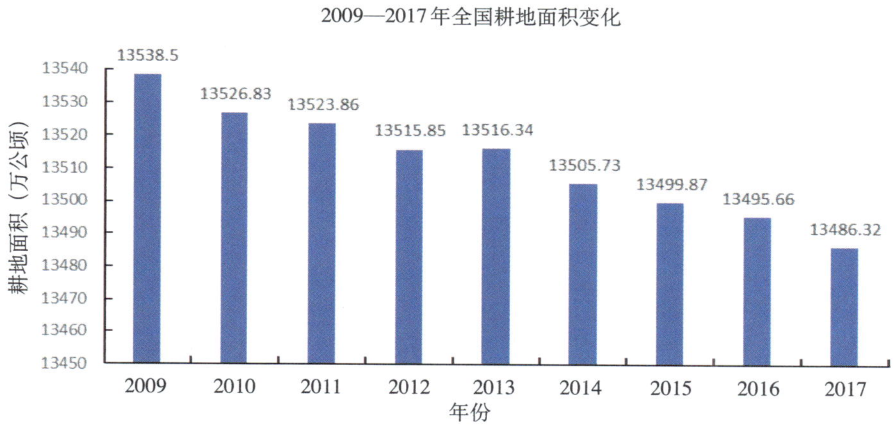

图 12-6　耕地资源危机

海水灌溉农业是以海水资源、沿海滩涂资源和受盐植物为劳动对象的特殊农业，能够满足缓解土地资源和淡水资源压力的需要，具有巨大的生态环境价值和特殊的经济价值，为沿海和内陆盐碱荒地利用开辟了道路。

所谓海水立体种植养殖技术，顾名思义，就是将以耐海水经济作物种植与海水养殖相结合的新型立体种植养殖技术。根据空间布局不同，海水立体种植养殖技术大体可以分为两大类：①原位海水立体种植养殖技术（图12-7），即将耐海水作物直接种植在海水养殖水体上方；②异位海水立体种植养殖技术（图12-8），亦称海水灌溉农业技术，即利用海水养殖尾水灌溉附近的耐海水作物。习惯上，海水立体种植养殖技术一般指原位海水立体种植养殖技术，异位海水立体种植养殖技术在生态环保领域又可称为人工湿地技术。

图12-7　原位海水立体种植养殖技术模式

图12-8　异位海水立体种植养殖技术模式

发展海水立体种养的意义在于，在发展海水养殖的同时，适当发展耐海水经济作物种植，降低种植成本，提高海产品质量和产量，促进盐碱地开发，有效解决近海区域大规模海水养殖造成的海水污染问题，实现滨海盐碱地与沿海滩涂的农业立体综合开发利用。当前国家高度重视盐碱地开发和生态环境保护工作，盐碱地综合利用和水产养殖尾水处理受到社会广泛关注，海水立体种植养殖技术可以有效解决海水养殖污染问题并优化盐碱地利用，对海水养殖业持续健康发展具有重要意义，在当前形势下具有良好的发展前景。

三、技术原理

将海水蔬菜的种植与海水养殖相结合，在海水养殖池的水面上水培西洋海笋，构建一种新型的海水立体种植养殖模式。根据定植栽培床固定方式的不同，海水立体种植养殖模式可分为漂浮栽培床模式和固定栽培床两种模式。

建立这种海水立体种植养殖模式的关键有两点：第一，必须培育耐海水盐度的经济作物，比如西洋海笋；第二，这种耐海水盐度的经济作物的海水水培技术必须过关。

西洋海笋耐盐能力极强，完全可以在海水灌溉条件下生长，这是实现海水立体种植养殖技术的关键。海水养殖池水由于投喂饵料和动物粪便的积累等，很容易产生富营养化等现象。西洋海笋属于高等植物，根系比较发达，可以充分吸收养殖水体中导致富营养化的元素，并将其作为自身生长的肥料，在净化海水养殖水体水质的同时，促进自身的生长。研究发现，西洋海笋不仅可以有效降低水中氨氮、硝酸盐、亚硝酸盐、磷酸盐、重金属等指标的含量，而且能够有效降低水体的含盐量，避免周边土壤盐碱化。另外，由于栽培床的使用，在炎热的气候条件下，可以达到遮阴、降温的效果，创造更加有利于海参、鲍鱼等底栖动物的生长环境，为水生生物提供良好的栖息环境。如此，海水种植与海水养殖二者相互促进，相得益彰，形成良性循环（图12-9，图12-10）。

图12-9　海水立体种植养殖技术示意图

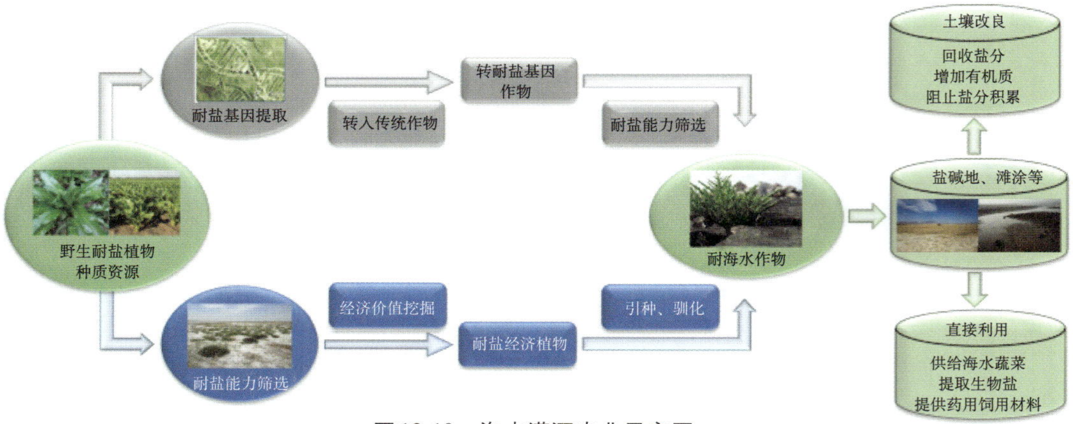

图12-10　海水灌溉农业示意图

四、应用模式

部分区域海水养殖尾水会对周边环境造成不利影响，如土地盐碱化、水域富营养化等。目前海水养殖尾水处理的主要生物学措施包括利微生物、藻类植物、高等植物等。近年来，西洋海笋培育成功并在世界各地推广，随着研究的不断深入，人们发现西洋海笋在海水养殖尾水的处理中具有很好的应用前景。已经应用的海水种植养殖技术模式包括原位海水立体种植养殖技术模式（海水鱼菜共生模式）（图12-11）、异位海水立体种植养殖技术模式（图12-12）、人工湿地模式（海水种植养殖综合生态农场）（图12-13）等。目前国内应用的主要是原位海水立体种植养殖技术模式（海水鱼菜共生模式）。

图12-11　原位海水立体种植养殖技术模式

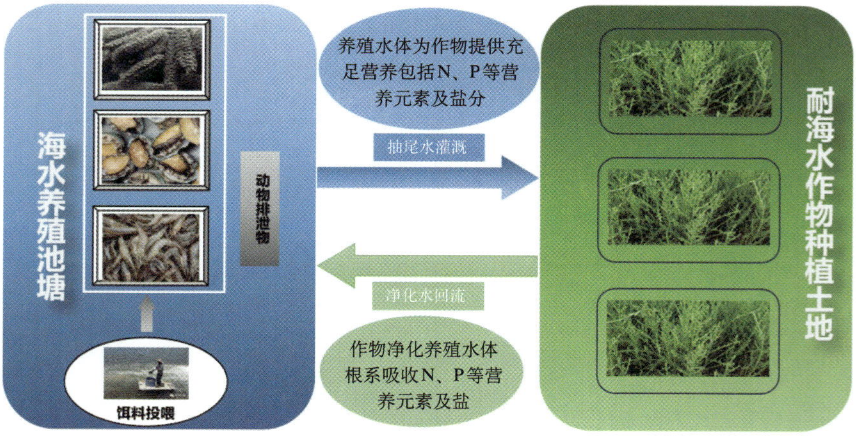

图12-12　异位海水立体种植养殖技术模式

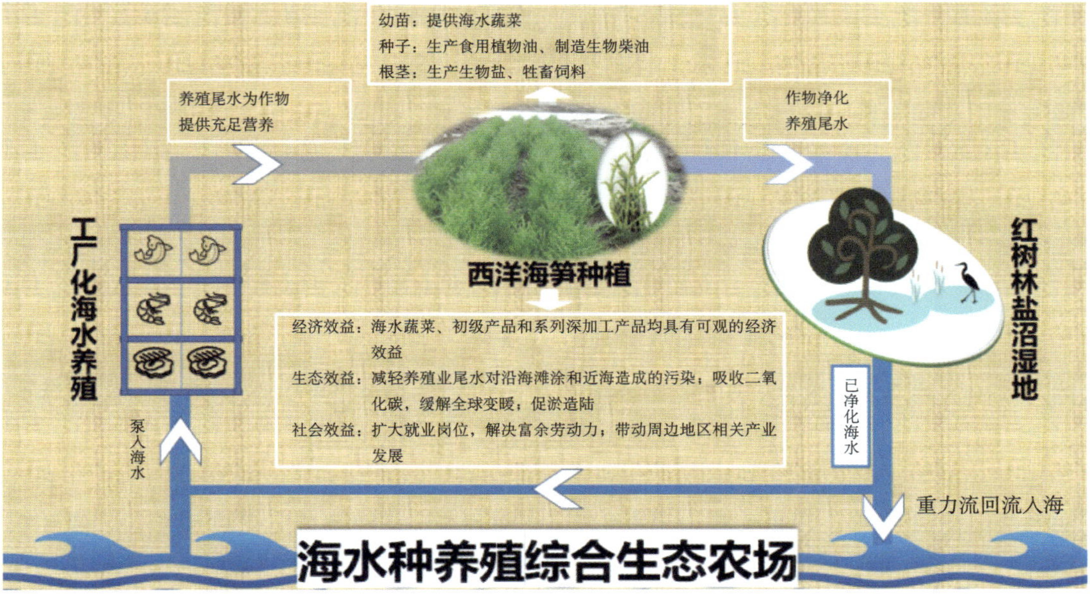

图12-13　人工湿地模式（海水种植养殖综合生态农场）

五、技术方法

1.西洋海笋的育苗　最好利用沙质土壤进行西洋海笋的育苗，以便于后期的移栽取苗（图12-14）。

2.西洋海笋定植栽培床准备（图12-15）　海水水面定植栽培床有两种方式，一种是固定床式的，一种是漂浮床式的。具体实施起来，要根据当地海水养殖池的深度以及天气等情况而定，因地制宜。另外，定植栽培床的材质也需要结合当地气候条件、使用年限、原材料价格以及投资预算等情况综合考虑而定。

图12-14　西洋海笋育苗

图12-15　西洋海笋定植栽培床准备

3.西洋海笋移栽定植（图12-16） 西洋海笋的移栽一般是在幼苗高度10厘米左右、没有分枝或分枝比较少的时候进行，移栽过程注意尽量不伤根。

图12-16 西洋海笋移栽定植

4.西洋海笋的日常管理（图12-17） 西洋海笋的日常管理比在陆地种植要简单一些，必要时可做适当的根外追肥。预防病害虫，可酌情喷施生物农药。

5.西洋海笋的采收（图12-18） 一般情况下，移栽后30～50天可以开始采摘，作为蔬菜，具体时间因缓苗情况和气温等有所不同。采摘是掐嫩尖，掐尖后的分枝会继续生长，可陆续采摘，直到枝条老化不适合作为蔬菜为止。

图12-17 海参养殖池水面上进入秋天的西洋海笋

图12-18 海水水培西洋海笋生长旺盛的根系

六、研究成果

（一）主要成果

2001年，完成海水灌溉经济作物西洋海笋育种及其在南方沿海沙质土壤的栽培技术研究，受到郝水院士及余松烈院士的现场指导（图12-19，图12-20），为西洋海笋这一新

图12-19　郝水院士（中）指导西洋海笋育种工作

图12-20　余松烈院士（中）指导我们的西洋海笋育种

型全海水作物在我国推广奠定了基础，其技术水平为当时的国际先进水平（科技成果鉴定证书：琼科鉴字2001年第6号）。

2008年，完成了西洋海笋在我国北方沿海淤泥质土壤的规模化栽培技术研究（科技成果鉴定证书：冀科鉴字2008年第2-039号）（图12-21）。

2011年，西洋海笋海水水培技术研究被列入山东省科技攻关计划项目（项目编号：2011YD10012）。

2017年，经过连续几年的研究，在总结出西洋海笋海水水培技术的基础上（图12-22），又创新性地将西洋海笋种植与海水养殖结合，从而将西洋海笋由陆地盐碱地种植改为海水水面种植。由此，一种创新型海水立体种植养殖模式问世。

图12-21　西洋海笋在我国北方沿海淤泥质土壤规模化栽培技术成果鉴定会

图12-22　西洋海笋海水水培技术

（二）效益分析

1.经济效益　经济耐盐（海水）作物本身具有独特的经济价值，其初级产品和系列深加工产品能形成良好的产业链，经济效益非常可观。西洋海笋的初级产品是蔬菜，作为一种海洋蔬菜，在国外深受消费者的喜爱，目前国外市场的零售价约为50美元/千克，国内市场的价格是80元／千克。西洋海笋蔬菜亩产量不低于1000千克，因此，种植西洋海笋的盈利空间很大。

2.生态效益　在沿海滩涂发展盐土农业可促淤造陆，减缓海水对海岸土地的侵蚀和土壤流失，在一定程度上减轻工业和养殖业对沿海滩涂及近海造成的污染，并大量吸收CO_2，减轻温室效应，改善生态环境，增加生物多样性，维护生态平衡。因此，推广种植这些耐盐作物对于当地生态经济产业的发展具有重要的促进作用，意义重大。

3.社会效益　在盐碱滩涂种植耐海水作物，把世世代代不能利用的盐碱荒地和滩涂变成“粮仓”，是一项惠及世人、造福子孙的富民工程。该项目的实施可直接为当地增加许多就业岗位，解决大量农村富余劳力，并带动周边地区相关产业的发展，具有良好的社会效益。

（三）实践探索

从2017年开始，一种创新型海水立体种植养殖模式——海水上种（西洋海笋）下养（海参、鲍鱼、虾、贝等）新型农业模式在山东威海沿海地区开始实施。试验证明，在海参养殖池水面进行西洋海笋的种植，可有效降低水中的氨氮、亚硝酸盐、磷酸盐等含量，对于富营养化水质的净化效果非常明显。同时，在炎热的夏季，西洋海笋可有效降低水温，有利于海参的生长发育，可提高海参产量和品质。

西洋海笋海水立体种植养殖模式不仅可以有效解决养殖尾水的富营养化问题，同时还可起到脱盐效果。西洋海笋能够有效降低灌溉水中的含盐量，避免土壤盐碱化，具有“生物脱盐器”的美誉。

七、西洋海笋海水立体种植养殖技术研究团队介绍

1.主要研究方向　研究团队以我国盐生植物（海水蔬菜）研究专家冯立田博士为核心，长期致力于海水蔬菜育种、推广与深加工技术研发，在国内率先开发出以西洋海笋等系列海水蔬菜为代表的耐重盐经济作物品种及配套栽培技术，现已经进入规模化种植及深加工生产阶段，主推项目包括西洋海笋、海滨甘蓝、黑枸杞等系列耐重盐经济作物的开发利用。该团队现已成为我国海水蔬菜产业化发展的技术核心和领军团队。

2.研究团队主要成员　团队主要成员见表12-1及图12-23。

表12-1　团队主要成员

姓名	职称／职务	备注
冯立田	博士/教授	课题（团队）负责人
冯温泽	博士研究生	负责大田实验和生态学方面的研究
赵善仓	研究员	负责质量监督与营养成分分析
陈佩福	高级工程师（董事长）	负责项目管理及资金保障
苏　斌	农艺师	负责大田实验与海水水面栽培技术研究

图12-23　西洋海笋海水立体种植养殖技术研究团队

先进技术十三

海葡萄生态种养技术

技术概要

一、工作背景

当前海洋生态环境恶化趋势尚未得到有效遏制，海洋生态环境保护和海洋资源的合理开发利用受到国家及社会各界的高度重视。海洋大型藻类的消失加剧了海洋环境的恶化程度，加速了海洋环境的退化，导致海洋生态系统功能的减弱。海葡萄具有其他生物净化方式不能比拟的特有优势，随着规模化养殖技术的突破及产业链的不断完善，海葡萄逐渐成为水质净化及海洋环境修复领域重要的生物类群。

二、技术原理

海葡萄可以在狭小的、富营养化严重的流动性水体环境中高密度生长，大量吸收温室气体二氧化碳，并释放充足氧气。利用其适合高密度工厂化培养及对N、P等元素高效吸收的特点，可以对富营养化养殖废水进行集约化吸收处理，同时还可以利用其对许多种元素具有选择性吸收的特点，对特定污染源进行精准净化，并通过藻体进行回收利用。

三、技术方法

1. 海葡萄分离式净水技术模式 将海水养殖排放尾水按照一定速度导入海葡萄专用养殖池内，在适宜的光照和水温条件下，通过海葡萄的生理代谢并耦合共生菌的培养，有效净化养殖排放尾水。

2. 海葡萄共生式种养技术模式 在封闭水体，将海葡萄与鱼虾蟹贝等水生生物混养在一起，通过高密度的人工栽培及收获藻体，将N、P及其他污染物由水体转移到系统外，发挥生物过滤器的作用，达到高效净化水质的目的。

3. 海葡萄开放式种养技术模式 在开放海域，通过筏式养殖或底播移植等方式开展大规模海葡萄种养，优化海洋生态系统的结构和功能，进而改善海域生态环境。

四、工作成效

经过多年工作，突破了海葡萄规模化养殖技术，产业链条不断延伸拓展。通过不同技术模式的应用实践，证实海葡萄规模化种植能够快速吸收水体和沉积物中的营养盐，通过营养盐竞争和克生作用，抑制海洋微藻的生长，达到修复污染水体的目的。同时，其对海洋生态系统的物理、化学及生物学特性亦有重要影响，可有效改变海洋生物环境。

五、典型案例

2016年在深圳市东山基地开展了海葡萄和紫红笛鲷土塘生态混养及土塘单养紫红笛鲷（对照）研究，结果生态混养组氨氮含量保持在0.20毫克/升左右，而对照池氨氮含量则高达0.47毫克/升，同时，溶氧含量生态混养池也明显高于对照池。2016—2018年，在汕尾大湖基地建设1600米^{2}的高密度海葡萄培养池，循环净化了4口共18亩（12000米^2）的对虾养殖池，实现了连续数月无污水排放记录。

六、适用范围

适用于海水工厂化和池塘养殖池污水处理、传统养殖池鱼虾藻混养、内湾和近岸海域生态环境修复以及海洋牧场（海洋农场）建设等。

七、应用前景

海葡萄具有较高的营养价值和医学价值，可广泛用于餐饮、护肤品、保健品和医药行业，符合中国大健康事业的理念，市场潜力巨大。当前国家高度重视生态环境保护工作，海葡萄生态种养模式可以有效解决海水养殖污染问题，有效修复近岸海域生态环境，对海水养殖业持续健康发展和沿海滩涂土地资源的开发利用具有重要意义，在当前形势下具有良好的发展前景。

八、相关建议

一是开展海葡萄对种养海域生态净化效果和海洋立体净化模型的研究，为技术改进和模式优化提供科学支撑；二是建设规模化的水质净化示范工程和生态修复样板工程，加快推进相关技术的示范推广；三是进一步增大对海葡萄后期精深加工技术的研发力度，不断延长价值链。

一、工作背景

海洋生态修复是将退化的海洋生态系统恢复至一个健康生态系统的过程，其最终目标是建立一个健康的、能自我维持的生态系统。

1.形势需要 从国家政策层面来看，在党的十九大、海洋经济发展以及海洋渔业可持续发展等政策中，关于农业供给侧结构性改革、生态环保、农民增收等系列规划和布局重点强调了海洋生态环境保护与海洋资源的合理开发利用，为海洋生态修复产业发展指明了方向。

从地方发展需求来看，沿海地区海岸资源丰富，而传统近海滩涂养殖自身存在污染，海岸带海域赤潮、绿潮、水母等生态灾害频发，生物多样性减少，渔业资源衰退，产业转型和升级十分迫切，依托区位优势发展海洋生态修复产业迫在眉睫。

从生态环境方面来看，海洋大型藻类的消失加剧了海洋环境的恶化程度及海洋环境的退化，导致海洋生态系统功能大幅减弱。海洋污染、海洋富营养化、海洋特殊生境丧失的蔓延与海域大型藻类的消失具有密切的关联。

海葡萄（图13-1）作为海洋大型藻类，生产的同时也在做碳的负排放，每生产1吨的海葡萄（干品），相当于从海水中移除1.3吨的二氧化碳（碳汇经济），对碳达峰与碳中和目标的实现具有重要意义（图13-2）。

图13-1　海葡萄

图13-2　海葡萄海底种植技术在碳汇领域的应用

2.海葡萄的基本特性 海葡萄（图13-3）学名长茎葡萄蕨藻，藻体由球状直立枝（生殖器官）、匍匐茎（营养器官）和丝状假根三部分组成。因球状颗粒晶莹剔透、水润饱满似葡萄，得名“海葡萄”。

图13-3　生鲜海葡萄

海葡萄是一种蔓生大型海洋绿藻，藻体鲜美多汁，被喻为植物中的“绿色鱼子酱”。其营养丰富（图13-4），脂肪含量较低且多为不饱和脂肪酸（1.8%），不含胆固醇，EPA、DHA的含量相比其他藻类植物高，主要成分包括多糖、纤维（58.52%），矿物质和维生素含量丰富，其中钠、镁、钾、钙等含量都较高，且富含磷、铜、硒等微量元素，蛋白质含量14.37%，检出的17种氨基酸当中包括人体不能合成的7种必需氨基酸。海葡萄在日本、菲律宾等地的养殖已经非常普遍，主要作为生鲜沙拉食品食用，具有美容强身的功效，可广泛应用于各菜系中，在全球范围内广受欢迎。

海葡萄富含水溶性非还原性多糖类，是适合“三高”等亚健康人群食用的天然佳品
•高膳食纤维（58.52%）
•高蛋白（14.37%）
•低脂肪（1.8%）
•富含矿质元素
•含高活性蕨藻红素
DHA PUFA
含天然植物源性人体必需多不饱和脂肪酸类活性成分，安全高效
（活化脑细胞，促进儿童神经系统发育，预防心脑血管疾病）
多糖类
主要成分是多糖类，含量高达58%左右，且以水溶性膳食纤维为主
（改善肠道菌群，降低葡萄糖吸收并稀释血糖和胰岛素水平，达到降低胆固醇的效果）
蛋白质类
17种氨基酸
有效补充人体不能合成的7种必需氨基酸，种类齐全，比例合理
（改善营养结构，提高机体免疫，降血压，调节血脂平衡）
双吲哚生物碱类
蕨藻红素
含高活性的生物活性成分蕨藻红素，生物利用度高
（抗炎抗氧化，延缓衰老，抗肿瘤活性）
矿质元素
镁、钙、硒、铁、钾、锌
矿质元素含量丰富，尤其Mg含量相对较高，是海带的4.53倍，龙须菜的3.64倍，钙含量更是牛奶的5倍
（调节体质，增强记忆力，保护心脏）

图13-4　海葡萄产业开发价值

二、技术原理

1.净化原理　海葡萄作为一种大型海洋绿藻，通过光合作用，可有效吸收利用海水中大量的二氧化碳，并释放氧气。同时，在生长过程中可大量吸收并存储N、P等生源要素，有效降低N、P等营养盐浓度，预防和治理海域富营养化。

通过人工收获藻体，将N、P及其他污染物由海洋转移到陆地，起到生物过滤器的作用，达到高效净化水质的目的（图13-5）。

2.技术优势　海葡萄可以在狭小、富营养化严重的流动性水体环境中高密度生长，大量吸收二氧化碳并释放充足氧气。利用其适合高密度工厂化培养及对N、P等元素高效吸收的特点，可以对富营养化养殖废水进行集约化吸收处理，同时还可以利用其对许多种元素具有选择性吸收的特点，对特定污染源进行精准净化，并通过藻体进行回收利用（图13-6）。

对比微生物菌群的水质净化模式，微生物菌群更适合有污泥等沉积物的区域的水质净化，对流动性水域效果欠佳。与单细胞藻类相比，单细胞藻类易受到敌害生物影响，净化效果不稳定，同时存在藻类吸收及合成物质回收困难的问题。对比其他海洋大型藻类，海葡萄的生长没有明确的方向性，可以向不同方向自由生长（图13-7），对各种污染源都有较强的抗力，不受水域空间和海流限制，可建设封闭式、可复制、可移动的植物净化工厂（图13-8）。

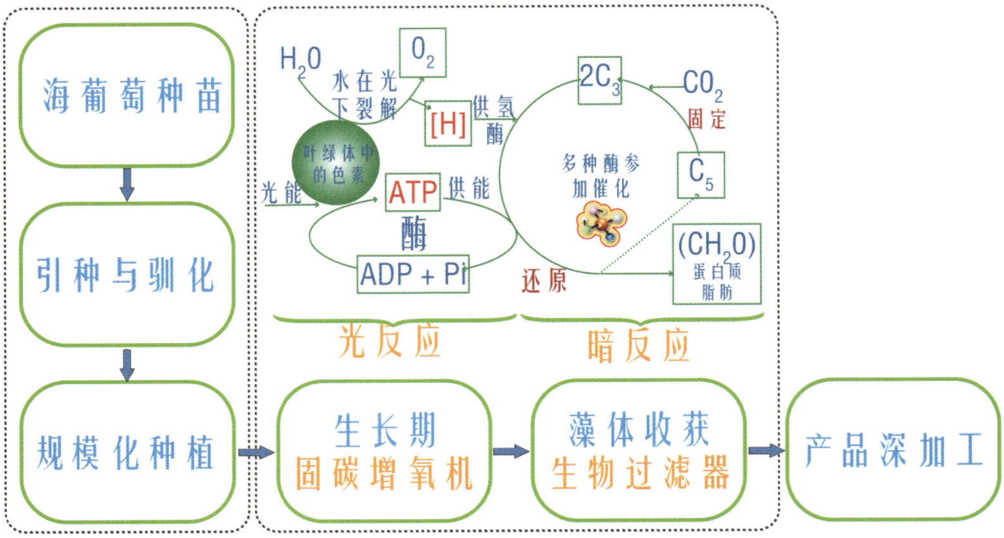

图13-5　海葡萄水体净化机制

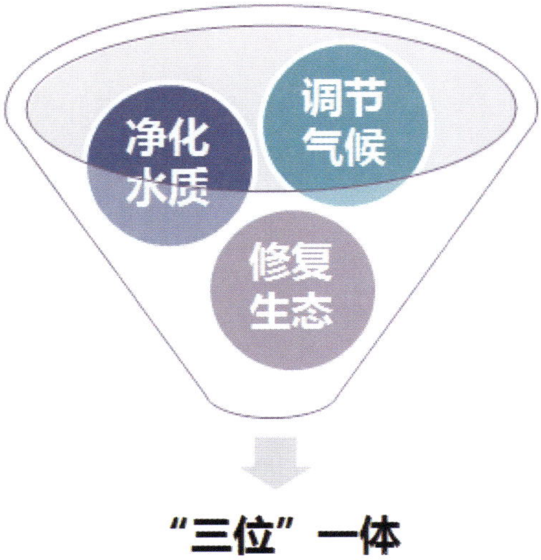

图13-6　海葡萄养殖产业综合生态价值

图13-7　海葡萄自由式生长

与微生物菌群净化水质的区别	● 微生物菌群更适合有污泥等沉积物的区域的水质净化，对流动性水域效果欠佳
与单细胞藻类净化水质的区别	● 单细胞藻类容易受到敌害生物影响，净化效果不稳定，藻类吸收和合成的物质回收困难
与其他海洋大型藻类的区别	● 不同于其他海洋大型藻类，海葡萄的生长没有明确的方向性，可以向不同方向自由生长，对各种污染源都有较强的抗力，不受水域空间和海流限制，可以建设封闭的、可复制和可移动的海葡萄净化工厂

图 13-8　海葡萄在水质净化领域的独特优势

三、技术方法

1.海葡萄分离式净水技术模式　将海水养殖排放尾水按照一定速度导入海葡萄专用养殖池内，在适宜的光照和水温条件下，通过海葡萄的生理代谢并耦合共生菌的培养，吸收海水中大量的无机碳，并释放氧气。同时，在生长过程中可大量吸收N、P等生源要素，有效净化养殖水体，减少养殖尾水的排放（图13-9）。

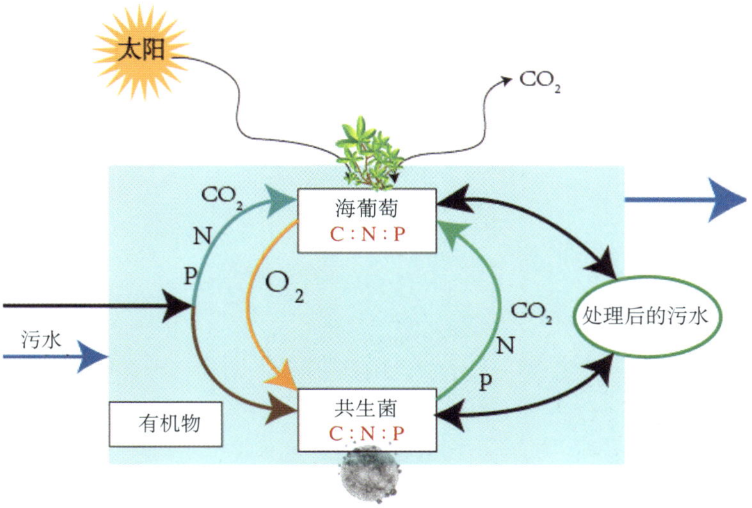

图 13-9　海葡萄水体净化机理

2.海葡萄共生式种养技术模式 在封闭水体，将海葡萄与鱼、虾、蟹、贝等水生生物混养，通过海葡萄的高密度人工栽培及藻体的定期收获，可将水体中的N、P及其他污染物转移到系统外，发挥生物过滤器的作用，达到高效净化水质的目的（图13-10，图13-11）。

图13-10 海葡萄与海马生态混养

图13-11 海葡萄生态养殖应用

3.海葡萄开放式种养技术模式 在开放海域，通过筏式养殖或底播移植等方式开展大规模海葡萄种养，可有效优化海洋生态系统结构，改善海域生态环境，同时可增加渔民的综合养殖经济收入（图13-12）。

图13-12 海葡萄开放海域养殖技术

四、工作成效

（一）主要成果

1.规模化培植及快速育种　蓝汀生物公司于2009年开始对海葡萄的育苗与产业化养殖展开研究，2015年突破工厂化大规模养殖技术，2016年突破以繁殖枝进行的快速培育技术。同时，联合中国水产科学研究院南海水产研究所深圳试验基地，以大鹏湾区域野生海葡萄种群为基础，经连续2年的选育，获得了适宜人工产业化栽培的海葡萄藻株（图13-13）。

图13-13　海葡萄产业化养殖技术

该品种适应性强、移栽成活率高、生长速度快（匍匐茎3～5厘米/天），且直立茎长（12～17厘米），球状颗粒饱满密集，产出商品率高（平均增长率高达0.47厘米/天）、品质稳定。适宜条件下，养殖4周左右即可收获上市，能够迅速形成巨大的生物量，可有效支撑高附加值产品的产业化开发。产品依靠高端的品质与持续的产量优势，在国内外食品（植物蛋白）、生物医药、化妆品、环境保护等多领域获得广泛认可（图13-14）。

图13-14　优选长茎葡萄蕨藻藻种

公司在蕨藻规模化培植及快速育种技术等方面获得了多项核心专利授权（一种长茎葡萄蕨藻工厂化培植方法，专利号ZL201510138395.6；一种小叶葡萄蕨藻繁殖枝的快速培育方法，专利号ZL201610001568.4等）。在海底藻床建设技术领域也取得了重要进展，为大规模海域环境的修复奠定了重要基础，同时也为传统养殖污染源的低成本净化方案提供了有效保障。

2.海葡萄规模化养殖技术示范推广 经过多年的工作研究，海葡萄规模化养殖技术趋于成熟，为综合产业链的延伸拓展奠定了重要基础。通过不同技术模式的应用实践，证实海葡萄规模化种植能够快速吸收水体和沉积物中的营养盐，可通过营养盐竞争和克生作用抑制海洋微藻的生长，达到修复污染水体的目的。同时，对海洋生态系统的物理、化学及生物学特性亦有重要影响，可有效改变海洋生态环境。

该养殖技术从2016年开始在广东省及全国范围进行示范推广，在深圳市、惠州市、汕尾市、揭阳市等地建设了10个具有区域代表性的养殖示范基地。其中，2019年在广东省惠州市惠东县平海镇利用超过60000米^{2}高温期闲置的水泥池开展长茎葡萄蕨藻养殖，取得了单产15～20千克/米^{2}的养殖效益；利用因病害暴发需要休养的300余亩虾池养殖长茎葡萄蕨藻，鲜藻亩产达到8.5吨以上（图13-15）。对废弃、闲置养殖场进行组合利用取得的养殖效益远远超过正常养虾获得的收益。2021年，该技术荣获广东省农业技术推广奖一等奖（图13-16）。

图13-15　高品质生鲜海葡萄

3.海葡萄全产业链开发 通过对藻体有效成分的提取以及对精深加工技术的开发，形成了海葡萄全产业链布局。海葡萄提取物可应用于食品添加剂、海藻化妆品、海洋健康功能性食品与生物医药原料等领域（图13-17）。

图13-16　获广东省农业技术推广奖一等奖

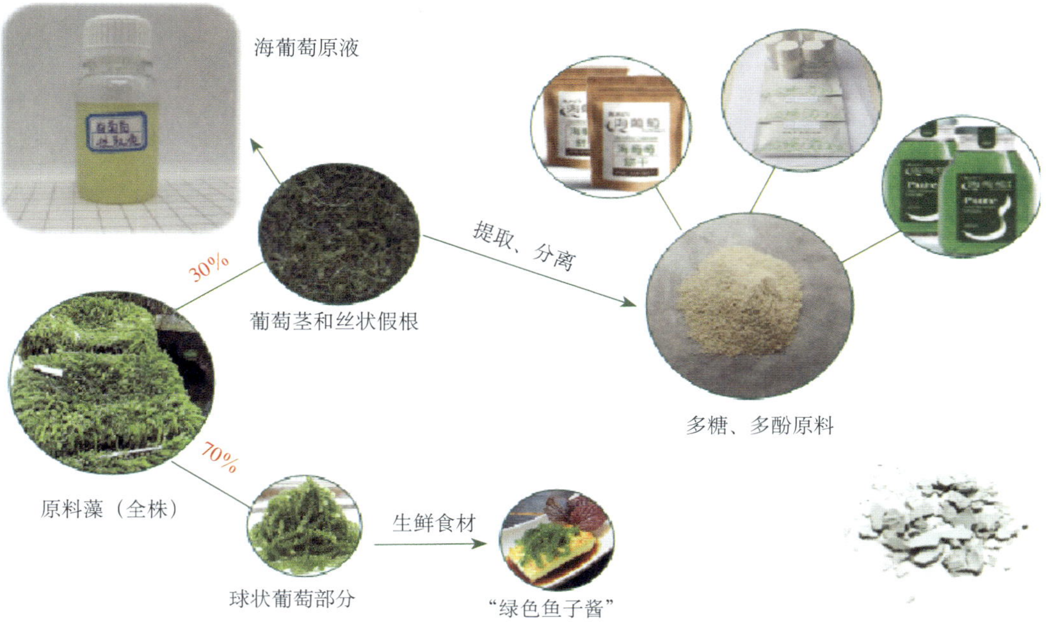

图 13-17　海葡萄提取物的开发应用

海葡萄中含有的多糖物质能够提高机体免疫力，具有抗肿瘤、抗衰老、抗病毒、降血糖、降血脂、防辐射、抗菌、抗寄生虫等作用，在医药美容领域具有广泛的应用价值（图 13-18）。

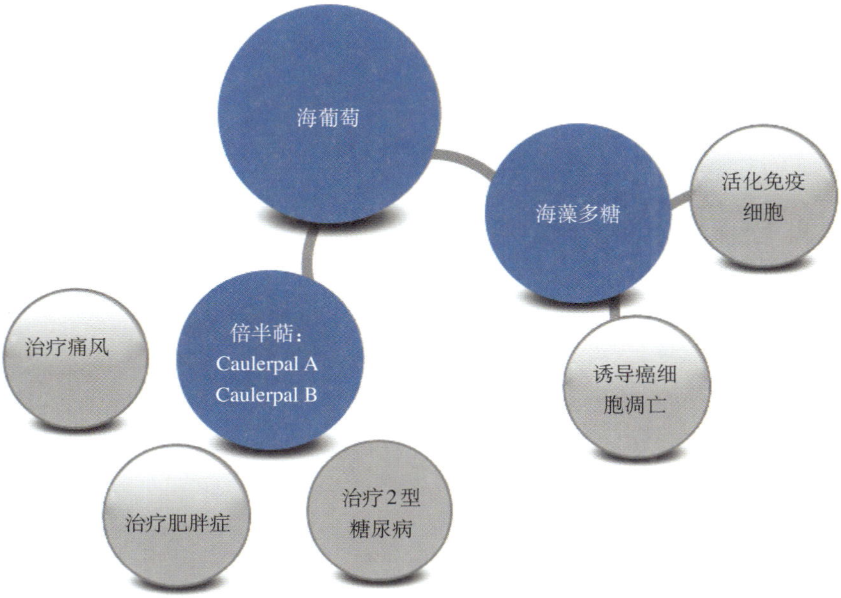

图 13-18　海葡萄在医药领域的应用开发

结合海葡萄高附加值活性物质的应用，开展“食用+保健+药用”多层次产品研发，构建海葡萄综合产业链。海葡萄提取物可作为食品添加剂，以及美妆产业、海洋功能性健康食品及生物医药原料等，大大提升了其综合经济价值（图13-19）。其中，海葡萄功能性饼干等健康产品已上市推广（图13-20）。

图13-19　海葡萄全产业链细分领域

图13-20　海葡萄精深加工相关产品

（二）典型案例

1.池塘生态混养技术　通过将海葡萄与鱼、虾、贝等一起混养，利用藻体创造的良好生境降低和减少养殖动物的疾病发生率，有效避免药物使用给环境带来的污染，具有重要的生态价值。

蓝汀生物公司在深圳市渔业服务与水产技术推广总站东山基地开展了海葡萄和紫红笛鲷土塘生态混养，生态混养组氨氮含量保持在0.20毫克/升左右，而对照池氨氮含量则高达0.47毫克/升，同时，生态混养池的溶氧含量也明显高于对照池（图13-21）。

图13-21　海葡萄池塘生态混养

2.对虾养殖尾水循环净化技术　在汕尾大湖基地，利用1600米^{2}高密度海葡萄培养池实现对18亩（12000米^2）虾养殖池的循环净化（面积比1 ∶ 7.5），保持四个月无污水排放的记录（图13-22）。

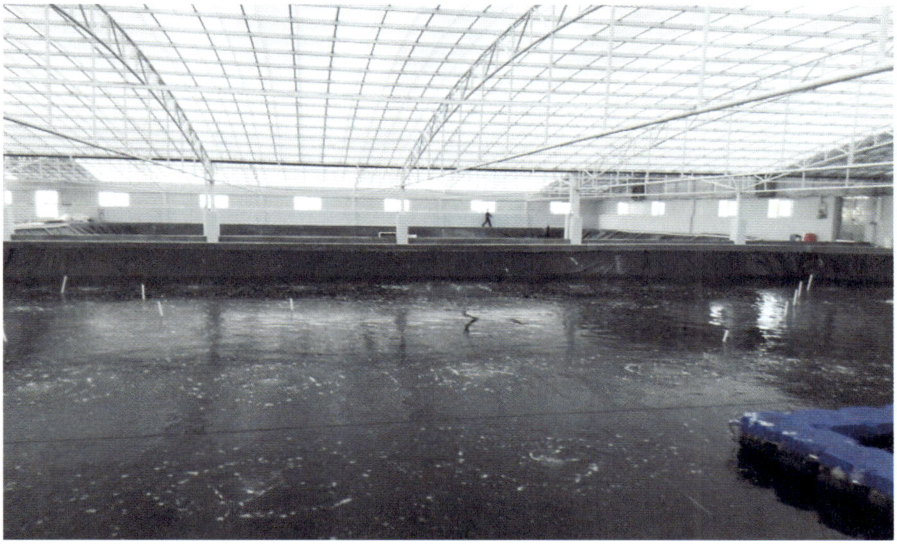

图13-22　海葡萄在对虾养殖尾水中的净化应用

3.鲍藻生态养殖技术　利用深圳大鹏基地150米^{2}的海葡萄池，循环净化162米^{3}的鲍鱼立体养殖池，养殖周期持续189天，成活率高达86%，保障产品正常顺利上市。循环水使用率达到95%（图13-23）。

图13-23　鲍藻生态养殖技术

五、效益评价

1.生态效益 海葡萄能够快速吸收水体和沉积物中的营养盐，通过营养盐的竞争和克生作用抑制海洋微藻的生长，实现对污染水体的修复。此外，其对海洋生态系统的物理、化学与生物学特性亦有重要影响，可有效改变海洋生物环境。同时，鱼藻生态混养技术可有效减少养殖废水排放，实现水产养殖产业的绿色发展（图13-24）。

图13-24 海葡萄室内高密度生态养殖

在固碳增氧能力上，100千克的海葡萄每小时光合作用可产生0.075千克的氧气，在生态养殖系统中，可起到增氧机的作用。

在生物过滤能力上，海葡萄藻体中的矿物质含量比例会根据生长海区、季节与环境因子等的不同产生明显变化，且可以看到海葡萄藻体对环境中的特定化学元素有较强的富集能力。在适宜的温度条件下，1公顷平面生长的海葡萄100天鲜重产量可达300吨以上，N、P吸收量可分别达到1500千克、350千克。

2.社会效益 海葡萄作为一种大型藻类，集食用和观赏价值于一身，球状颗粒晶莹剔透，水润饱满似葡萄，可结合景观渔业与休闲渔业，构建别具匠心的特色产品，促进休闲渔业发展。此外，发展海葡萄种植可以促进渔民转产转业，并带动周边地区相关产业的发展，促进渔民就业增收，具有良好的社会效益（图13-25至图13-27）。

3.经济效益 海葡萄营养丰富，具有独特的经济价值。随着海葡萄产业各环节标准的逐步建立，未来将进一步推动海葡萄养殖产业的发展壮大，带动上下游产业与地方经济的发展。通过国际化标准技术体系的建立，全面提升我国人工养殖海葡萄产品的全球市场份额（图13-28，图13-29）。

图13-25　海葡萄规模化生态养殖

图13-26　海葡萄养殖产业带动当地渔民就业

图13-27　海葡萄休闲渔业产业带动地方经济发展

图13-28　生鲜海葡萄产业经济

图13-29　海葡萄产业化高密度养殖

六、应用前景

图 13-30　海葡萄——植物性主食替代品

海葡萄具有较高的营养和医学价值，可广泛用于餐饮、护肤品、保健品和医药行业，符合中国大健康事业理念，市场潜力巨大（图13-30）。海葡萄生态种养模式可有效解决海水养殖污染问题，并能有效修复近岸海域生态环境。此外，海葡萄干藻粉可应用于工业废水中Cu^{2+}、Cd^{2+}、Pb^{2+}、Zn^{2+}等重金属离子的吸附，同时也是良好的碱性染料吸附材料。

海葡萄规模化养殖产业的发展，对海水养殖业的持续健康发展和沿海滩涂土地资源的开发利用具有重要意义，在当前形势下拥有巨大的产业化发展前景。未来，一方面将进一步开展海葡萄种养对海域生态净化效果及海洋立体净化模型的研究，为技术的改进和模式的优化提供科技支撑；另一方面，通过继续打造规模化的水质净化示范工程和生态修复样板工程，进一步推进相关技术的示范推广。同时，将继续加大对海葡萄后期精深加工技术的研发力度，提升海葡萄全产业链的开发价值。

1.海水养殖尾水治理　当前国家高度重视生态环境保护工作，海水养殖尾水排放问题受到社会的普遍关注。海葡萄在生物净化领域具有独特的优势，其净化技术可广泛应用于工厂及池塘海水养殖的尾水处理领域中，解决养殖水体富营养化问题。同时，有效改善水体活性，提升养殖海产品产量及品质（图13-31）。

图 13-31　养殖尾水净化应用

2.海域生态环境修复　我国近海海域生态环境日趋恶化，海域生态修复工作在各地普遍开展。在近岸海域，通过筏式养殖或底播移植等方式开展海葡萄的大规模种养，可有效优化海洋生态系统的结构和功能，改善海域生态环境（图13-32）。

图13-32　海葡萄海域水质净化

3.海洋经济发展　海葡萄规模化养殖技术和全产业链技术的开发完善可有力促进我国传统海水养殖业的转型升级，将对我国沿海耕海牧渔、海洋牧场（海洋农场）等诸多海洋经济发展模式产生深远的影响。从长远看，必将加快促进我国沿海地区海洋经济的发展（图13-33，图13-34）。

图13-33　海葡萄室内高效养殖技术

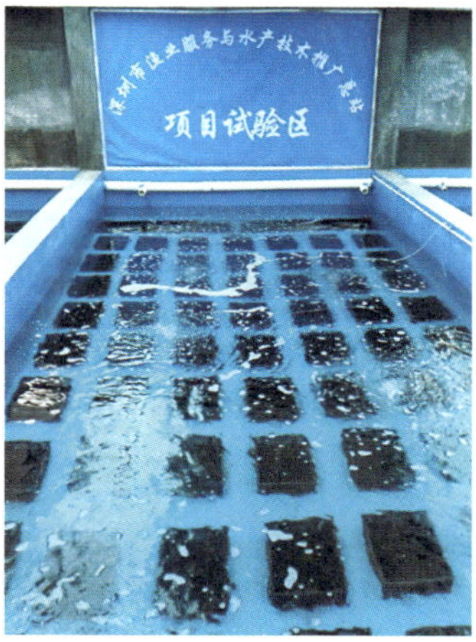

图13-34　海葡萄产业化养殖技术示范推广

七、公司介绍

深圳市蓝汀鼎执生物科技有限公司（简称蓝汀生物）成立于2005年，位于深圳国际生物谷海洋生物产业园（图13-35），是一家从事海洋生物育种和产业化技术开发与应用的国家级高新技术企业（图13-36），开发了一系列具有重要经济及生态价值的大型海洋藻类，在生态修复领域与绿色健康养殖领域走在国内前列。

图13-35　企业位于深圳国际生物谷海洋生物产业园

图13-36　海洋生物育种和产业化技术开发国家高新企业

公司在蕨藻的育种（图13-37）、培植及活性物质提取、鲍鱼育种、海马繁殖、海参养殖等领域拥有专利和非专利技术超过 15 项，积极承担各级政府相关课题项目的研究，是深圳市水产行业协会副会长单位、商务部 AAA 级诚信示范企业、深圳市“菜篮子”生产基地、深圳市绿色产业促进会会员、深圳市海洋产业协会会员，是深圳市最先通过ISO 22000食品质量安全管理体系和国际HACCP系统认证的海洋生物养殖科技型企业（图13-38）。

图13-37　海葡萄育种技术

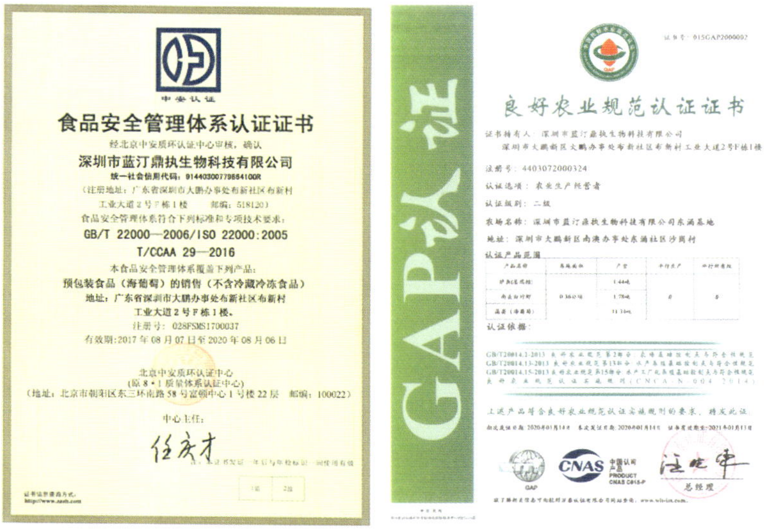

图13-38　海葡萄养殖技术管理体系认证

先进技术十四

低水头水利枢纽过鱼通道构建技术

技术概要

一、工作背景

水利枢纽在满足人类社会防洪、发电、灌溉、供水、航运等方面需求的作用巨大，为社会安全和经济发展提供了保障。但与此同时，水坝建设给河流生态系统带来众多负面影响，是对河流生态系统最普遍、最典型、最显著的一种干扰方式。水利枢纽建设阻断了鱼类的天然洄游通道，对鱼类生命周期、栖息空间、生活习性等诸多方面造成重要影响。我国，特别是南方水资源丰富，水利枢纽工程众多，且大多为低水头水利枢纽，前期由于生态保护意识、技术等的局限，绝大部分水利枢纽未修建过鱼设施。如何减缓水利枢纽对鱼类的影响、恢复河流连通是当前河流生态面临的一个难题。建造过鱼设施，使鱼类在克服水流落差的情况下过坝，让鱼类能进行生殖、索饵洄游或基因交流，是补偿水利工程给生态环境带来的不利影响的主要方式，对保护渔业资源、发展渔业生产有积极作用。

二、技术原理

根据主要过鱼对象的生物学特性（洄游季节、洄游特性和路线、游泳能力等）和水坝环境条件，在坝体或水坝旁边设置结构物和设施，供鱼类通过水坝、水闸等障碍物，以便沟通鱼类洄游路线，恢复鱼类洄游生活，让鱼类能进行生殖或索饵洄游。鱼道的设置需要依据鱼类的克流能力按一定的坡比设计，高坝受坝址周边空间位置的限制，建设鱼道比较困难。通常，可广泛推广坝高在25米以下的低水头水利枢纽加建过鱼通道。

三、技术方法

首先收集分析水利枢纽结构参数、水文情势、地形环境和运行机制等相关资料，现场考察后确定过鱼设施加建位置、鱼道类型、鱼道入口、出口位置；通过对水利枢纽所在水域上下游鱼类群落进行调查，确定过鱼对象；根据过鱼对象的生物学（体长、体高等）特性确定鱼道流速、水池高度、坡比等设计参数，完成鱼道结构设计。鱼道建成后，组织专人管理，开展常规监测，积累资料，制定管理运行和观测规章制度。最后，对鱼道过鱼效果展开长期监测，评价过鱼成效。

四、工作成效

2011年，在珠江流域北江水系支流连江的连江西牛航运枢纽加建鱼道，首次试验获得成功，超50%的种类通过鱼道成功上溯，高峰过鱼量达2000尾/小时，过鱼效果优良，为全国众多低水头水利枢纽的鱼道加建提供了示范。目前，广东省境内完成不同类型的鱼道示范工程10座，这些电站均属补建鱼道范畴。研究团队根据不同电站的环境条件，进行了排污闸改造鱼道工艺、泄水闸改造鱼道工艺、排漂槽改造鱼道工艺、管道型工艺鱼道、泄洪渠-鱼道混合功能型鱼道工艺、船闸侧等鱼道工艺示范。

五、适用范围

过鱼道通构建技术适用于低水头水利枢纽过鱼通道新建和低水头水利枢纽过鱼通道补建等。过鱼通道效果监测还适用于鱼类保护科普教育、鱼类洄游生物学研究以及对过鱼通道构建技术的研究。

六、应用前景

我国水电开发事业蓬勃发展，然而，对与之配套的过鱼设施的研究和建设却起步较晚，发展缓慢，其建设数量和运行效果都与要求相差甚远。加快对过鱼设施的研究和建设，建立生态环境友好型的水利水电工程体系势在必行。过鱼通道作为连通鱼类洄游路线的一种重要设施，可以在一定程度上补偿水利工程给生态环境带来的不利影响，对保护渔业资源、恢复水域生态功能具有重要意义，在当前形势下具有广阔的发展前景。

七、相关建议

（1）加强对水利枢纽工程河段或区域生态环境特征代表性生物（鱼类）的研究，并加强对其原型生境要素的监测。

（2）开展共性特征鱼类生态习性、游泳能力试验和鱼道水力条件的研究。

（3）进行新型过鱼设施的研制和鱼类下行设施的研究。

（4）加强水利枢纽建设及运营对鱼类生存环境叠加累积影响的研究。

（5）制定河流连通（加建过鱼设施）技术准则和规范，将河流连通、过鱼设施建设纳入河流健康评价体系。

一、技术路线

低水头水利枢纽过鱼通道构建技术路线见图14-1，共分为4个步骤。

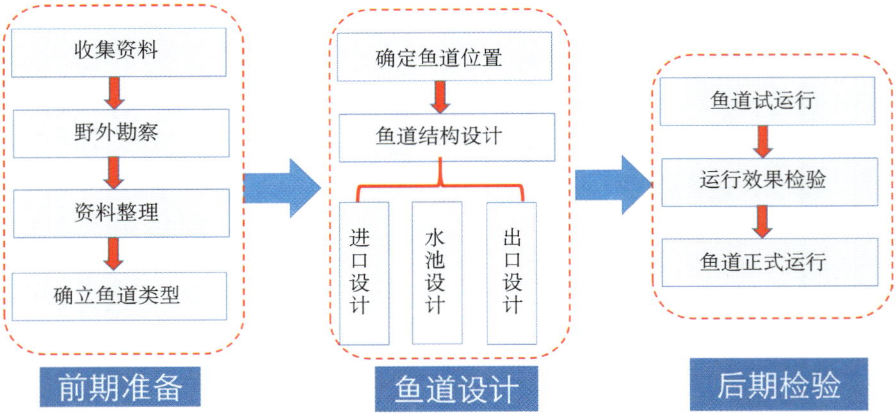

图14-1　鱼道设计技术路线

1.确立鱼道类型　收集分析需要加建鱼道的水利枢纽的设计工艺、结构、运行方式、水文等相关资料，进行现场勘察，调查了解主要过坝鱼类的种类、习性、溯游能力、过鱼季节及与鱼类相关的其他生态因素，确立鱼道类型。

2.鱼道的设计　根据水坝结构与运行方式确定鱼道布设位置和入口、出口位置，鱼类常依靠水流的吸引进入鱼道，鱼道入口一般布置在经常有水流下泄、鱼类洄游路线及鱼类经常集群的地方。对主要过鱼对象的生物学（体长、体高）特性、上溯习性、克流能力进行调查，确定鱼道流速、水池高度、坡比等关键设计参数，完成鱼道设计。中国水产科学研究院珠江水产研究所李新辉等发明了“一种适用于低水头水坝的过鱼通道加建方法”（图14-2），为低水头水坝加建过鱼通道提供了技术支持与示范。

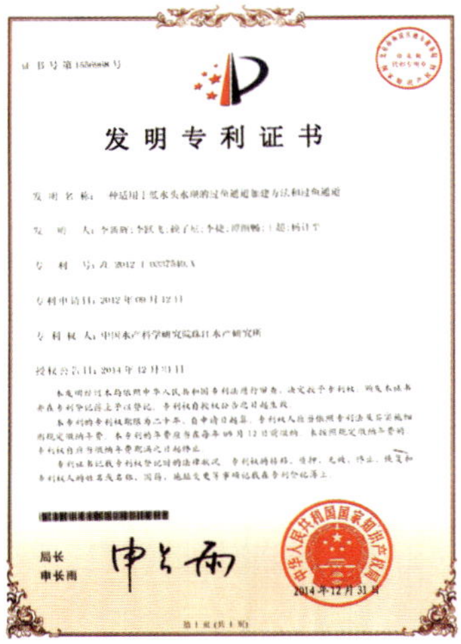

图14-2　一种低水头坝加建鱼道发明专利

3.鱼道运行管理　鱼道建成后需专人管理，通过长期观测，积累资料，制定管理运行和观测规章制度。通常应全年运行，保障鱼类通行的需求，充分发挥鱼道功能，冬季要对鱼道进行维修和保养。鱼道管理与观测人员要具有水利和水产方面的专业知识，熟悉鱼类的洄游规律与生态习性。

4.鱼道效果评价　鱼道过鱼效果评估是衡量鱼道是否有效的一个关键环节，对鱼道设计技术的改进与调整起关键作用。鱼道过鱼效果监测的具体内容包括过鱼种类组成、种群结构、季节变动、昼夜差异、主要过鱼对象性腺发育、影响过鱼效果的环境因子等。

二、鱼道运行效果

1.西牛航运鱼道简介 2011年，中国水产科学研究院珠江水产研究所李新辉研究员会同国内外有关专家共同负责鱼道技术设计，在珠江流域北江水系连江支流的连江西牛航运枢纽（图14-3）进行加建鱼道试验，获得成功。该鱼道是我国首座加建在水坝主体结构的鱼道，为全国众多低水头梯级拦河坝的鱼道加建提供了示范（图14-4）。

图14-3 连江航运枢纽布置图

图14-4 连江西牛航运枢纽加建过鱼道设施（绿色及下连延伸部分）

西牛航运枢纽年平均流量339亿米^3/秒，电站最大工作水头4.85米。鱼道加建工程改造靠近发电厂房的排污闸，作为布设鱼道出口位置，垂直竖槽式鱼道全长82米，沿发电厂房挡水墙向下游架设，坡度1/16，进鱼口靠近发电尾水。鱼道本体高度为1.8米，竖槽宽度为0.2米，水池之间的落差为0.1米，通流宽度为1.0米。

2.鱼道过鱼效果监测

（1）**鱼道监测方法**。鱼道监测的方法主要有张网法、堵截法、标志法、电捕法和自动计数法。本研究用张网法、堵截法这两种方法，在出鱼口设置张网，针对上溯的种类进行监测采样（图14-5，图14-6）。每隔8小时采样一次，采样时间为6：00、14：00、22：00，每月采样2天。水文因子流速、流量、含沙量、鱼道下游水位来自鱼道下游高道水文站，取每月22—23日的数据，鱼道上游水位来自西牛航运枢纽每日记录数据，水温、溶解氧、pH采用便携式多参数水质分析仪（YSI6600-02，USA）现场测定，透明度采用萨克斯盘测定。

图14-5　张网法

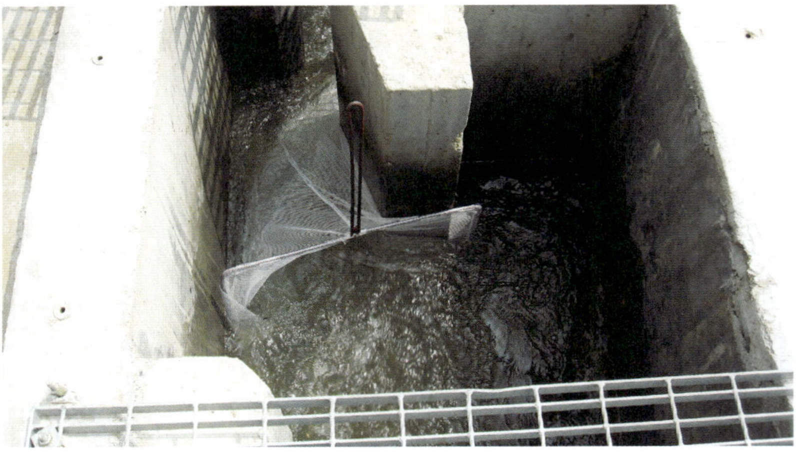

图14-6　堵截法

(2) 监测结果

①鱼道上、下游水域环境因子。2013年1—12月，每月20—22日，西牛鱼道下游平均水位为22.83～24.01米，平均流量为132.67～774.33米^3/秒，平均流速为0.06～0.56米/秒，平均含沙量为0.002～0.04千克/米^3；上游水位为28～28.5米，透明度为0.5～0.9米，pH为7.04～7.33，水温为17.2～25.2℃，溶解氧为7.75～8.09毫克/升（图14-7）。

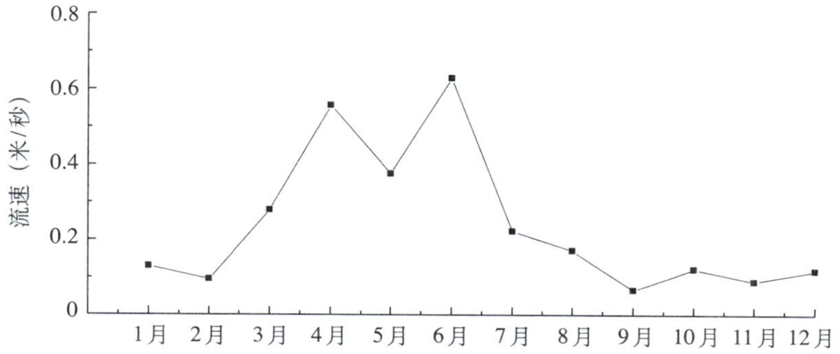

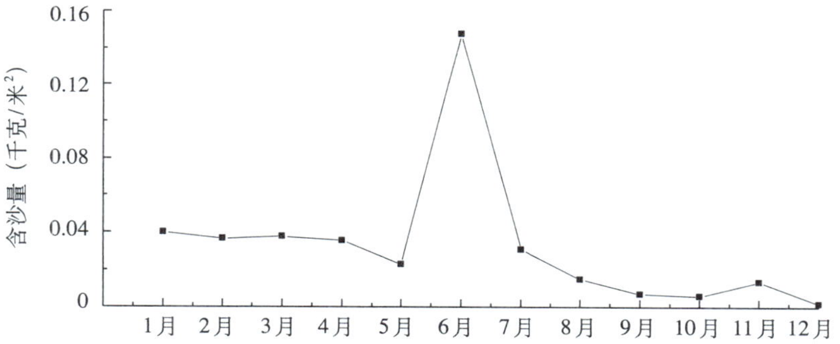

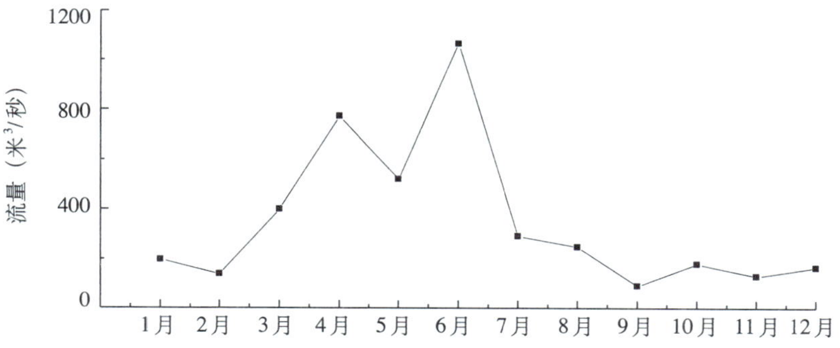

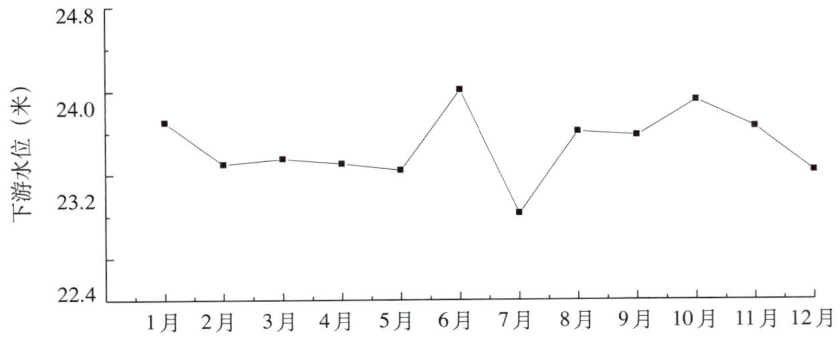
24.8
24.0
23.2
22.4
下游水位（米）
1月
2月
3月
4月
5月
6月
7月
8月
9月
10月
11月
12月

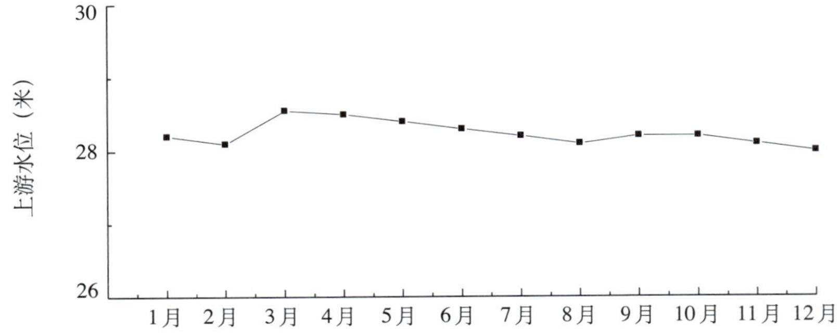
30
28
26
上游水位（米）
1月
2月
3月
4月
5月
6月
7月
8月
9月
10月
11月
12月

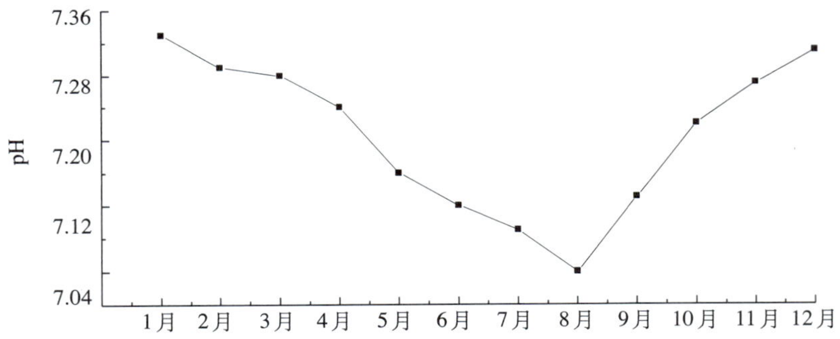
7.36
7.28
7.20
7.12
7.04
pH
1月
2月
3月
4月
5月
6月
7月
8月
9月
10月
11月
12月

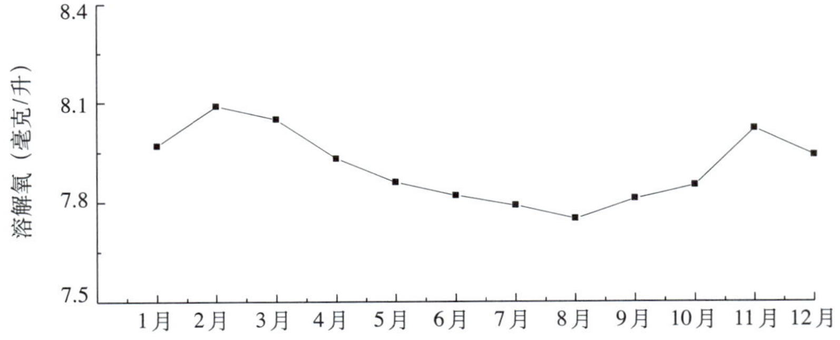
8.4
8.1
7.8
7.5
溶解氧（毫克/升）
1月
2月
3月
4月
5月
6月
7月
8月
9月
10月
11月
12月

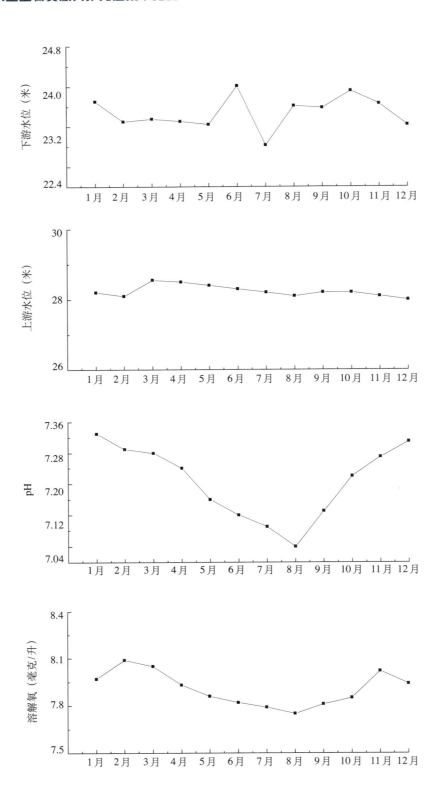

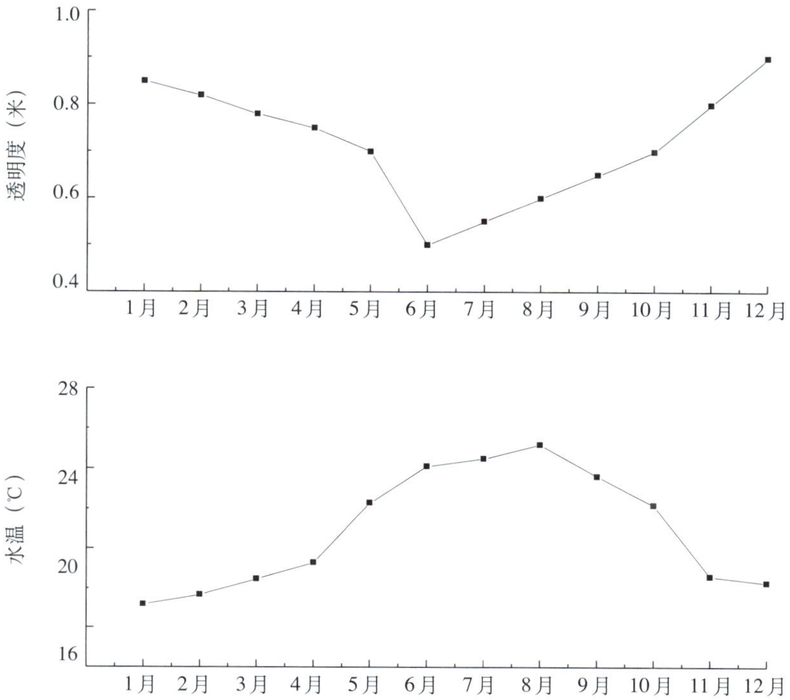

图14-7　2013年西牛鱼道上下游水环境因子变动

②鱼道过鱼种类组成。2013年1—12月，在西牛鱼道共捕获鱼类16135尾，计41种，属于4目9科33属（表14-1），近年调查在鱼道下游水域分布有鱼类77种，分属于6目16科67属，过鱼的种类占该水域总种类数的53.2%，效果显著（图14-8至图14-13）。

表14-1　鱼道监测期过鱼种类组成情况

编号	种类	数量百分比（%）	质量百分比（%）	体长（厘米）	体质量（克）
SP1	南方波鱼	0.031	0.014	3.4～5.5	2.6～3.5
SP2	拟细鲫	0.037	0.022	3.3～5.7	3.3～5.9
SP3	马口鱼	0.105	0.476	8.3～15.3	24.4～45.3
SP4	宽鳍鱲	0.087	0.183	8.9～10.8	10.2～18.2
SP5	草鱼	0.006	0.057	28	60.6
SP6	赤眼鳟	0.155	4.202	17.6～37.5	69～328
SP7	海南红鲌	0.012	0.056	14.7～17.9	25～38.7

（续）

编号	种类	数量百分比（%）	质量百分比（%）	体长（厘米）	体质量（克）
SP8	广东鲂	0.019	0.194	16.2 ~ 18.5	65.2 ~ 76.8
SP9	南方拟餐	0.359	0.56	7.5 ~ 16.5	15.2 ~ 35.8
SP10	餐	0.694	2.196	10.8 ~ 13.5	19.8 ~ 26.3
SP11	棒花鱼	0.217	0.098	3.5 ~ 6.7	2.8 ~ 4.3
SP12	银鮈	36.796	16.632	4.6 ~ 6.8	2.1 ~ 4.5
SP13	点纹银鮈	0.112	0.067	3.7 ~ 5.6	2.5 ~ 5.6
SP14	麦穗鱼	0.223	0.202	4.5 ~ 8.7	5.8 ~ 7.9
SP15	乐山小鳔鮈	30.964	23.326	4.8 ~ 7.7	4.2 ~ 5.6
SP16	黑鳍鳈	0.025	0.037	8.1 ~ 12	7.9 ~ 13
SP17	小鳈	6.532	3.937	4.5 ~ 6.3	2.4 ~ 6.1
SP18	鲤	0.019	2.288	12.5 ~ 38.7	45.3 ~ 1284
SP19	鲫	0.093	0.49	9.8 ~ 10.7	27.4 ~ 47.2
SP20	鲮	0.099	0.448	11.4 ~ 13.2	26.7 ~ 38.8
SP21	侧条光唇鱼	0.267	0.723	9.4 ~ 10.5	12.6 ~ 24.3
SP22	高体鳑鲏	0.669	0.322	3.3 ~ 4.7	2.9 ~ 4.3
SP23	越南鱊	0.143	0.086	3.6 ~ 6.1	3.2 ~ 5.4
SP24	短须鱊	0.421	0.317	3.6 ~ 6.1	4.3 ~ 5.2
SP25	美丽沙鳅	0.056	0.03	4.5 ~ 6.2	2.6 ~ 4.1
SP26	沙花鳅	0.050	0.022	4.1 ~ 5.5	2.1 ~ 3.8
SP27	美丽小条鳅	0.236	0.177	6.2 ~ 9.3	4.1 ~ 6.5
SP28	壮体沙鳅	0.180	0.108	5.3 ~ 6.5	2.8 ~ 5.7
SP29	贵州细尾爬岩鳅	0.105	0.476	3.6 ~ 4.9	2.1 ~ 3.6
SP30	平舟原缨口鳅	0.025	0.019	5.3 ~ 5.9	4.7 ~ 5.6
SP31	黄颡鱼	0.105	0.317	11.1 ~ 13.6	21.2 ~ 28.8
SP32	中国少鳞鳜	0.043	0.654	12.9 ~ 15.8	74 ~ 118
SP33	大眼鳜	0.081	3.642	22.5 ~ 26.8	278 ~ 324

（续）

编号	种类	数量百分比（%）	质量百分比（%）	体长（厘米）	体质量（克）
SP34	波纹鳜	0.012	0.046	10.2～12.6	30.8～49.6
SP35	斑鳜	2.020	18.265	10.6～23.8	26.8～179.3
SP36	子陵吻鰕虎鱼	14.118	8.509	4.8～6.6	2.7～5.8
SP37	溪吻鰕虎鱼	2.808	1.269	3.5～5.8	3.1～5.4
SP38	大刺鳅	0.198	0.837	20.2～30.5	31.6～86.6
SP39	刺鳅	0.025	0.336	18～30.7	23.8～108.6
SP40	尼罗罗非鱼	1.828	8.264	7.7～13.6	15.5～82.3
SP41	间下鱵	0.031	0.093	3.7～5.2	2.8～3.4

图 14-8　进入鱼道上溯的鱼群

图 14-9　鱼道采样现场

图 14-10　不同种类、不同个体上溯鱼

图 14-11　监测现场上溯的最大个体鱼

图14-12　上溯鱼性腺发育良好（示发育卵巢）

图14-13　上溯鱼性腺发育良好（示成熟的精液）

③过鱼季节差异。监测发现，在不同的月份，进入鱼道的种类、数量存在较大差异。种类以5月最多，有21种，12月最少，只有4种；鱼类个体数量以4月最多，有5324尾，其次是5月，有4517尾，12月最少，只有99尾（图14-14）。

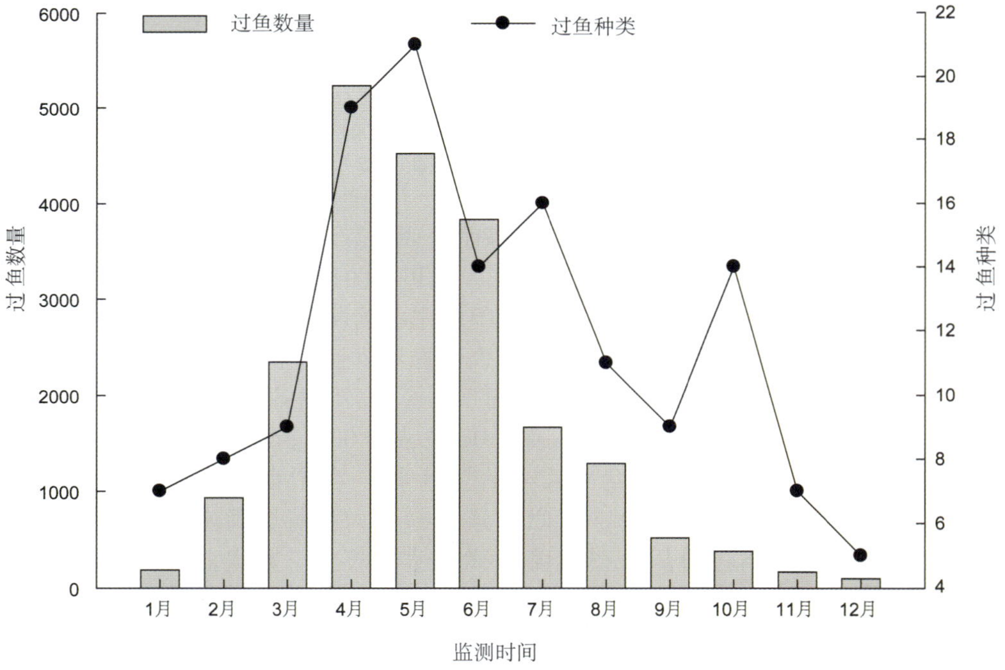

图14-14　西牛鱼道渔获种类、数量季节差异

④影响鱼道过鱼效果的环境因子。对鱼道内各月份采集的鱼类群落与水坝下游流速、含沙量、流量、水位、pH、溶氧、透明度、水温、水坝上游水位9个环境因子进行冗余

分析（RDA）（图14-15），发现流速、流量与上游水位等因子主要贡献于RDA轴1，透明度、水温与pH等环境因子主要贡献于RDA轴2，经过1000次随机置换检验发现，流速、流量、上游水位和透明度4个因子对过鱼效果影响显著（$P<0.05$），其中上游水位、流速、流量为正相关，透明度为负相关。

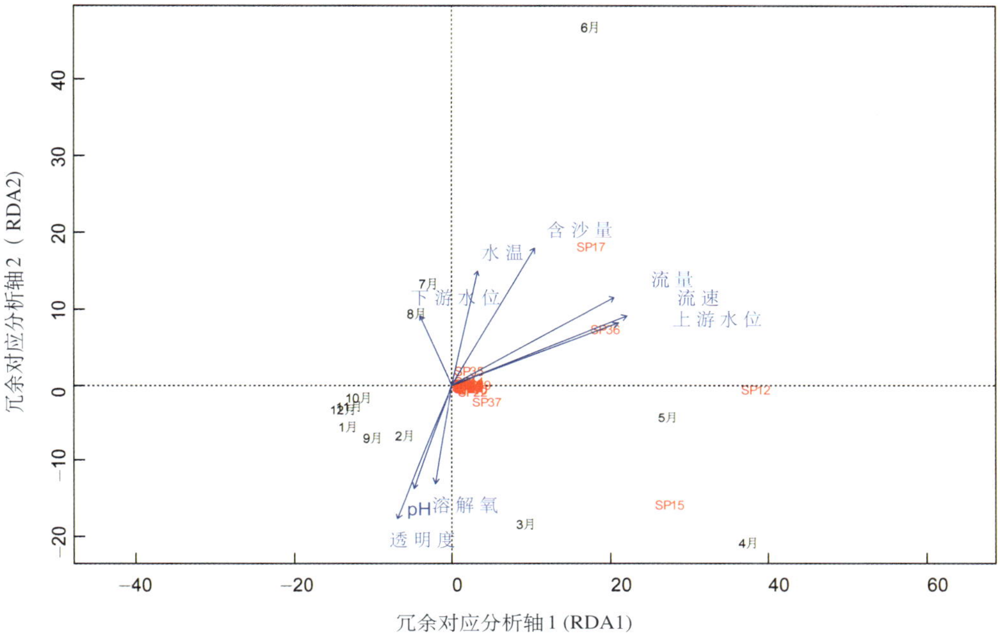

图14-15　过鱼群落与环境因子冗余分析（RDA）

三、典型案例

目前，广东省境内完成鱼道示范工程10座，分别在韩江、东江、北江支流的连江，这些电站均属补建鱼道范畴（环评要求建，而鱼道未纳入整体建设）。河流生态系统保护形成广泛共识之后，建设过鱼通道的许多问题都可迎刃而解，下面介绍几个加建鱼道的典型案例。

1.东江罗营口电站鱼道（利用泄水闸过坝）　东江罗营口电站过鱼通道利用紧邻电站厂房的泄水闸改造而成，鱼道与内径1.3米 × 1.65米的长方形水槽连接，每个水池级差0.1米（每米水头设计10个水池）。结合电站的实际情况，采用竖缝式鱼道，竖缝宽度0.25米，鱼道通流宽度约1.3米,通流高度1.2米，鱼道高度约1.8米。鱼道入鱼口底部高程68.2米，出鱼口在电站最低运行水位为76.1米。东江罗营口鱼道建设利用了最后一孔泄洪孔的部分空间，并通过调整泄洪与鱼道运行模式，兼顾鱼道运行与泄洪孔泄洪功能（图14-16）。

图14-16　东江罗营口电站加建鱼道

2.东江蓝口电站鱼道（采用隧洞过坝）　东江蓝口电站鱼道采用隧洞过坝、坝下明渠方式（图14-17）。鱼道通流宽度1.3米，采用竖缝式，竖缝宽度0.25米，鱼道水深1.2米，阻水隔板高1.3米，鱼道本体高1.8米。设计鱼道需水流量约0.36米^3/秒，竖缝最大流速1.4米/秒。鱼道与内宽1.3米×长1.6米的长方形水槽连接，坡比1 ： 16，每个水池级差0.1米（每米水头设计10 个水池）。鱼道内设计通水高度1.2米，水槽高度1.6米，内设高1.2米的阻水结构。竖缝宽度0.25米，竖缝最大流量约1.4米/秒。

图14-17　东江蓝口电站加建鱼道

3.东江柳城电站鱼道（利用排涝涵洞过坝）　东江柳城电站左岸排洪渠共3740米，底宽2.3米，平均纵坡1 ： 1000，在土堤上游坡脚处建控制闸，穿过电站枢纽，在电站尾水导墙边埋设预制砼管，直径1.8米，采用压管设计。利用直径1.8米、长度440米的排水渠，经改造，将其建设成连接上下游的鱼道。

（1）采用竖缝式，竖缝宽度0.25米，通流高度0.9米。

（2）在上游涵洞口与排洪渠连接处建水闸，控制洪水及泄水。

（3）在涵洞底部垫高约0.16米，沿涵洞轴线形成1.0米宽、坡比1 ： 1000的斜面。

（4）在1.0米宽的斜面上，沿涵洞轴线砌一堵1.0米的墙，将1.0米宽的斜面分成0.4米和0.6米两部分。0.6米部分用于改建鱼道；0.4米部分在上游涵洞口与改造的排洪渠连接，洪水期用于排涝，平时排水少，可作为鱼道检修通道。

（5）在400米涵洞内，设宽1.1米 × 长2.0米 × 高1.0米的水槽，首尾连接（每隔30米间隔设一个宽1.1米 × 长4.0米 × 高1.0米的水槽）。

上游用明渠连接涵洞鱼道，明渠同样采用1.1米 × 长2.0米 × 高1.0米的水槽首尾连接，至东江形成鱼道出口。鱼道出口下潜设计，低于上游电站运行水面1米，并设计水闸，可控制鱼道流量。

4.东江苏雷坝电站加建鱼道（利用排漂设施过坝） 东江苏雷坝电站设计了排漂设施（图14-18），加建鱼道方案将废弃的排漂设施改造为鱼道过坝的通道。

上游坝体结构上的方孔为原设计的入漂口

坝体内结构上的方孔为原设计的入漂口及贮存漂物的池

排漂槽过坝体结构

下游坝体结构排漂槽

图14-18　排漂设施

在高程70.8～72.0米处开0.6米×1.2米口（出鱼口成喇叭形）作为鱼道出鱼口，底部高程定为70.8米，后连接鱼道；在出鱼口挡水墙内与鱼道连接处设置水闸，可控制进入鱼道的水量；鱼道本体高1.8～2米、宽1.6～1.8米，混凝土建筑，凹型长槽，通流宽度1.3米，中间每隔2.0米做阻水结构，鱼道用左右两侧伸出的阻水隔墙分隔成串连的水槽，阻水结构高1.2米，每个水槽0.1米（按1∶20坡降、每个水槽长2.0米、宽度1.3米、高度约1.8米）。另每隔25米设一个长4.0米、宽度1.3米、高度高约2.0米的水槽作为鱼的休息室。鱼道全长100米，竖缝0.25米，竖缝最大流速1.39米/秒，鱼道流量0.352米³/秒。

鱼道自出鱼口A（顶部高程定为72.0米，底部高程定为70.8米）至入鱼口（顶部高程定为67.0米，底部高程定为65.8米）按1∶20坡比架设（图14-19，图14-20）。

图14-19　苏雷坝电站鱼道布设分解（A～C）

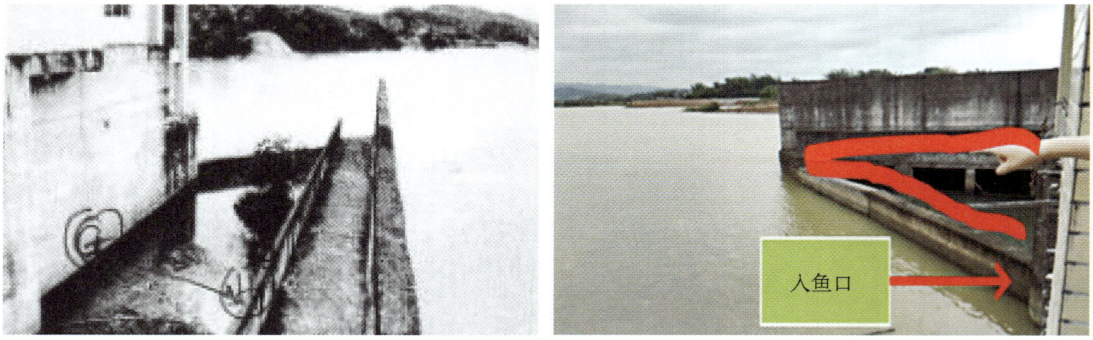

图14-20　苏雷坝电站鱼道入鱼口布设

A～B点，需要起鱼道承重平台；B～C点可利用排漂槽承重。

C点至入鱼口（顶部高程定为67.0米，底部高程定为65.8米）需要加鱼道承重结构。

C点至入鱼口距离达不到1∶20坡降要求时，鱼道可在C点（入鱼口可在G～H位置间）采用回形折叠方式增加长度，实现1∶20坡降要求。

四、研究团队

中国水产科学研究院珠江水产研究所渔业资源生态研究室研究团队（图14-21）针对渔业资源领域开展渔业资源监测、鱼类生物多样性保护、水生生态修复等方面的研究工作，系统研究珠江渔业资源变动规律、鱼类种群竞争行为、鱼类对全球环境变化的响应与演替规律，构建了“珠江漂流性仔鱼生态信息库”研究平台，首次在水坝主体补建过鱼通道，建立了渔业资源、增殖放流效果、过鱼效果等技术方法体系。

图 14-21　中国水产科学研究院珠江水产研究所渔业资源养护团队

先进技术十五

多级人工湿地净水技术

技术概要

一、工作背景

随着国家对水域生态环境保护工作的日益重视，水产养殖尾水排放问题已受到各方的高度关注，相关政策法规均对水产养殖尾水排放提出严格要求。近年来，在中央生态环境保护督察高压态势下，各地纷纷加大水产养殖清理整治力度，对水产养殖业造成较大影响。在当前形势下，为推进水产养殖可持续发展，亟待找到一种水产养殖尾水治理方法，既能切实减轻对生态环境造成的不利影响，又方便易行，具有可操作性。

二、技术原理

人工湿地是由人工建造和控制运行的与沼泽地类似的地面，是将污水、污泥有控制地投配到经人工建造的湿地上，在其沿一定方向流动的过程中，利用土壤、人工介质、植物、微生物的物理、化学、生物三重协同作用，对污水、污泥进行处理的一种技术。其作用机理包括吸附、滞留、过滤、氧化还原、沉淀、微生物分解、转化、植物遮蔽、残留物积累、蒸腾水分、养分吸收及各类动物的作用。人工湿地处理系统具有缓冲容量大、处理效果好、工艺简单、投资省、运行费用低等特点，较为适合处理水量不大、管理水平不是很高的水产养殖尾水。

三、技术方法

针对水产养殖尾水“三高一低”的污染特点，采用科学组合沉淀池、过滤坝、曝气池、生物净化池等整套治理设施的多级人工湿地净化尾水治理模式，有效净化水产养殖排放尾水。人工湿地系统水质净化的关键在于工艺的选择、对植物的选择及应用配置。在目前较为成熟的模式中，养殖尾水处理面积可根据不同养殖品种和养殖方式确定，一般为不小于养殖总面积的6%～10%，处理工艺流程主要包括“四池二坝”或“四池三坝”，沉淀池、曝气池、生物净化池、洁水池的比例约为45 ：5 ：10 ：40。

四、工作成效

浙江省湖州市全力推进水产养殖尾水全域治理，截至2018年底，利用该技术已累计治理养殖池塘水域面积28.6万亩，形成“三池两坝”“一渠一湿地”等治理模式。尾水设施运行后，悬浮物、总氮、总磷、化学需氧量（COD）等含量大幅下降。一是显著增加水体中的透明度，增幅达到150%以上。二是有效降低了水体中的悬浮物含量，降幅平均达到50%以上，符合淡水池塘水一级排放标准。三是大幅降低了水体的总氮总磷含量，处理前后降幅均达到60%以上，且均达到地表水3类标准。四是显著降低水体COD含量，降幅均达到50%以上，且均达到地表水4类标准以上。

五、适用范围

该技术可应用于内陆池塘和工厂化设施养殖等尾水治理，以及中小型湖泊、城市水系等富营养化水体。

六、应用前景

随着经济社会的不断发展，内陆水域环境污染问题不断加剧。当前，国家对生态环境保护工作日益重视，水域环境保护工作的重要性日益凸显，水域环境治理工作正在各地深入开展。多级人工湿地处理技术已相对成熟，由于具有可复制、易推广等特点，利用该技术开展养殖水域和公共水体环境治理具有较好的应用前景。

七、相关建议

（1）加强基础研究，进一步优化净水技术，探索海水、中小型湖泊、城市水系等富营养化水体的治理技术。

（2）注重选择和搭配适宜的湿地植物，研究常绿植物的品种开发利用技术。

（3）编制处理技术规范，便于规范化、标准化地全面推广。

（4）加强对治理设施设备的日常运行监管，确保设施设备的正常运转。

（5）加大财政支持力度，主要用于处理后的水质监管与评价、人工维护、设施装备更新等，进一步健全长效机制。

一、工作背景

1.问题产生 随着我国畜禽、水产等行业的快速发展，养殖空间不断拓展，养殖规模和产量不断提高，产业发展给环境带来的负面影响也逐渐被人们所关注。特别是以片面追求产量提高为目的的粗放式养殖发展方式，带来了养殖密度过高、污染排放加重、水域生态环境恶化等突出问题（图15-1）。

图15-1　养殖污染现状

2. 问题解决　随着国家对水域生态环境保护工作的日益重视，出台的相关政策法规均对废水排放和地表水水质提出严格要求。尤其是“水十条”出台后，各地纷纷加大了对畜禽、水产养殖的清理整治力度（图15-2），对相关产业发展造成了较大影响。

图15-2　环保督察水产养殖整改

在当前形势下，为推进养殖业可持续发展，亟待找到一种养殖尾水治理方法，既能切实减轻对生态环境造成的不利影响，又方便易行，具有可操作性（图15-3）。

图15-3　多功能生态塘

二、技术原理

（一）水产养殖尾水污染来源

投放的饲料约有10%～20%未能被摄食，以溶解和颗粒物的形式排入水体环境中。摄入的饲料中仅有20%～25%的N和25%～40%的P用于养殖对象生长，剩余75%～80%的N和60%～75%的P会被排入周边水体（图15-4）。

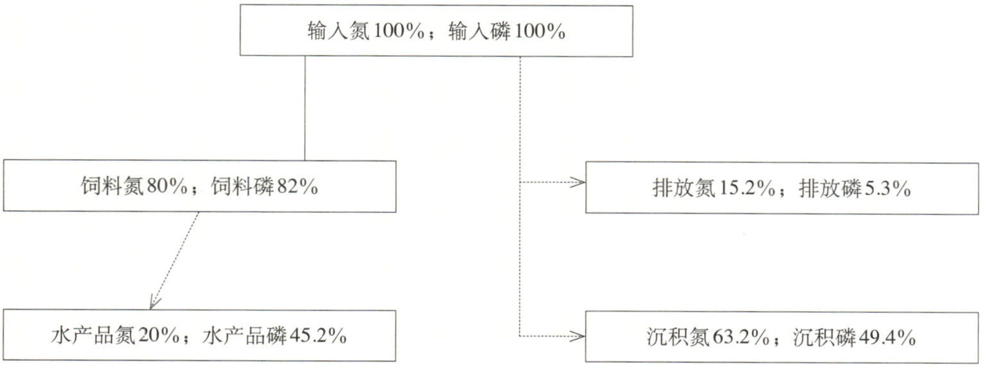

图15-4　池塘养殖氮、磷转化比例

- ◆ 大宗淡水鱼类池塘养殖水体中的总氮、氨氮、硝氮、COD和总悬浮物的平均浓度可分别达到2.5毫克/升、0.5毫克/升、7.4毫克/升、0.01毫克/升、25毫克/升和165毫克/升以上（表15-1）。
- ◆ 池塘底质土壤中总氮、总磷和有机质含量分别超过自然土壤7倍、1.5倍和4倍以上。养殖排放水和底质沉积污染是水产养殖污染的主要形式。

表15-1　大宗淡水鱼池塘的污染排放系数（江浙地区）

测试内容	悬浮物（SS）	重铬酸盐指数（COD_{cr}）	高锰酸盐指数（COD_{Mn}）	生化需氧量（BOD_5）	氨氮（NH_3-N）	硝酸盐氮（NO_3-N）	总氮（TN）	总磷（TP）
范围（毫克/升）	5 ~ 16.9	32 ~ 91.8	8 ~ 20.3	4 ~ 16.7	0 ~ 5.35	0 ~ 4.08	2 ~ 9.72	0.1 ~ 0.4
均值（毫克/升）	116	63.3	15.6	10.8	1.54	1.45	5.5	0.28
净排放（千克/公顷）	2280	999	199	145	13.5	12.7	101	4.95

（二）富营养化水体

富营养化是一种氮、磷等植物营养物质含量过多引起的水质污染现象，部分城市水系和天然湖泊也属于富营养化水体（图15-5）。养殖尾水具有“三高一低”特点，即悬浮物含量高、氮磷含量高、COD含量高、水色透明度低，属于富营养化水体。

图15-5　富营养化水体

有别于其他有毒有害水体以及高浓度有机废水，水产养殖尾水可以作为植物和微生物生长的营养物质，通过人工湿地净化处理，可以将其转化为可以利用的资源（图15-6）。

图 15-6　人工湿地

（三）人工湿地

人工湿地始于20世纪70年代，主要应用于工农业污水处理，近年来逐步应用于池塘养殖尾水治理。

1. 主要形式（图 15-7）

（1）表面流（或水平流）人工湿地。

（2）潜流人工湿地。

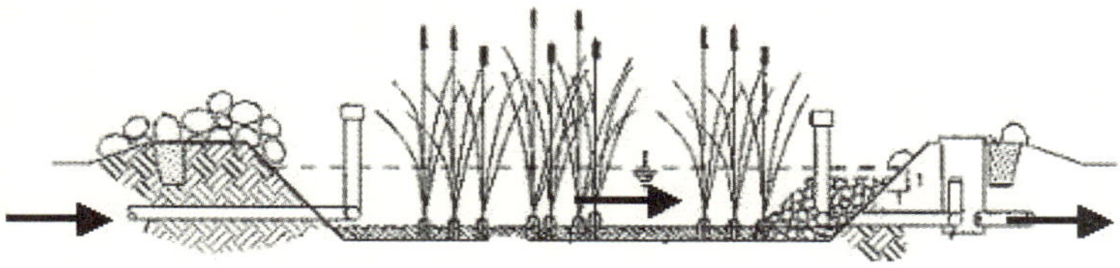

表面流人工湿地系统

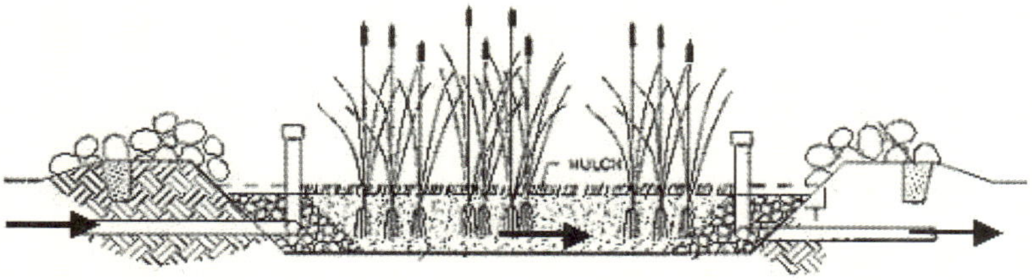

潜流人工湿地系统

图 15-7　表面流和潜流人工湿地运行形式

2. 人工湿地去除污染物的机理

（1）植物过滤（藻类过率、水培植物）。

（2）微生物过滤（硝化作用滤器、脱氮滤器）。

3. 问题与前景

（1）建设问题。主要包括占地面积大、建设成本较高等经济问题，以及需要定期人工维护的管理问题等。

（2）技术问题。主要包括有机物的去除效率、水力负荷影响净化效果及基质易堵塞问题等。

4. 人工湿地污水处理技术的国内外应用

（1）国内。我国人工湿地污水处理技术主要应用于生活污水、工业污水、矿山污水、垃圾渗滤液和暴雨径流（图15-8）。

图15-8　人工湿地处理居民生活污水和暴雨径流

（2）国际。在美国，有600多处人工湿地工程用于处理市政、工业和农业废水（图15-9），其中400多处人工湿地被用于处理煤矿废水，50多处人工湿地用于处理生物污泥，近40处人工湿地处理暴雨径流，超过30处人工湿地系统用于处理奶产品加工废水。

图15-9　人工湿地处理煤矿废水和暴雨径流

（四）人工湿地的净化原理

（1）人工湿地主要利用土壤、人工介质、植物、微生物的物理、化学、生物三重协同作用，对污水、污泥进行处理（图15-10）。

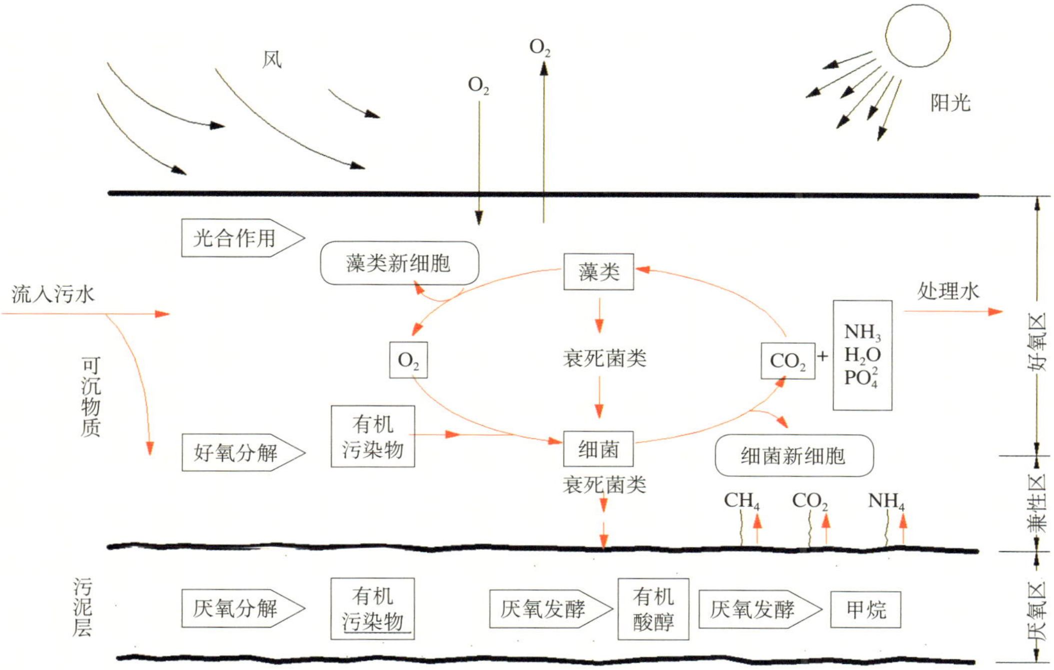

图15-10　人工湿地净化原理过程

（2）其作用机理包括吸附、滞留、过滤、氧化还原、沉淀、微生物分解、转化、植物遮蔽、残留物积累、蒸腾水分、养分吸收及各类动物的作用（图15-11）。

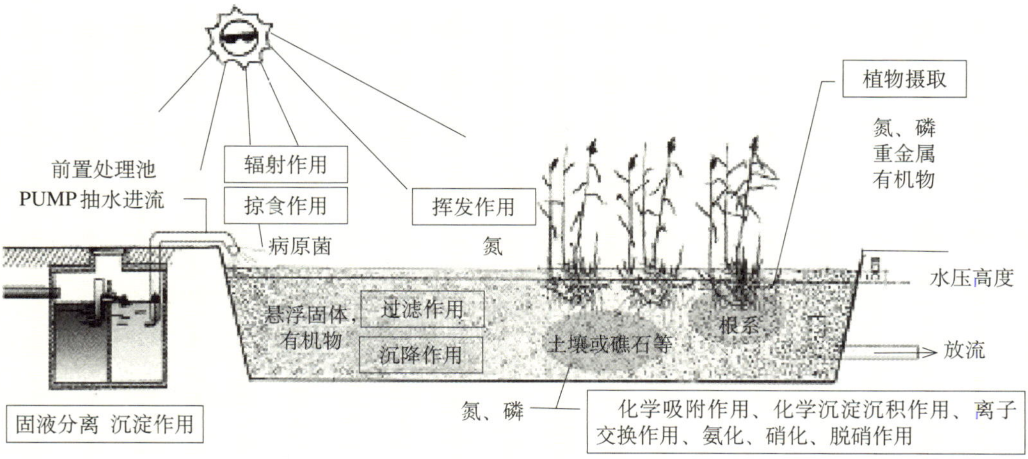

图15-11　人工湿地净化原理示意图

(3) 人工湿地处理系统具有缓冲容量大、处理效果好、工艺简单、投资小、运行费用低等特点，较适合处理水量不大、管理水平不高的水产养殖尾水处理。

三、技术方法

1.技术路线 多级人工湿地处理原理包括：①物理作用：过滤、沉淀；②化学作用：吸附、挥发；③生物作用：植物吸收、微生物分解、水生动物净化。具体处理流程见图15-12。

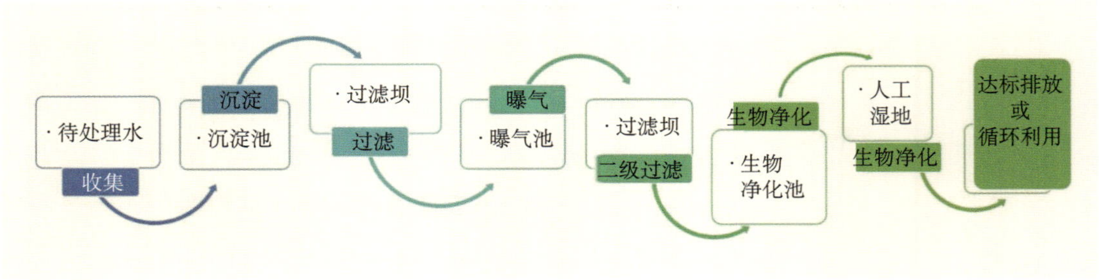

图15-12 表面流和潜流人工湿地运行形式

2.选址布局

(1) *规模治理场养殖区域面积*。原则上不低于200亩，集中治理点养殖区域面积原则上不低于300亩，养殖区域应集中连片。

(2) *养殖尾水处理面积*。可根据不同养殖品种确定。大宗淡水鱼、淡水虾类养殖池塘不小于养殖总面积的6%，乌鳢、加州鲈、黄颡鱼、翘嘴红鲌以及龟鳖类养殖池塘不小于养殖总面积的10%，其他品种约占养殖总面积的8%。

(3) *治理工艺流程*。尾水设施总面积占养殖总面积较大的，应建立"四池三坝"，处理工艺流程主要包括生态沟渠—沉淀池—过滤坝—曝气池—过滤坝—生物净化池—过滤坝—洁水池；养殖污染较少的品种，可采用"四池两坝"的治理模式。高污染品种酌情增加过滤坝或人工湿地。

(4) *处理设施面积比例*。为满足蓄水功能，沉淀池与洁水池面积应尽可能大，沉淀池、曝气池、生物净化池、洁水池的比例约为45 ∶ 5 ∶ 10 ∶ 40。

(5) *因地制宜*。充分利用鱼塘附近河道等设施（图15-13）。

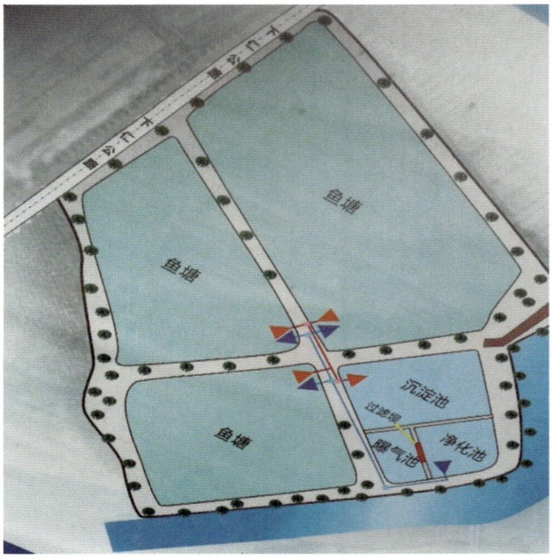

图15-13 选址布局示意

3.工艺流程　具体尾水处理工艺见图15-14。

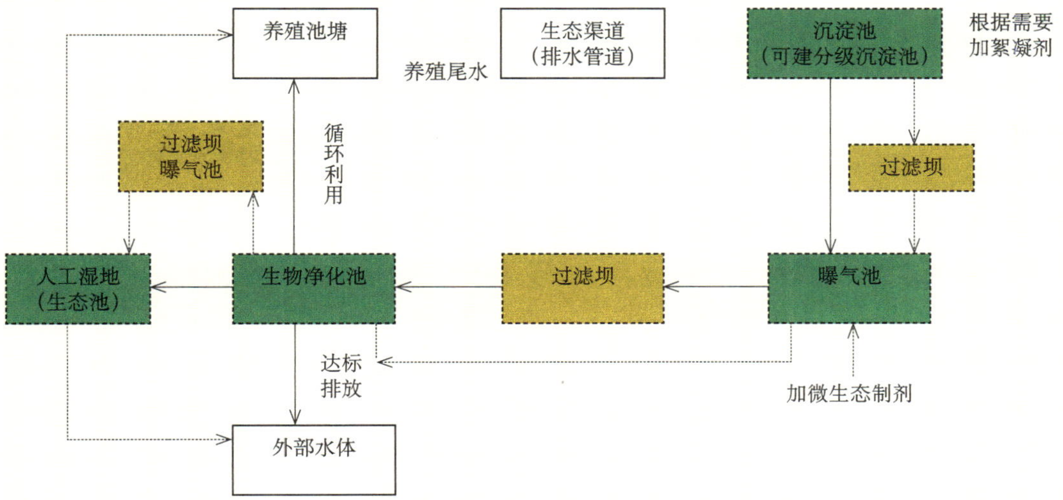

图15-14　养殖尾水处理工艺流程

4.两种湿地设计模式

（1）设计参数要求。表面流湿地和潜流人工湿地的建设结构存在一定差异（图15-15），其设计参数见表15-2。

表15-2　两种人工湿地设计参数

项目	表面流人工湿地	潜流人工湿地
处理单位长宽比	（3～5）：1	<3：1
处理单元面积（$米^2$）	/	<2000
水深（米）	0.3～1	0.4～1.6
水力坡度（%）	<0.5	0.5～1.0
水力停留时间（天）	4～20	0.2～3
水力负荷［$米^3$/（$米^2$·天）］	0.01～0.1	0.2～1
COD削减负荷［克/（$米^2$·天）］	0.2～5	0.5～10
氨氮削减负荷［克/（$米^2$·天）］	0.02～0.8	0.1～3
总氮削减负荷［克/（$米^2$·天）］	0.5～1.5	1.5～5
总磷削减负荷［克/（$米^2$·天）］	0.05～0.1	0.2～0.5

图15-15　表面流和潜流人工湿地

（2）设计原则。根据表面流湿地和潜流人工湿地设计参数，确定设计原则（表15-3）。

表15-3　人工湿地设计原则

工艺特性	表面流湿地	潜流湿地
投配方式	表面布水	表面或地下布水
水流路径	地表推流	地下潜流
介质类型	原始土壤	砾石
预处理最低程度	格栅、筛滤	一级处理
典型植物	无要求	挺水植物
脱氮效率	一般	较好
控制水深	0.4 ~ 0.7米	0.1 ~ 0.4米
气候	冬季影响大	可全年运行
投资费用	低	较高

5. 设计依据及要素

（1）组成要素。①各种透水性的基质，如砾石、陶砾等；②适合生长的湿地植物，如美人蕉、菖蒲等；③在基质表面上或表面下流动的水体；④好氧或者厌氧微生物群；⑤水生动物，如河蚌、螺蛳等。

（2）设计依据。综合分析原水水质、处理水量、排放标准、占地面积、建设投资以及当地的气候条件、地理条件。人工湿地系统水质净化的关键在于工艺的选择、对植物的选择及应用配置（图15-16，图15-17）。

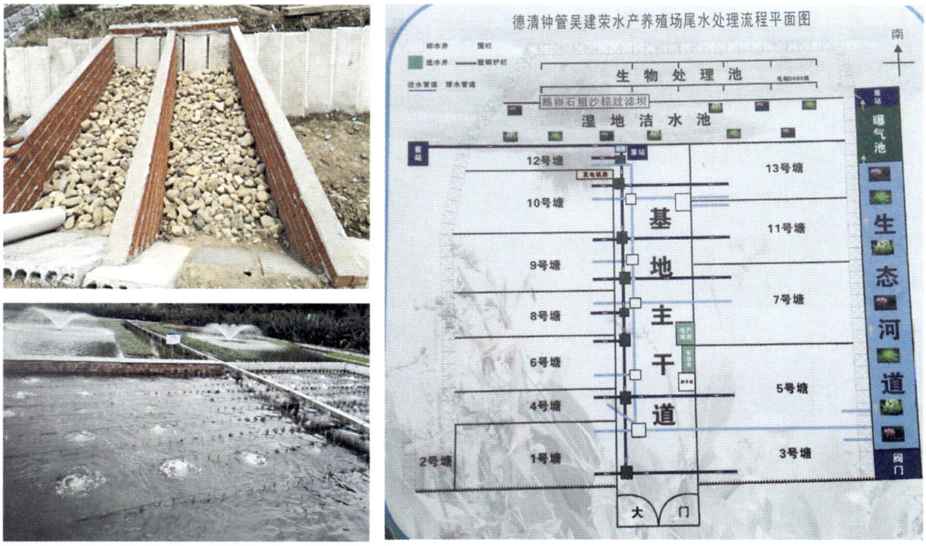

图15-16　养殖尾水处理单元建设现场及整体示意

图15-17　生态浮床

6.生态沟渠构建技术　利用养殖区域内原有的排水渠道或改造周边河沟，进行加宽和挖深处理，沟渠坡岸原则上不硬化；无可利用沟渠时，用排水管道将养殖尾水汇集至沉淀池。其具体建设参数见表15-4，现场建设见图15-18。

表15-4　生态构建建设详细参数要求

沟渠要求	水深：1.5米左右 渠宽：因地制宜，新建的要求2.5米或更宽 坡比：1 ∶ 2.5
生物布置	生物浮床：大小1.5米×4米，间隔4～8米，覆盖面达水面的1/3～2/3 贝类：河蚌、螺蛳，数量30～50千克/亩 鱼类：花白鲢或黄尾密鲴，数量3～5千克/米^2 植物：挺水植物种植在岸边
流速和停留时间	参照表面流湿地

图15-18　生态沟渠现场

7.沉淀池构建技术　沉淀池面积不少于尾水处理设施总面积的45%，尽量挖深，在沉淀池内设置“之”字形挡水设施，增加水流流程，延长养殖尾水在沉淀池中的停留时间，使水体中的悬浮物沉淀至池底。可在沉淀池中添加絮凝剂，以加快悬浮物的沉淀速度，并在池中种植水生植物，以吸收利用水体中的营养盐。沉淀池四周坡岸不硬化，坡上以草皮绿化或种植低矮树木。其具体建设参数见表15-5，现场建设见图15-19。

表15-5　沉淀池构建建设详细参数要求

工程要求	水深：不低于1.5米，最好达到2.5米以上。
生物布置	生物浮床：大小1.5米×4米,间隔4～8米，覆盖面达水面的1/3～2/3 贝类：河蚌、螺蛳，数量30～50千克/亩 植物：挺水植物种植在岸边，以吸收利用水体中营养盐
流速和停留时间	低于表面流湿地

图15-19　沉淀池现场

8.过滤坝构建技术　用空心砖或钢架结构搭建过滤坝外部墙体，在坝体中填充大小不一的滤料，滤料可选择陶粒、火山石、细沙、碎石、棕片和活性炭等，以进一步滤去水体中的悬浮物。坝宽不小于2米，坝长不小于6米，并以200亩养殖面积为起点，原则上每增加100亩养殖面积，坝长加1米，坝高应基本与塘埂持平，坝面中间应铺设板块或碎石，两端种植低矮景观植物。坝前应设置一道细网材质的挡网，高度与过滤坝持平，用以拦截落叶等漂浮物。建设过滤坝时还应注重与汛期泄洪设施配套。其具体建设参数见表15-6，现场建设见图15-20。

表15-6　过滤坝构建建设详细参数要求

工程要求	框架：采用两排空心砖搭建外部结构，空心砖方向与水流方向保持一致 宽度：不小于2米，可根据实地情况选择大小 填料：采用陶瓷粒或火山石等多孔吸附介质材料、碎石、棕片和活性炭等。最好袋装，以便于冲洗
生物布置	在坝面中间铺设板块或碎石，两端种植低矮景观植物
流速和停留时间	低于表面流湿地

图15-20　过滤坝现场

9.曝气池构建技术 曝气池面积为尾水处理设施总面积的5%左右，曝气头设置密度不小于每3平方米1个，曝气头安装时应距离池底30厘米以上，罗茨风机功率配备不小于每100个曝气头3千瓦，罗茨风机须用不锈钢罩保护或安装在生产管理用房内。曝气池底部与四周坡岸应硬化，或用水泥板护坡，或用土工膜铺设，以防止水体中悬浮物浓度过高堵塞曝气头。应在曝气池中定期添加芽孢杆菌、光合细菌等微生物制剂，加速分解水体中的有机物。其具体建设参数见表15-7，现场建设见图15-21。

表15-7 曝气池构建建设详细参数要求

工程要求	曝气管安装：在池底安装曝气盘或微孔曝气管，通过底部增氧方式，增加水体中溶解氧的含量，配备1台3 ~ 4千瓦的罗茨鼓风机，安装80 ~ 100个曝气头
生物布置	微生态制剂添加：使用光合细菌等微生物制剂，以降解水体中的污染物
流速和停留时间	低于表面流湿地

图15-21 曝气池建设现场

10.生物净化池构建技术　生物净化池面积占尾水处理设施总面积的10%左右，池内悬挂毛刷或弹性涂料等生物滤膜，密度不小于6000根/亩，毛刷设置方向应与水流方向垂直，毛刷底部也须用聚乙烯绳或不锈钢丝固定，确保毛刷挺直，不随水流飘动。定期添加芽孢杆菌、光合细菌等微生物制剂，加速分解水体中有机物。池塘四周坡岸不硬化，坡上以草皮绿化或种植低矮树木。其具体建设参数见表15-8，现场建设见图15-22。

表15-8　生物净化池构建建设详细参数要求

工程要求	悬挂生物滤膜：悬挂弹性填料等生物挂膜，悬挂密度为6000根/亩
生物布置	定期添加芽孢杆菌、光合细菌等微生物制剂，加速分解水体中有机物 通过种植沉水、挺水、浮叶等各类水生植物，吸收利用水体中的氮磷营养盐，并可在池中放养少量的鲢鱼、鳙鱼和河蚌、螺蛳、青虾等水生动物，以滤食水体中的浮游植物
流速和停留时间	低于表面流湿地

图15-22　生物净化池建设现场

11.洁水池构建技术 洁水池面积应占尾水处理设施总面积的40%以上，填料选择具有一定机械强度、比表面积较大、稳定性良好并具有合适孔隙率及表面粗糙度的填充物，如火山岩、陶砾、矿渣、鹅卵石或磁珠等高分子材料。移栽成活率高、耐污去污能力强、耐寒性好的芦苇、香蒲、菖蒲、美人蕉、鸢尾、再力花、睡莲等本地植物。合理选择植物种类，分类搭配，保证四季均有植物生长。其具体建设参数见表15-9，现场建设见图15-23。

表15-9 洁水池构建建设详细参数要求

工程要求	填料：选择具有一定机械强度、比表面积较大、稳定性良好并具有合适孔隙率及表面粗糙度的填充物，如火山岩、陶砾、矿渣、鹅卵石或磁珠等高分子材料
生物布置	栽培植物：选用移栽成活率高、耐污去污能力强、耐寒性好的芦苇、香蒲、菖蒲、美人蕉、鸢尾、再力花、睡莲等本地植物
流速和停留时间	参考潜流湿地

图15-23 洁水池建设现场

12.水生植物的选择 沉水植物可选择狐尾藻、眼子菜、金鱼藻、黑叶轮藻和伊乐藻（表15-10），挺水植物可选择香蒲、水芹菜、藕和美人蕉等（图15-24），浮床植物可选择水禾、菖蒲、睡莲、凤眼莲和空心菜等。潜流湿地的植物应根据植物的耐污性能、生长能力、根系的发达程度以及经济价值和美观等因素来确定，主要选择间种菖蒲和美人蕉、鸢尾等，种植密度为2 ～ 3株/米^2。

表15-10 常用沉水植物及特性

植物名称	特性
芦苇	根系发达，净化力强，繁殖力强，对土壤无特别要求且有分解酶的功能
美人蕉	适应能力强，具有一定的观赏效果，广泛用于各地栽培
水葱	具有观赏效果能提供一定的净化效果

（续）

植物名称	特性
水烛	对磷有较强的需求，根系发达，寒冷地区冬季管理简单
茭白	高效的净化能力
黄花鸢尾	有观赏功能，但根系不是特别发达，常与其他植物混合种植
水蕹	有一定经济价值，生长快，生物量大
灯芯草	冬季能够继续生长，对磷的去除率特别高

图 15-24　不同水生植物种类

13. 其他设施设备的配置

（1）排水设施建设。所有排水设施应为渠道或硬管，不得使用软管，应尽可能做到水体自流。因地势原因无法自流的，应建设提升泵站，通过泵站合理控制各处理池水位，确保各设施正常运行，处理效果良好。

（2）物联网技术应用。一是远程监控。在尾水处理设施的中央和排水口各安装一套可360°旋转的监控摄像头，进行远程监控。二是智能控制。在曝气设备上安装智能曝气控制装置，做到定时开关曝气设备（图15-25）。

图 15-25　智能控制设备应用现场

14.运行维护

（1）人工湿地污水处理影响因素。影响因素有：①构成成分因素，包括基质、湿地植物和湿地微生物；②水力负荷因素，包括进水水质、回水比率、水力负荷和水力停留时间；③环境因素，包括温度、pH和光照。

（2）人工湿地的运行和维护要求。具体要求为：①保持湿地中的水位；②定期收割植物；③维护好进出水系统装置，定期检查并作适当的清理。

四、工作成效

1.主要成果——在浙江广泛应用 2017年，湖州市德清县率先推广该技术，全县共建成治理场点1783个，覆盖面积19.2万亩，经治理，水质基本达到淡水养殖废水排放二级标准（图15-26）。该技术目前已在全省乃至全国各地推广，据统计，仅浙江省已建立省级治理示范点400余个。

图15-26　养殖尾水建设前后现场对比

2.典型案例——德清示范点

（1）黄颡鱼池塘养殖精品园尾水治理示范点A。

地点：钟管镇吴建荣水产养殖场。

区域总面积：180亩，其中标准化养殖鱼塘160亩。

（2）青虾集中连片养殖区尾水治理示范点B。

地点：下渚湖街道和睦村坝斗港附近。

区域总面积：862亩，其中养殖面积780亩。

（3）乌鳢高污染品种养殖尾水治理示范点C。

地点：禹越镇徐氏水产养殖场。

区域总面积：143亩，其中养殖面积121亩。

（4）淡水名优鱼类高密度养殖尾水治理示范点D。

地点：新市镇晓芳家庭农场。

区域总面积：168亩，其中养殖面积140亩。

（5）淡水名优鱼类分散式养殖集中治理示范点E。

地点：钟管镇东舍墩姚家湾。

区域总面积：80亩，其中养殖水面70亩左右。

示范点处理效果见表15-11。

表15-11 示范点处理效果对比

指标	模式	处理前	处理后					处理效果		
		养殖水	生态渠	沉淀池	曝气池	生物处理池	湿地区	百分比（%）	范围	均值
透明度（厘米）	A	25	35	40	40	65	/	160	50.0 ～ 300	168.7
	B	15	/	25	40	50	35	133.3		
	C	15	15	30	45	45	/	200		
	D	20	/	15	30	30	/	50		
	E	20	/	45	90	80	/	300		
悬浮物（毫克/升）	A	88	/	/	60	16	/	81.8	27.2 ～ 81.8	56.7
	B	72	/	68	34	30	42	41.7		
	C	94	64	32	32	28	/	70.2		
	D	66	/	56	66	48	/	27.3		
	E	80	/	52	20	30	/	62.5		
总氮（毫克/升）	A	6.262	1.64	3.37	0.949	0.397	/	93.7	20.6 ～ 93.7	74.9
	B	1.063	/	0.951	0.853	0.969	0.844	20.6		
	C	9.238	3.529	3.421	2.412	1.215	/	86.8		
	D	8.362	/	1.276	0.628	0.852	/	89.8		
	E	4.134	/	0.635	0.261	0.648	/	83.5		
总磷（毫克/升）	A	0.58	0.6	0.73	0.77	0.09	/	84.5	27.8 ～ 87.2	65.6
	B	0.36	/	0.31	0.27	0.23	0.26	27.8		
	C	0.94	0.4	0.55	0.7	0.12	/	87.2		
	D	0.85	/	0.61	0.44	0.31	/	63.5		
	E	0.4	/	0.29	0.08	0.14	/	65		
CODcr（毫克/升）	A	29	11	15	12	14	/	51.7	33.3 ～ 76.0	56.9
	B	54	/	35	28	29	36	33.3		
	C	69	39	15	30	27	/	60.9		
	D	80	/	52	20	30	/	62.8		
	E	75	/	25	21	18	/	76		

3.德清示范点治理成效

（1）透明度上升。处理前，5个示范点的透明度为15 ～ 25厘米。处理后，透明度均显著升高，增加至30 ～ 80厘米（图15-27）。

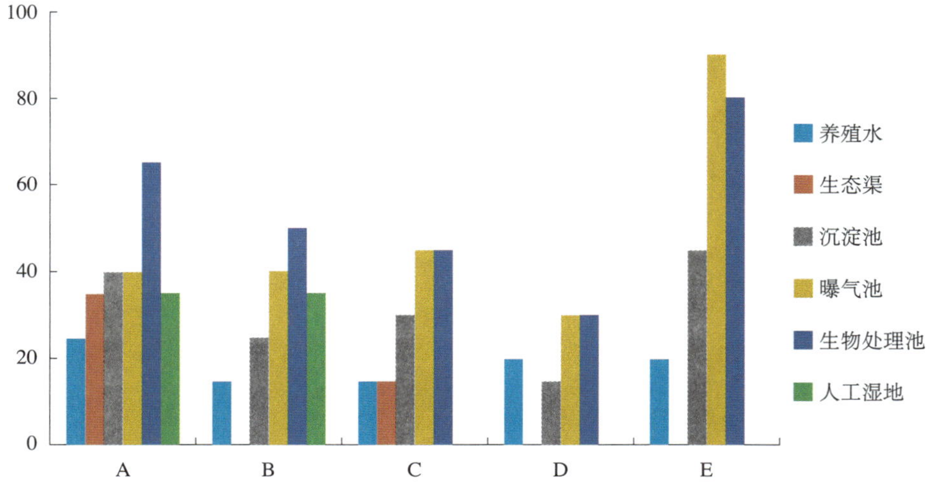

图15-27 养殖尾水透明度处理前后对比

（2）悬浮物含量下降。处理前，5个示范点的悬浮物含量为66 ~ 94毫克/升。处理后，悬浮物含量明显下降，含量范围为16 ~ 48毫克/升。所有治理点末端水体的悬浮物含量均可达到SC/T9101规定的一级排放标准（图15-28）。

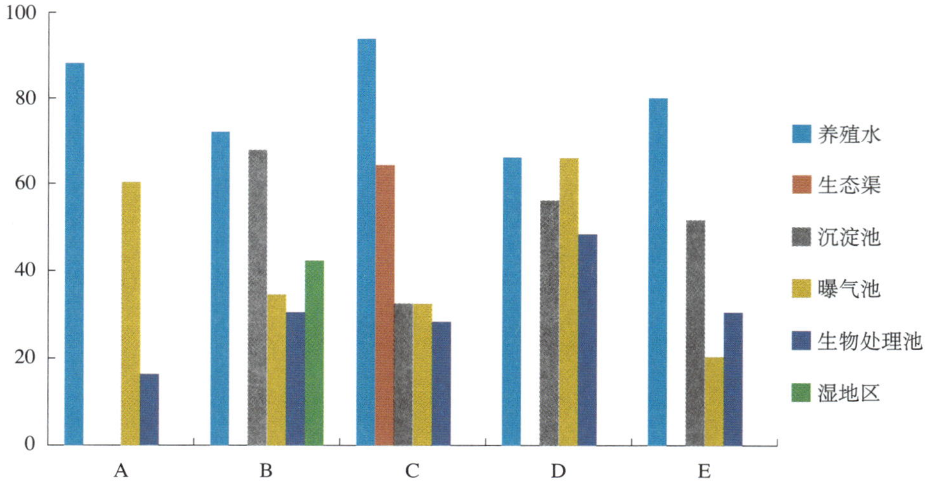

图15-28 养殖尾水悬浮物处理前后对比

（3）总氮含量下降。处理前，5个示范点养殖水体中的总氮含量为1.063 ~ 9.238 毫克/升，处理后，各示范点治理末端水体中的总氮含量降低至0.397 ~ 1.215毫克/升。所有示范点治理末端水总氮含量均达到SC/T9101规定的一级排放标准（图15-29）。

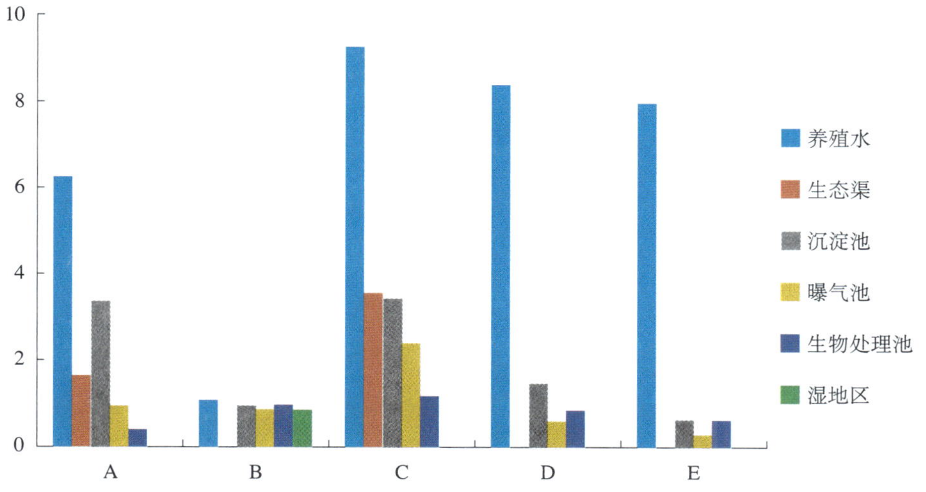

图15-29　养殖尾水总氮处理前后对比

（4）总磷含量下降。处理前，5个示范点养殖水体总磷含量为0.36 ~ 0.94毫克/升，处理后，水体总磷含量降低至0.09 ~ 0.31毫克/升，所有示范点末端水体总磷含量均达到一级排放标准（图15-30）。

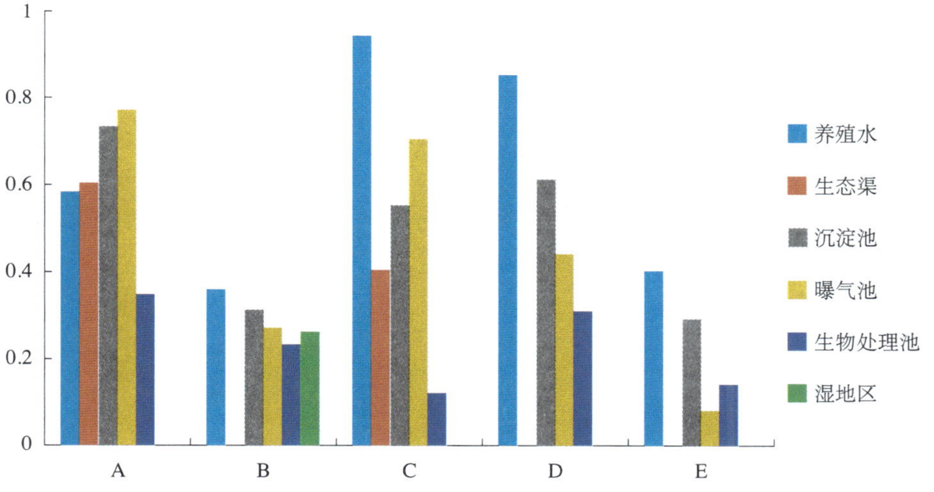

图15-30　养殖尾水总磷处理前后对比

（5）COD_{cr}含量下降。处理前，5个示范点养殖水体中的COD_{cr}含量为29 ~ 80毫克/升，处理后，水体中的COD_{cr}含量降低至14 ~ 36毫克/升（图15-31）。

浙江省淡水水产研究所监测调查显示，治理后，各示范点水质基本可达到淡水养殖废水排放一级标准或地表水3类水标准（《地表水环境质量标准》GB 3838—2002），普遍高于治理工作所要求的渔业行业标准（淡水养殖废水排放二级标准）。处理现场见图15-32。

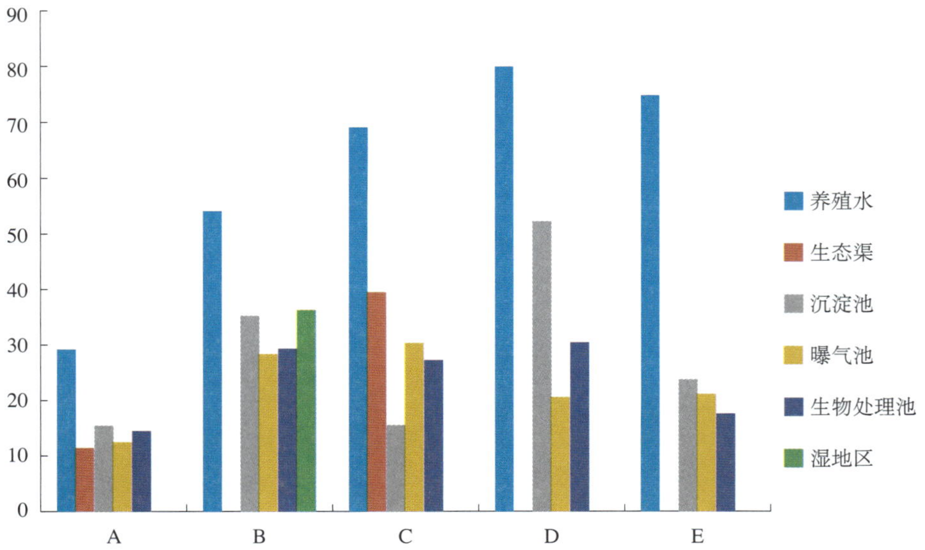

图 15-31　养殖尾水 CODcr 处理前后对比

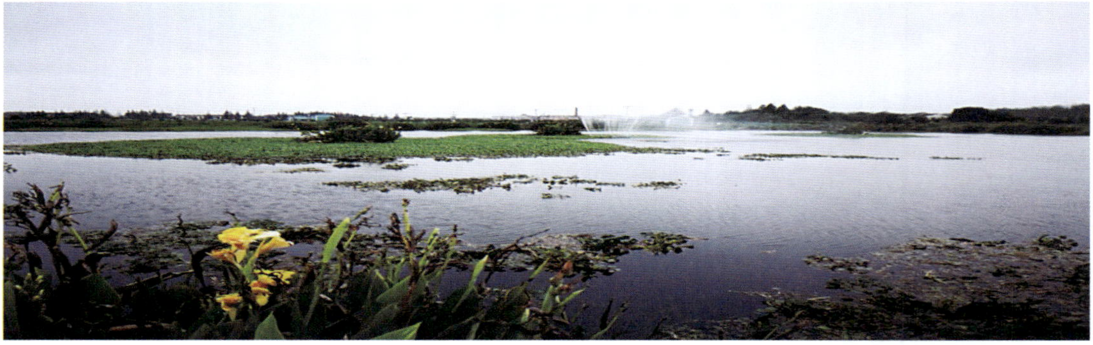

图 15-32　养殖尾水处理现场

4. 长效机制　德清养殖尾水治理工作正形成长效机制。

（1）*主体责任机制*。落实规模养殖场以养殖场为责任主体，以村委会和镇（街道）为监管主体；集中治理点以村委会为责任主体，以镇（街道）为监管主体的长效监管机制。

（2）*资金筹措机制*。按照“谁污染、谁治理，谁受益、谁承担”的原则，通过村规民约的方式，由治理场点内的养殖户自发筹集资金，保障治理场点尾水处理设施的长期有效运行。

（3）*塘长巡查机制*。建立塘长负责制，每个示范场点应明确一名塘长，对示范场点的日常管理进行巡查监督。

（4）*远程监管机制*。利用现代物联网技术，通过在线监控、水质监测、智能曝气等技术，远程智能管控。

五、应用前景

1.适用范围　该技术可应用于内陆池塘和工厂化设施养殖等的尾水治理，以及中小型湖泊、城市水系等富营养化水体（图15-33）。

图15-33　多级人工湿地适用范围

2.前景分析　随着经济社会的不断发展，内陆水域环境污染问题不断加剧。当前，国家对生态环境保护工作日益重视，水域环境保护工作的重要性日益凸显，水域环境治理工作正在各地深入开展（图15-34）。多级人工湿地处理技术已相对成熟，由于具有可复制、易推广等特点，利用该技术开展养殖水域和公共水体环境治理具有较好的应用前景。

图15-34　多级人工湿地处理技术应用示范

六、相关建议

（1）加强基础研究，进一步优化净水技术，探索海水、中小型湖泊、城市水系等富营养化水体的治理技术。

（2）注重选择和搭配适宜的湿地植物，研究常绿植物的品种开发利用技术。

（3）编制处理技术规范，便于规范化、标准化地全面推广。

（4）加强对治理设施设备的日常运行监管，确保设施设备的正常运转（图15-35）。

（5）加大财政支持力度，主要用于处理后的水质监管与评价、人工维护、设施装备更新等，进一步健全长效机制。

图15-35　定期水质检测及人工维护

七、研究团队

浙江省淡水水产研究所资源与环境研究室目前有各类科研人员10人，其中研究员1人、副研究员3人，具有博士学位的有6人、硕士学位的有4人（表15-12）。团队先后主持和承担了国家“863”计划、国家科技支撑计划、公益性行业专项以及国际合作、省部委科技攻关等各类纵向课题项目40余项，相关各类横向项目50余项，获得省部级以上成果奖励3项，发表论文100多篇。

表15-12 团队主要成员

姓名	职称／职务
张海琪	正高级工程师、硕士
原居林	研究员、博士
刘梅	副研究员、博士
陈建明	正高级工程师、本科
沈锦玉	研究员、本科
周珊珊	工程师/博士
倪蒙	助理研究员、博士

先进技术十六

牡蛎礁生态修复技术

技术概要

一、工作背景

随着沿海地区经济社会的高速发展，入海污染物总量不断增加，围填海工程占用近海栖息地，造成近岸海域环境质量恶化，生态系统服务功能下降。特别是部分河口、港湾等近岸海域，来水量大，水体浑浊且富营养化严重，缺乏有效的环境治理方式。同时，我国近岸海域天然牡蛎礁面积快速减少，生态功能退化。牡蛎礁具有重要的生态系统服务功能，在当前形势下开展牡蛎礁的生态保护与修复，对于修复和保护海域生态环境、加强渔业资源养护具有重要意义。

二、技术原理

利用牡蛎礁进行生态修复需要了解拟修复区的环境特征、牡蛎物种、牡蛎礁历史分布和现状、限制牡蛎礁自然恢复或牡蛎种群生长的威胁因素。通常，限制牡蛎礁自然恢复的原因是缺乏牡蛎补充量、缺乏礁体底质物以及病害发生，或者以上原因同时存在，可通过移植牡蛎幼苗或成体、构建礁体底质结构、识别和应对当地牡蛎病害问题来修复牡蛎礁。

三、技术方法

通常要进行牡蛎礁修复规划，需开展可行性调研，根据相关调查结果、修复目的以及社会因素等设定修复目标、策略、方案，修复选址可利用或参考栖息地适宜性指数这一工具。具体修复方法为：①针对补充量受限，常用方法是移植育苗场生产的附壳幼体，或使用附着基收集的野生幼苗。②针对底质物受限，需要构建礁体结构，根据相关因素及总体可行性确定礁体投放具体选址。材料的选择要考虑补充量、修复区环境特征、修复目的、材料成本、修复区功能定位等因素。③如果病害已出现于拟修复区，可被动地让牡蛎带病生存或主动地移植抗病牡蛎来应对。此外，项目实施还需要主动识别潜在的生物安全和病害风险，避免引入外来物种和病害。

四、工作成效

2011—2015年，政府和当地非政府组织在美国切萨皮克湾哈里斯溪支流开展了全球最大的牡蛎礁修复项目。通过政府、科研和公益组织合作，投放了20万米^{3}的底质物，移植了20多亿只附壳幼体，成功修复142公顷牡蛎礁。2017年底的监测显示，75%的礁体上的牡蛎密度达到50个/米^2，生物量（干重）达到50克/米^2。模型估算，支流内的牡蛎礁每年可清除46650千克氮和2140千克磷，每年可创造300万美元的生态价值，每年渔业总产出增加2300万美元。在过去的20多年间，大自然保护协会已在全球200多个位点开展以牡蛎礁为主的贝类瞧体修复项目，取得了比较明显的成效。

五、适用范围

该技术可应用于牡蛎礁退化或历史上有牡蛎礁分布的海域，以及适宜恢复牡蛎礁的海域。

六、应用前景

该技术可在海洋牧场建设、牡蛎水产种质资源修复、渔业资源养护、河口生态环境治理以及海岸带生态修复工程中推广应用。特别是河口、港湾等水域环境污染问题较为突出的区域，牡蛎礁所发挥的过滤水体、移除水体氮的生态功能，将为近岸海域的水质改善起到促进作用。

七、相关建议

（1）开展各海区沿岸牡蛎礁的系统性调查，查清其分布、生存现状、受威胁状况、利用情况。

（2）加强我国牡蛎礁的生态学研究，了解其面积大小、生长条件、物种组成、生态群落、威胁因子、生态系统服务功能。

（3）试点示范牡蛎礁生态修复技术，总结国内经验，建立我国牡蛎礁生态修复技术，以便大面积推广应用。

（4）探索其他形成栖息地的贝类（如贻贝）礁体生态修复技术。

本节内容主要引自大自然保护协会（TNC）2019年出版的《贝类礁体修复指南》（Fitzsimons et al., 2019）和2022年出版的《中国牡蛎礁栖息地保护与修复研究报告》（TNC, 2022）。

一、工作背景

1.我国海域环境状况 随着沿海地区经济社会的高速发展，入海污染物总量不断增加，围填海工程占用近海栖息地，造成近岸海域环境质量恶化（如水体富营养化）、生态系统服务功能下降，特别是部分河口、港湾等近岸海域。

我国近海海域污染主要是溶解性无机氮、磷，特别是在部分河口区域和近岸海域，水体浑浊且富营养化严重，在这种环境条件下，如何有效吸收氮和磷成为解决海域环境污染的关键问题。

2.什么是牡蛎礁　牡蛎礁是牡蛎不断固着在蛎壳上，聚集和堆积形成的生物性结构（图16-1至图16-4），为海岸带生态系统提供了基础结构性栖息地（Fitzsimons et al., 2019）。它广泛分布在温带和亚热带河口及近岸海域的潮间带或潮下带区域，形态特征（如礁体高度）通常因物种、水深以及所在海湾、河口、潟湖的其他物理属性不同而有所变化，可呈层叠的礁体状，也可呈低矮的礁床状，具有与热带的珊瑚礁相类似的生态系统服务功能。

图16-1　美国得克萨斯州沿海低潮时露出水面的牡蛎礁栖息地

（图源：Erika Nortemann/TNC）

图16-2　美国弗吉尼亚海岸带保护区内的牡蛎礁

（图源：刘青/TNC）

图16-3 中国江苏省小庙洪的牡蛎礁
（图源：程珺/TNC）

图16-4 澳大利亚新南威尔士州的牡蛎礁
（图源：Paco Martínez-Baena / TNC）

3.全球牡蛎礁的生存现状 牡蛎礁是全球受威胁最严重的海洋栖息地之一。近1个世纪以来，受过度捕捞、水体污染、病害、海岸带开发等主要威胁影响，全球85%的牡蛎礁已经退化消失（Beck et al., 2011）。

4.国内牡蛎礁的生存现状 我国牡蛎礁状况也不容乐观。2022年发布的《中国牡蛎礁栖息地保护和修复研究报告》（TNC, 2022）指出，我国从渤海湾到南海应均有牡蛎礁分布，但其分布与生存现状仍急需开展系统性调查；有文献记录的牡蛎礁主要分布于天津大神堂（房恩军等，2007）、山东莱州湾（耿秀山等，1991）、江苏小庙洪（张忍顺等，2004a）、福建深沪湾和金门（俞鸣同等，2001；姚庆元，1985）（图16-5）。

图16-5　中国牡蛎礁栖息地的主要分布

[图源：《中国牡蛎礁栖息地保护与修复研究报告》(大自然保护协会，2022)，审图号：GS京（2022）0140号]

大神堂牡蛎礁分布在天津大神堂的潮下带海域，主要由长牡蛎（*Crassostrea gigas gigas*）构成，礁区面积约35千米^2，2006年和2013年对其进行的调查显示，保存良好的礁体面积从3千米^{2}减少至0.6千米^2（范昌福等，2010；孙万胜等，2014）。

小庙洪牡蛎礁分布在江苏省海门市小庙洪海域的潮间带海域（图16-6），礁区面积约为3.55千米^2，主要由近江牡蛎（*C. ariakensis*）和熊本牡蛎（*C. sikamea*）构成（张忍顺等，2004b；全为民等，2012）。2013年的监测显示，相较于21世纪初的记载，小庙洪的礁体斑块总面积减少了约78%（张忍顺等，2004a；全为民等，2016）。

图 16-6　中国江苏省小庙洪潮间带的牡蛎礁

（图源：刘青 /TNC）

二、技术原理

1. 牡蛎礁的生态系统服务功能　通过采挖牡蛎礁实现的经济价值只是牡蛎礁总价值的一小部分。牡蛎礁所发挥的多种重要的生态系统服务功能（图 16-7），为我们提供了大量的其他社会经济效益。

图 16-7　牡蛎礁提供的重要生态系统服务功能

［图源：《贝类礁体修复指南》（Fitzsimons et al., 2019）］

2.以提供栖息场所为例　牡蛎礁复杂的三维结构所创造的微生境为其他生物提供了栖息场所（图16-8）。在牡蛎礁上发现的物种数量和丰度通常远超周围的非结构型生境（Grabowski and Peterson, 2007；zu Ermgassen et al., 2016）。

图16-8　澳大利亚南澳大利亚州温达拉牡蛎礁吸引来的幼鱼

（图源：Anita Nedosyko /TNC）

3.以渔业资源养护为例　牡蛎礁因其栖息地效益，也能够带来渔业资源的增长。zu Ermgassen等（2016）的估算显示，相比于非结构型栖息地，美国墨西哥湾地区每年每平方米的牡蛎礁能增加约397克的鱼类和甲壳类动物产量，其中以褐美对虾、白滨对虾、石蟹、羊头鲷等重要的经济物种为主（图16-9）。

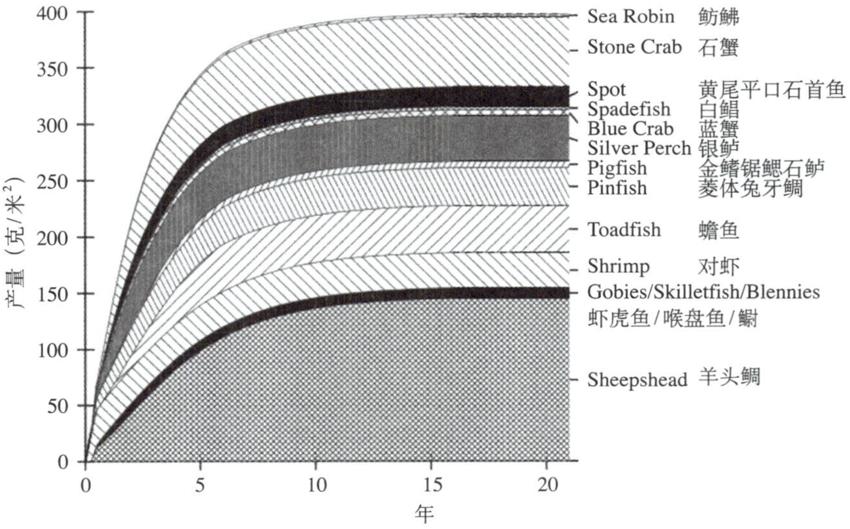

图16-9　美国墨西哥湾内牡蛎礁带来的渔业资源增长（zu Ermgassen et al., 2016）

4.以水体过滤为例 牡蛎的滤食特性能够有效减少水体中的悬浮颗粒物和浮游植物，提高水体清澈度。历史上，美国切萨皮克湾庞大的美洲牡蛎（*Crassostrea virginica*）种群仅需3～6天即可完成对整个海湾水体的过滤（Newell, 1988），现存的严重退化的牡蛎资源需要超过1年才能完成对湾内水体的过滤。实验室中测出的香港牡蛎（*Magallana hongkongensis*）滤水率高达720升/天，图16-10为其40分钟的滤水效果。

图16-10 香港牡蛎（*M.hongkongensis*）在40分钟内的滤水效果

（图源：Marine Thomas/TNC）

5.以移除水体中的氮为例 牡蛎礁主要通过3种途径来减少水体富营养化，分别是同化吸收、生物沉积和促进反硝化作用（图16-11）。据估算，美国马里兰州一处修复的牡蛎礁（牡蛎龄级2～7年，密度131个/米^2，平均壳高114毫米）每公顷可吸收储存约950千克的氮，每年每公顷可通过促进反硝化作用移除约556千克的氮 (Kellogg et al., 2013)。

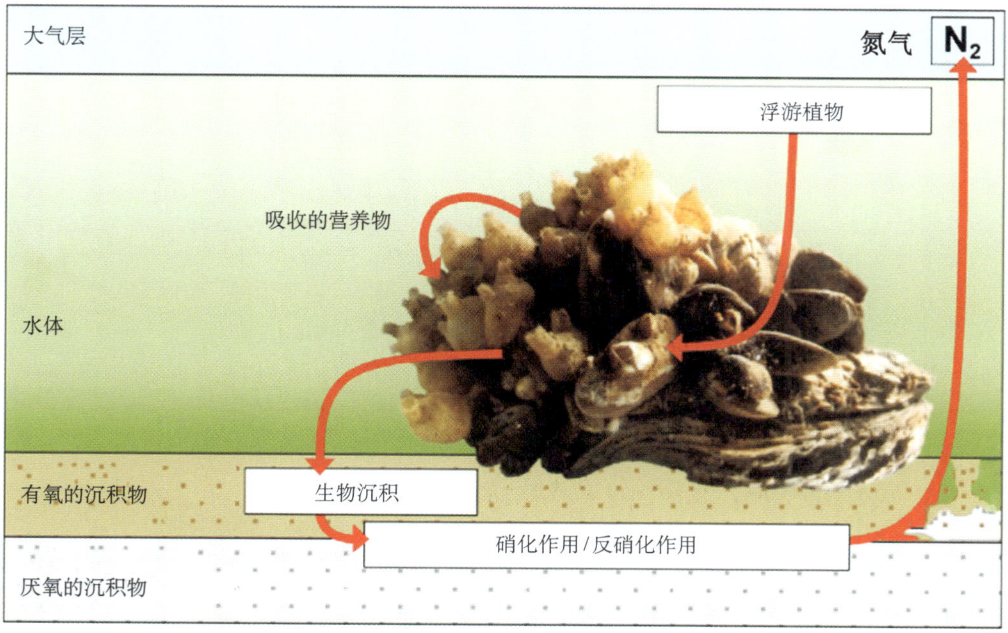

图16-11 牡蛎礁减少水体富营养化的途径（Kellogg et al., 2013）

6.牡蛎礁生态系统的受益者 牡蛎礁所发挥的生态系统服务功能不仅造福于生态系统本身，还可以为人类带来许多社会经济效益（图16-12），受益者包括当地社区、海钓者以及休闲游客等。例如通过提高海钓消费促进休闲渔业和商业性捕捞增长，减少海水中多余氮磷营养物，带来经济收益。

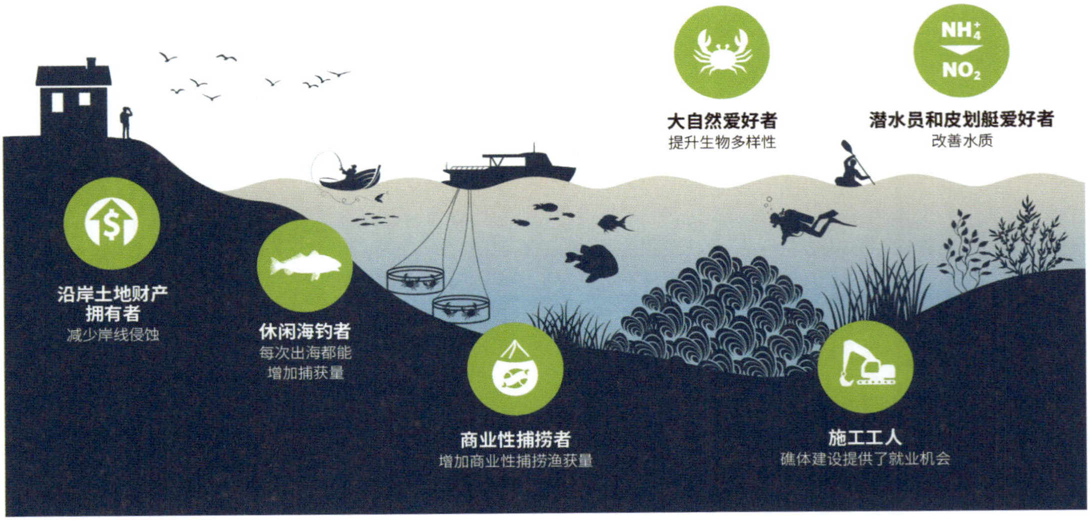

图16-12 牡蛎礁生态系统的受益者

［图源：《贝类礁体修复指南》（Fitzsimons et al., 2019）］

三、技术方法

1.牡蛎礁修复规划

（1）开展可行性研究。修复实施前，需要综合各利益相关方的修复意向，开展可行性调研，以评估在当地自然环境、社会和经济背景下，牡蛎礁生态系统被修复的可能性以及相应的修复策略，并识别出适宜修复的海床面积、进行小规模修复实验的试点区域和大规模修复应解决的风险。前期调研需要考虑：

- 当地牡蛎礁历史和现在分布情况，是否有其他栖息地。
- 当地的牡蛎物种及其生命周期，野生牡蛎补充量现状。
- 当地自然环境是否适宜牡蛎生长（如盐度、溶解氧、海床底质等）。
- 导致牡蛎礁退化的威胁是什么，是否已经得到控制。
- 海域功能定位、有无航道、社区及政府意见等社会因素。
- 需要的后勤保障（如预算、运输设施、相关许可）是否满足监管要求。

其中，牡蛎礁修复选址可利用或参考栖息地适宜性指数（Habitat Suitability Indices，简称HSI）这一地理空间决策支持工具。该工具综合环境、生物、社会经济等维度的多个关键指标，在海湾或河口等区域尺度识别适宜开展修复行动的空间分布。

（2）设定修复目标。每个修复项目都应以一套明确的、预期实现的修复目标为规划基础，可以包括生态、社会和经济目标。不同的目标设定将影响项目选址、礁体设计、修复方法和监测指标（Fitzsimons et al., 2019）（表16-1）。

表16-1 举例说明不同修复目标如何影响修复选址、设计、监测等项目决策

不同设计的考量因素		
目标	修复生态系统的主要目标是生物多样性	修复生态系统的主要目标是某种特定的生态系统服务功能（如渔业产量）
选址	考虑是否靠近其他礁体生态系统，最大限度地增加可供繁殖扩散的物种库	考虑礁体是否靠近目标鱼类种群，以及与该鱼类其他生境之间的连通性
修复设计	设计应最大限度地增加不同生态位生存空间的多样性（例如大大小小的缝隙空间、不同的礁体尺寸、高粗糙度等）	设计应最大限度地促进鱼类幼苗的补充、保护和生长（例如加高礁体高度以降低水流速度、选择合适的底质物材料以营造适合鱼类栖息的缝隙空间）
监测	使用通用的生物多样性监测，侧重物种丰富度（或目标指标），所有物种同等重要	侧重衡量鱼类补充量、生物量和丰度，以此为主要生物多样性目标
融资	以常见的环境资助和社区资金为目标	以休闲渔业和商业捕捞业、捕捞许可费、海钓俱乐部、渔业管理机构为目标
利益相关方支持	涉及只希望修复生态系统而不需要实际投资回报的群体	涉及休闲渔业和商业捕捞业、渔业及水产研究机构和渔业管理机构
衡量成效	力求提高生物多样性，达到参照生态系统或模型的标准	力求提高具有休闲渔业或商业捕捞价值的鱼类生物量，达到参照生态系统或模型的标准

资料来源：《贝类礁体修复指南》（Fitzsimons et al., 2019）。

2. 了解生物安全与许可 在修复过程中，有时需要将活体牡蛎或者牡蛎壳、其他贝壳在不同的水体之间进行转移，这具有造成入侵物种和病害传播的潜在风险，因此需要提前识别这些风险并加以防控。可行的措施有：①避免在生态环境不同的水体之间转移牡蛎；②尽量使用本地亲本进行苗种培育；③移植牡蛎时，使用淡水或弱醋酸（醋溶液）对其浸渍或喷洒；④计划投放的牡蛎壳等贝壳需要经过风化曝晒处理（一般建议6个月）。

3. 牡蛎礁修复方法——制定修复方案 制定牡蛎礁修复方案需要因地制宜，除了考虑牡蛎物种及其生命周期（图16-13）、当地生态和物理属性条件、修复目的、地方监管要求等因素外，其核心是要识别出限制牡蛎礁生长发育的限制因素，通常包括：①缺乏足够的牡蛎亲本（成熟且具备繁殖能力的）以补充牡蛎幼苗到现有的礁体结构上，简称补充量受限；②缺乏可供牡蛎幼苗固着生长的底质物，简称底质物受限；③病害。

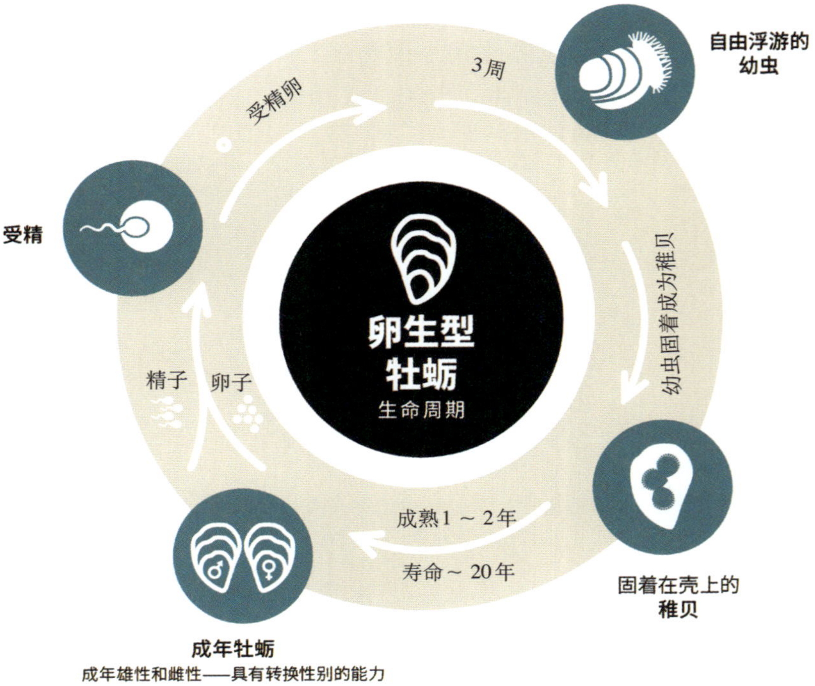

图16-13 巨蛎属中的美洲牡蛎生长周期示意

［图源：《贝类礁体修复指南》(Fitzsimons et al., 2019)］

(1) 补充量受限。在确定拟修复区域是否补充量受限时，可观察附近码头、海堤等处是否有大量野生牡蛎固着生长，或者在野外放置附着板收集牡蛎幼苗附着率数据（图16-14），还可以咨询当地社区、研究人员、资源养护管理人员。

图16-14 中国香港吐露港放置的用于调查牡蛎幼苗的附着板

（图源：Lori Cheung）

在补充量受限的海域，修复牡蛎礁的必要手段是向礁体上人为投放牡蛎，常用做法是补充牡蛎幼苗（即稚贝），例如使用育苗场培育的附壳幼体（即若干个牡蛎稚贝附着于单个空壳上），或者在附近海区内采集野生幼苗，再将其转移至修复区。除了补充牡蛎幼苗，也可添加成年牡蛎。

（2）*底质物受限*。在底质物受限的海域，修复牡蛎礁需要选择适合当地环境和修复目标的底质物构建礁体，并且应在牡蛎繁殖高峰前投放。底质物材料有多种选择，如贝壳、石头、石灰岩或者专门设计的混凝土结构（图16-15至图16-19），选择时需主要考虑：

图16-15 美国亚拉巴马州利用牡蛎壳包构建礁体

（图源：Erika Nortemann/TNC）

图16-16 牡蛎城堡（Oyster Castle）是一种专门用于牡蛎礁修复的混凝土模块，便于堆叠并锁牢

（图源：程珺/TNC）

图16-17　美国弗吉尼亚海岸带保护区内利用牡蛎城堡作为底质物修复的牡蛎礁
（图源：刘青/TNC）

图16-18　美国亚拉巴马州采用金属笼和牡蛎壳制作的底质物构建礁体
（图源：Beth Maynor Young）

图16-19　中国浙江省三门县使用石块构建牡蛎礁的礁体结构
（图源：董大正）

- 补充量：牡蛎是否会固着生长。
- 海流速度：波浪能高的区域需要使用体积大、耐用、偏重的底质物。
- 水深：潮间带和位置较浅的潮下带礁体易受表层波浪能影响，轻质材料易被冲散，失去三维结构。
- 底质特征：重量大的底质物更易陷入软泥中。
- 沉积物：淤积严重的区域应建造较大起伏的礁体。
- 社会经济因素：包括项目地的功能区划、利益相关方对材料的接受度、获取和投放的难易、材料成本、遵守法规等。

如果拟修复区同时存在底质物受限和补充量受限，则应该先构建礁体，再移植牡蛎。

除上述考虑因素外，礁体设计以及投放位置还需要考虑：①是否满足牡蛎的生长环境需求。②是否满足特定的生态系统服务功能需求，例如以提高生物多样性或增殖渔业资源为目标的修复项目，应将礁体构造出复杂的三维生境；以提升水质为目标的修复项目，为达最佳滤水速率，礁体应建在潮下带；以岸线防护为目标的修复项目，在牡蛎物种适宜在潮间带生长的前提下，优先考虑将礁体构建在潮间带，从而更有效地消减波浪能。

（3）病害。拟修复区可能因发生牡蛎病害（如包拉米虫病）导致牡蛎大量死亡或补充量受限，进而影响修复成效。如果病害已发生在拟修复区，可采取以下措施来应对：

- 带病生存（即顺其自然）：在自然选择下，更耐受、具有抗病能力的个体更易存活繁衍，逐渐培养种群抵抗力。
- 抗病牡蛎：采用育苗场培育出的具有抗病基因的牡蛎幼苗。

4.修复后监测　修复实施后，需要对牡蛎礁的修复成效进行长期监测评估（图16-20，图16-21）。不同项目的监测计划因修复目标、资金预算、人力等因素影响而不同，但最基本的通用监测内容有（Baggett et al., 2014）：

图16-20　科研人员在中国香港流浮山的牡蛎礁栖息地开展监测

（图源：TNC）

图16-21　项目人员对澳大利亚南澳大利亚州温达拉牡蛎礁上的牡蛎幼苗附着情况进行监测

（图源：TNC）

- 礁体指标：礁区足迹、礁体面积、礁体高度、牡蛎密度、牡蛎壳高。
- 环境变量：水温、盐度、溶解氧（潮下带）。
- 监测生态系统服务功能：基于项目的修复目标而定。

四、工作成效

1.大规模牡蛎礁修复案例——切萨皮克湾的哈里斯溪　切萨皮克湾是美国最大的河口。历史上，湾内有着庞大的美洲牡蛎（*C. virginica*）礁。然而，过度捕捞、栖息地退化、病害传播等原因导致湾内的牡蛎礁大面积减少，已不足以发挥充分的生态功能（Newell, 1988）。

近年来，随着湾内牡蛎礁修复科学知识的增加，国家政策推动切萨皮克湾开展了大规模、多方协作的牡蛎礁修复工作，要求在2025年前，恢复切萨皮克湾10条支流中的牡蛎礁栖息地（Fitzsimons et al., 2019）。其中，马里兰州的哈里斯溪被选为第一条开展修复的支流（Allen et al., 2013）。

（1）明确的修复目标。科学家与政府管理者共同制定了切萨皮克湾的牡蛎礁修复目标，即修复后6年的牡蛎礁如能满足以下指标，则被视为“成功修复的礁体/支流”。

- 礁体尺度：
  - 牡蛎密度：最低值＝15个/米^2，理想值＝50个/米^2。
  - 牡蛎生物量：最低值＝干重15克/米^2，理想值＝干重50克/米^2。
  - 多龄级：成功＝两个或以上龄级。
  - 贝壳预算（贝壳损耗和增长之间的差值）：成功＝稳定或增长。
  - 礁体高度和礁体面积：成功＝稳定或增长。

- 支流尺度：50%以上的可修复河床由“达标”的礁体覆盖，并且修复后的礁体应至少占该支流预估历史礁体面积的8%（Allen et al., 2011；Fitzsimons et al., 2019）。

（2）基于科学的修复计划。各方合作伙伴依据当地历史牡蛎礁分布面积和修复目标，结合适宜当地牡蛎生长的条件，共同制定了哈里斯溪牡蛎礁修复计划，计划采用两种修复方法：

- 只投放牡蛎幼苗：将牡蛎的附壳幼体（图16-22）直接投放到残存的牡蛎礁体（62公顷）上。
- 投放底质物和牡蛎幼苗：在残余礁体很少的地方投放底质物（80公顷），再将附壳幼体移植其上。底质物由石头或海螺、蛤蜊和蛾螺壳混合构成（Allen et al., 2013；Fitzsimons et al., 2019）。

图16-22　美国马里兰州霍恩普恩特育苗场（Horn Point Hatchery）

（图源：刘青/TNC）

（3）实施修复计划与监测评估。2011—2015年，哈里斯溪共修复了142公顷牡蛎礁，投放了超过20万米^{3}的底质物，用于构建0.15 ~ 0.3米高的礁体，并投放了超过20亿个附壳幼体（Fitzsimons et al., 2019）。截至 2017 年底的监测，哈里斯溪内98%的牡蛎礁都达到修复目标中牡蛎生物量和密度的最低值要求，75%的礁体达到了理想值（Fitzsimons et al., 2019）。

据估算，哈里斯溪修复的牡蛎礁每年可移除46650千克氮和2140千克磷，这一生态系统服务功能每年至少创造300万美元的价值（Kellogg et al., 2018）。与未修复时相比，当哈里斯溪以及附近两条河流修复的礁体成熟时，当地的蓝蟹捕获量将增长超过150%，带来1100万美元的码头年销售额；白鲈鱼的捕获量将增加650%；预计该区域内渔业总产值每年增长2300万美元（直接、间接及连带效应的总和）（Knoche et al., 2018）。

2.国内牡蛎礁修复实践——浙江三门 浙江省三门县的健跳港是当地一条狭长而弯曲的内湾，以盛产铁强牡蛎而闻名（图16-23），曾有着丰富的野生牡蛎资源。然而近几十年来，受河道挖沙、筏式吊养外来牡蛎品种等多重因素影响，这片牡蛎礁栖息地及其种质资源发生了一定程度的退化。

图16-23 中国浙江省三门县健跳港上游滩涂上传统的牡蛎石条养殖

（图源：程珺/TNC）

2019 年，在中国水产学会和三门县农业农村局的支持下，大自然保护协会与中国水产科学研究院东海水产研究所在健跳港上游的养殖滩涂区启动了以修复牡蛎礁为基础的三门牡蛎种质资源养护研究项目，以支持当地牡蛎种质资源的养护工作，并促进滩涂生态环境的改善。

项目团队基于当地牡蛎补充量充足、滩涂底质较硬、水体流速快的特点，采用成本低且易获得的石块（直径10 ～ 30厘米）作为底质物（图16-24），在1公顷的研究区域内，于2019 年和2020 年共构建了19个不采收的牡蛎礁体（约1米高、2米宽，长度不等）。

图16-24 中国浙江省三门县利用石块作为底质物构建牡蛎礁的礁体结构

（图源：董大正）

项目团队持续三年对礁体上牡蛎的生长状况和底栖动物多样性进行监测（图16-25，图16-26），结果显示：

- 修复的牡蛎礁由熊本牡蛎（*C. sikamea*）、近江牡蛎（*C. ariakensis*）等多种牡蛎物种构成。
- 礁体投放后获得可持续的野生牡蛎幼苗补充（图16-27），牡蛎平均密度总体维持在较高水平（约1897个/米^2），显著高于未修复区（临近的硬质滩涂区）。
- 修复的牡蛎礁为多种水生生物提供了结构性栖息地，礁体上的定居性大型底栖动物种类（5类22种）和密度（约240个/米^2）分别约为未修复区的22倍和120倍。

该项目从本底调查、礁体设计与构建，到持续监测与礁体方案改进，展示了一套适应性的修复过程，为中国牡蛎礁修复实践提供了良好的借鉴。

图16-25 用游标卡尺测量牡蛎的壳高

（图源：刘青/TNC）

图16-26 随着涨潮逐渐被海水淹没的三门牡蛎礁

（图源：刘青/TNC）

图16-27　中国浙江省三门县牡蛎礁上固着生长的牡蛎

（图源：刘青/TNC）

五、应用前景

当前我国近岸海域，特别是河口、港湾等水域环境污染的问题较为突出。这些区域来水量大、水体浑浊、悬浮物较多、水体富营养化严重，牡蛎礁所发挥的过滤水体、移除水体氮的生态功能，将为近岸海域的水质改善起到促进作用。

该技术也可在海洋牧场建设、牡蛎水产种质资源修复（图16-28）、渔业资源养护、河口生态环境治理以及海岸带生态修复（图16-29）工程中推广应用。

图16-28　以牡蛎种质资源养护为目的的中国浙江省三门县牡蛎礁修复研究

（图源：董大正）

图 16-29　中国香港流浮山的牡蛎礁修复实践

（图源：Kyle Obermann）

该技术还可以为其他贝类礁体栖息地建设提供参考。贻贝和其他形成栖息地的贝类能够提供许多与牡蛎礁类似的生态系统服务功能（图 16-30）。但需要注意的是，它们的生活史往往与牡蛎不同，尤其是在整个发育过程中，对栖息地的需求不同，因此需要对修复方案进行调整。

图 16-30　澳大利亚维多利亚州菲利普港湾修复的贻贝礁

（图源：Jarrod Boord, Streamline Media）

六、有关建议

我国牡蛎礁现阶段的保护和修复工作在认知、政策、管护、修复技术、研究和资金支持等方面仍存在一些不足（大自然保护协会，2022）。从科学研究角度，我们建议：

- 开展各海区沿岸牡蛎礁的系统性调查，查清其分布、生存现状、受威胁状况、利用情况。
- 开展牡蛎礁相关的生态学研究，提升对牡蛎礁生态系统的科学认识，包括生长环境条件、生态群落、威胁因子、生态系统服务功能等。
- 开展牡蛎礁修复的试点研究，制定并完善我国牡蛎礁修复技术体系，形成效果导向、因地制宜的实践行动指南，包括修复前本底调查、修复选址、修复手段、礁体设计、长期监测等。

七、大自然保护协会中国海洋项目团队

1.主要工作方向 大自然保护协会（The Nature Conservancy, TNC）成立于1951年，是国际上最大的非营利性自然环境保护组织之一。TNC以科学为基础，研发创新、务实的解决方案，致力于在全球保护具有重要生态价值的陆地和水域，维护自然环境，提升人类福祉。在过去的20年间，TNC在全球多个国家和地区开展了超过200个牡蛎礁及其他贝类礁体修复项目，并总结实践经验，综述科研成果，发布了相关报告和修复指南。自2016年起，TNC中国海洋项目团队（图16-31）与多方合作伙伴共同开展国内牡蛎礁相关的科学研究、技术指南与综述报告撰写、知识传播与交流等工作，以推动我国牡蛎礁的保护与修复。

图16-31　TNC中国海洋项目团队

（图源：董大正）

2.团队主要成员 团队主要成员见表16-2。

表16-2　团队主要成员

姓名	职位
王月	战略与规划总监
程珺	海洋项目经理
刘青	海洋项目官员

参考文献

大自然保护协会(TNC), 2022. 中国牡蛎礁栖息地保护与修复研究报告[R]. 北京.

范昌福, 裴艳东, 田立柱, 等, 2010. 渤海湾西部浅海区活牡蛎礁调查结果及资源保护建议[J]. 地质通报, 29(5): 660-667.

房恩军, 李雯雯, 于杰, 2007. 渤海湾活牡蛎礁(Oyster reef)及可持续利用[J]. 现代渔业信息, 22(11): 12-14.

耿秀山, 傅命佐, 徐孝诗, 等, 1991. 现代牡蛎礁发育与生态特征及古环境意义[J]. 中国科学(B辑化学生命科学地学), 8: 867-875.

全为民, 安传光, 马春艳, 等, 2012. 江苏小庙洪牡蛎礁大型底栖动物多样性及群落结构[J]. 海洋与湖沼, 43(5): 992-1000.

全为民, 周为峰, 马春艳, 等, 2016. 江苏海门蛎岈山牡蛎礁生态现状评价[J]. 生态学报, 36(23): 7749-7757.

孙万胜, 温国义, 白明, 等, 2014. 天津大神堂浅海活牡蛎礁区生物资源状况调查分析[J]. 河北渔业, 9: 23-26+76.

姚庆元, 1985. 福建金门岛东北海区牡蛎礁的发现及其古地理意义[J]. 台湾海峡, 4(1): 108-109.

俞鸣同, 藤井昭二, 坂本亨, 2001. 福建深沪湾牡蛎礁的成因分析[J]. 海洋通报, 20(5): 24-30.

张忍顺, 齐德利, 葛云健, 等, 2004a. 江苏省小庙洪牡蛎礁生态评价与保护初步研究[J]. 河海大学学报(自然科学版), 32(增刊): 21-26.

张忍顺, 张正龙, 葛云健, 等, 2004b. 江苏小庙洪牡蛎礁海洋地理环境及自然保护价值[C]. 2004年全国地貌与第四纪学术会议暨丹霞地貌研讨会、海峡两岸地貌与环境研讨会.

Allen S, Carpenter A C, Luckenbach M, 2011. Restoration Goals, Quantitative Metrics and Assessment Protocols for Evaluating Success on Restored Oyster Reef Sanctuaries. Report to the Sustainable Fisheries Goal Implementation Team of the Chesapeake Bay Program[R]. Oyster Metrics Workgroup. 32pp.

Allen S, O'Neil C, Sowers A, 2013. Harris Creek Oyster Restoration Tributary Plan: A blueprint to restore the oyster population in Harris Creek, a tributary of the Choptank River on Maryland's Eastern Shore[R]. Maryland Interagency Oyster Restoration Workgroup of the Sustainable Fisheries Goal Implementation Team. 31pp.

Baggett L P, Powers S P, Brumbaugh R, et al., 2014. Oyster habitat restoration monitoring and assessment handbook[R]. The Nature Conservancy, Arlington, VA, USA., 96pp.

Beck M W, Brumbaugh R D, Airoldi L, et al., 2011. Oyster Reefs at Risk and Recommendations for Conservation, Restoration, and Management [J]. Bioscience, 61(2): 107-116.

Fitzsimons J, Branigan S, Brumbaugh R D, et al.(eds.), 2019. Restoration Guidelines for Shellfish Reefs [R]. The Nature Conservancy, Arlington VA, USA.

Grabowski J H, Peterson C H, 2007. Restoring oyster reefs to recover ecosystem services[M]. Pages 281-298 in K. Cuddington, J. Byers, W. Wilson, and A. Hastings, editors. Ecosystem engineers: plants to protists. Academic Press, Boston.

Kellogg M L, Brush M J, Cornwell J C, 2018. An Updated Model for Estimating TMDL-related Benefits of Oyster Reef Restoration. A final report to The Nature Conservancy and Oyster Recovery Partnership[R]. Virginia Institute of Marine Science, Gloucester Point, VA.

Kellogg M L, Cornwell J C, Owens M S, et al., 2013. Denitrification and nutrient assimilation on a restored oyster reef[J]. Marine Ecology Progress Series, 480: 1-19.

Knoche S, Ihde T, Townsend H, et al., 2018. Estimating Ecological Benefits and Socio-Economic Impacts from Oyster Reef Restoration in the Choptank River Complex, Chesapeake Bay. Final Report to The National Fish and Wildlife Foundation & The NOAA Chesapeake Bay Office[R]. Morgan State University, PEARL Report #11-05.

Newell R I E, 1988. Ecological changes in Chesapeake Bay: Are they the result of overharvesting the American oyster, *Crassostrea virginica*?[M]. In: M.P. Lynch and E.C. Krome (eds.). Understanding the Estuary: Advances in Chesapeake Bay Research, pp. 536-546. Chesapeake Research Consortium, Publication 129 CBP/TRS 24/88, Gloucester Point, VA.

Puckett B J, Theuerkauf S J, Eggleston D B, et al., 2018. Integrating larval dispersal, permitting, and logistical factors within a validated habitat suitability index for oyster restoration[J]. Frontiers in Marine Science 5, 76.

zu Ermgassen P S E, Grabowski J H, Gair J R, et al., 2016. Quantifying fish and mobile invertebrate production from a threatened nursery habitat[J]. Journal of Applied Ecology, 53 (2): 596-606.

zu Ermgassen P, Hancock B, DeAngelis B, et al., 2016. Setting objectives for oyster habitat restoration using ecosystem services: A manager's guide [R]. The Nature Conservancy, Arlington VA.

先进技术十七

海马齿生态修复技术

技术概要

一、工作背景

养殖活动产生的残饵、粪便等加速了水体富营养化进程，亟待选用合适的修复技术对水体进行修复。植物修复技术具有绿色环保、不产生二次污染、效果好等优点。海马齿是多年生肉质草本耐盐植物，是海水环境理想的修复植物。开展海马齿修复技术研究与应用示范，对于修复和保护海域生态环境、促进渔业绿色健康可持续发展具有重要意义。

二、技术原理

海马齿修复技术通过浮床设施，将植物移植到可承受其重量的载体材料上，海马齿的枝叶生长在空气中，根生长在水里，利用植物和根际微生物的相互作用来净化水质。

三、技术方法

海马齿修复技术包括海马齿生态适应性评价、移植扩繁关键技术和设施研发、海马齿综合修复能力和效果评价、修复技术应用示范等方面。具体方法有：

（1）开展拟修复区域盐度、温度、pH、营养盐、光照等环境因子调查，对修复区域海马齿生态适宜性进行评价，确定能否开展修复。

（2）选用经济、环保型材料作为浮床载体，要求具备一定承重能力，浮床面积依修复水面大小而定。

（3）将符合一定规格要求的海马齿茎段扦插于定植基质中，扦插30天内遮阴，控制光照强度。

（4）通过测定海马齿对N、P营养盐的固定量，水中N、P营养盐的去除率等评价海马齿的修复效果。

（5）开放性海域可采用海马齿生态网箱模式进行水域环境原位修复，海水陆基养殖可采用海马齿生态浮床模式进行尾水治理。

四、工作成效

该技术已在福建沿海北部、中部、南部的海水养殖区及休闲垂钓基地示范应用，并应用于海南工厂化育苗场尾水多级处理，取得积极成效。2012年首次将海马齿应用于东山湾开放式海水养殖区进行原位修复，经1周年扩繁，密度可达1488株/米^2，生物量152.5千克/米^2，通过生长，吸收固定养殖水体中的C、N、P量分别为5214克/米^2、377.0克/米^{2}和22.9克/米^2。实践证明，海马齿通过生长，吸收固定水体的C、N、P，与大型海藻能力相当，但其发达的根系可吸附大量悬浮物质，并促进根际微生物生长，加速营养元素吸收。因此，海马齿对海域环境的综合修复能力强于其他修复植物。此外，团队根据研究和应用成果，编制了福建省地方标准《海马齿茎段移植技术规范》(DB35/T 1889—2020）和发明专利“一种水培海马齿的茎段移植方法”(ZL201910298515.7)。

五、适用范围

海马齿是热带亚热带植物，在我国福建、广东、广西、海南等地均适用。海马齿适应性强，在土培、水培、淡水到海水环境下皆可生长，可应用于海淡水区域的水域环境修复。

六、应用前景

该技术可应用于海水池塘、育苗场、工厂化养殖车间、半咸水潟湖、海水养殖网箱、近岸海域等，在海水养殖环境修复和养殖尾水净化方面有广阔的应用前景。同时，海马齿兼具开发为海水蔬菜、饲料、药用植物等潜在经济价值，可丰富“海上粮仓”组成内容，具有较好的开发利用前景。

七、相关建议

（1）建立海马齿修复技术标准化模式，细化完善技术原理、技术方法、设施构建、效果评价、适用情况、修复机制，加快海马齿修复技术的应用推广。

（2）扩大海马齿修复技术示范应用范围，将其应用于海水养殖尾水处理和海域环境治理，拓展水域生态环境修复模式和途径。

（3）加快海马齿产业化开发利用，降低移植栽培成本，研发海马齿的海水蔬菜、饲料、精深加工产品等功能，提高海马齿的经济效益，使其更易于推广应用。

一、工作背景

1.当前海水养殖存在的问题 陆源污染输入以及过度无序海水养殖等原因（图17-1，图17-2）导致局部海域富营养化，生态环境受到破坏，病害和赤潮发生概率增加，造成养殖从业者的经济损失。如何改善目前养殖区的水质状况，对退化的养殖生境进行有效

图 17-1 陆源污染排放入海

图 17-2 养虾高位池

修复，是目前海水养殖业亟待解决的重要课题。

2. 如何解决当前存在的问题 养殖水体又分为开放性海域和海水陆基养殖水体，如何修复开放性海域（图 17-3）是一个难题。其中，生态原位修复大多数是利用大型海藻、贝类开展的，但大型藻类在南方无法度夏，修复受季节限制，因此，要解决修复连续性的问题。

图 17-3 开放性海域

海水陆基养殖（图17-4）处理尾水可采用原位或异位修复，但需要考虑经济、有效、可持续性的问题。由于大部分修复植物都不耐盐，筛选适用于海水养殖环境的修复植物尤为重要。

图17-4　海水陆基养殖

3.海马齿可用于海水生态修复　海马齿又名滨水菜、蟳螯菜或猪母菜，属于番杏科海马齿属，是多年生匍匐性肉质草本盐生植物（图17-5），广布全球热带和亚热带滨海地区，在我国分布于福建、台湾、广东、海南及东沙岛等近海岸。

图17-5　海马齿

海马齿耐半阴，耐高盐，耐高、低温的生长特性使其对环境变化有很强的适应性，加上其分蘖繁殖快、移栽易成活、扩繁可控，以及对C、N、P等吸收能力强等优点，更适合应用在海水养殖环境的生态修复中。

二、海马齿生态修复技术原理

海马齿主要通过物理截滤吸附、吸收富集、生化协同和化感克藻等作用来控制水体富营养化，净化水质，以实现维持生态系统稳定的目的（图17-6）。

植物根际微生物是实现浮床系统净化功能的重要组成部分，在碳、氮、磷、硫等元素的生物地球化学循环中扮演了重要的角色。在养殖水体净化、修复过程中，海马齿与根系微生物形成互惠共生的关系，共同发挥作用（图17-7）。

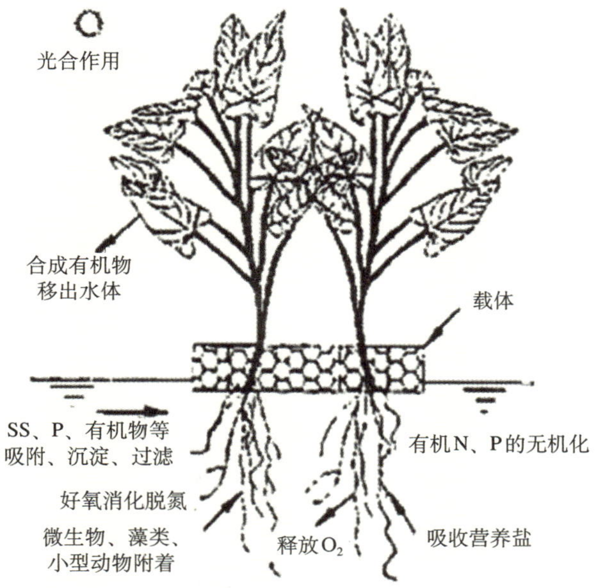

图17-6 植物修复作用原理

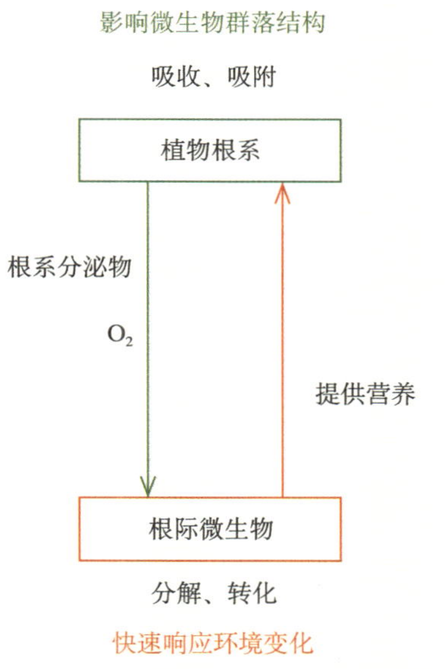

图17-7 海马齿根系与微生物协同作用

三、海马齿生态修复技术方法

1.海马齿生态适宜性 海马齿对盐度、温度、pH、营养盐、光照等的适应范围较广，在近海海域生态修复的应用中具有较高的推广应用价值，可作为养殖受损生境修复生态工程的关键种（图17-8）。

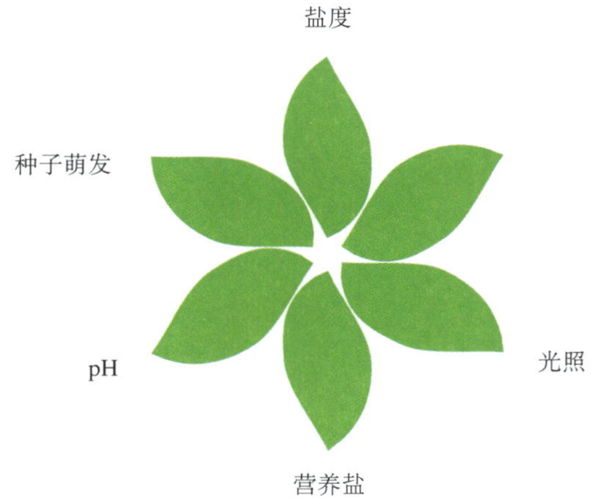

图17-8　海马齿生态适宜性研究

2.海马齿生态移植扩繁装置的构建　浮床材料就地取材，经济、环保型材料皆适用，要求浮床载体承重达60千克/米^{2}以上。浮床面积依修复水面大小而定，与养殖水域面积比为（1 ∶ 5）～（1 ∶ 10），以浮床不下沉、植株浮在水面上为宜。将海马齿茎段扦插于定植基质中，有叶茎节在基质面之上，无叶茎节浸泡于水中。

为充分利用示范区网箱养殖的废弃网箱设施及网箱之间的闲置空间，研究团队研发了两种海马齿种植装置：浮床和浮岛。

（1）浮床。先后研制多种材料和规格的浮床106个，在使用过程中不断改进，最后精选框架结构及浮性材料，研制开发出低污染、环保型、高浮力的新型浮床，浮力可达到60千克以上，在控制种植密度的条件下，能够满足实际需求（图17-9）。

图17-9　生态浮床（左：早期；右：改进后）

（2）浮岛。为充分利用养殖网箱之间的闲置水体，研发了组合式生态浮岛。秉承绿色、清洁、高效的生态设计原则，克服传统浮床泡沫载体易产生二次污染的缺点，后期研发了海马齿渔排扩繁关键设施与技术，将适宜的海马齿离体植株扦插在渔排网片上（图17-10）。

图17-10　生态浮岛（左：早期；右：改进后）

3.海马齿移植扩繁技术研发　综合室内和野外移植、扩繁技术等研究结果（图17-11），编制了福建省地方标准《海马齿茎段移植技术规范》（DB35/T 1889—2020），获得发明专利“一种水培海马齿的茎段移植方法”（ZL201910298515.7），规范了海马齿茎段移植苗种准备、贮藏与运输、定植方式选择、移植时间选择、扦插方法、扦插密度选择、移植后管理、移植成活率等技术指标和要求。

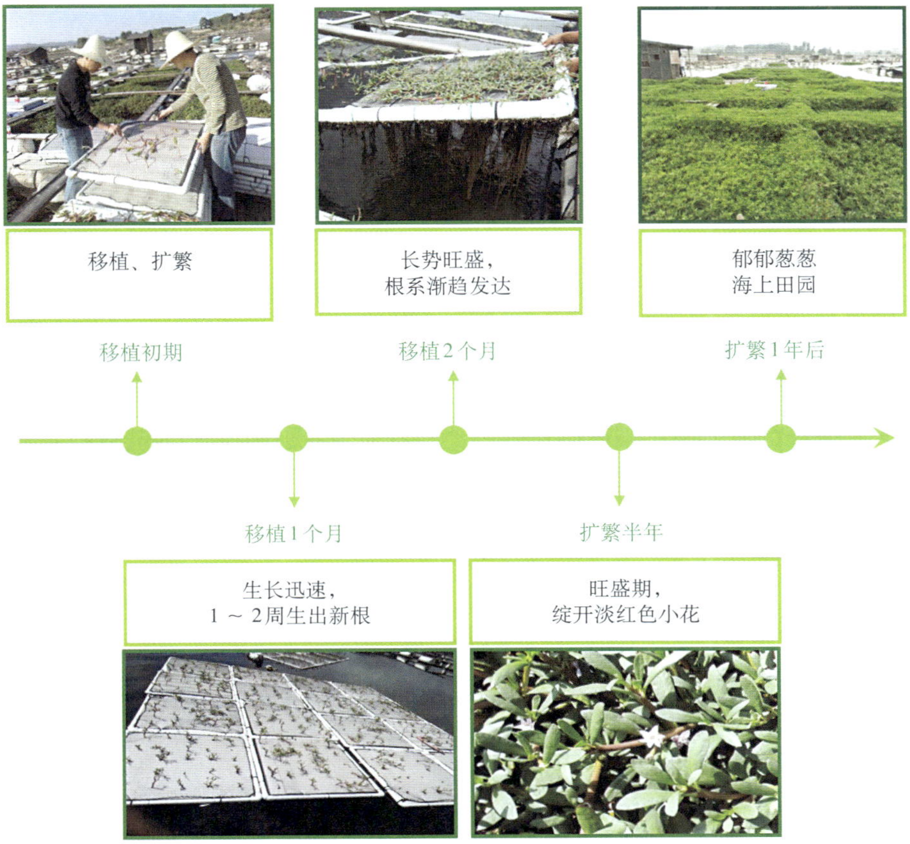

图17-11　海马齿移植扩繁

（1）移植苗种准备。海马齿茎段长度为30 ～ 50厘米，无叶茎节3 ～ 5节，有叶茎节1 ～ 3节，以顶部保留2 ～ 6叶为宜（图17-12）。

图17-12　海马齿移植苗种准备

（2）贮藏与运输。茎段置于阴凉透风处贮藏，摊开平铺（图17-13）或捆扎直立放置（图17-14），避免堆垛，温度10 ～ 25℃，相对湿度大于60%。运输时防止风吹、日晒、雨淋和机械损伤，贮藏和运输以不超过48小时为宜。

图17-13　海马齿摊开平铺

图17-14　海马齿捆扎直立

（3）***移植方法***。将海马齿茎段扦插于定植基质中，有叶茎节在基质面之上，无叶茎节浸泡于水中（图17-15）。如遇茎段末端节点在运输过程出现干燥萎蔫现象，摘除该茎节（图17-16）。

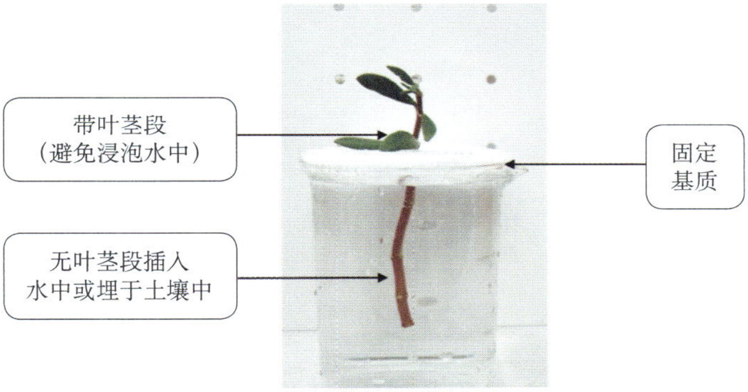

图17-15　海马齿移植方法示意图

图17-16　海马齿植株移植现场

（4）移植密度。结合多年研究实践，综合考虑扩繁效果和经济效能，建议海区规模化移植密度为25 ～ 35株/米^2（图17-17）。

图17-17　不同种植密度扩繁一年的生长效果

（5）移植后管理。扦插后30天内（不定根生长期），控制光照强度5000 ～ 15000流明。

（6）移植成活率。叶呈绿色或黄绿色，肉质柔软且较厚，叶片完整，无缺水萎蔫现象。茎生长良好，呈绿色、暗红或红色，无缺水萎蔫现象。在无叶茎节基部新生不定根（≥3），呈乳白色，无损伤（图17-18）。移植一个月后，满足以上所有要求，判定移植成活。

图17-18　海马齿移植成活判定

4.海马齿综合修复效果评价　海马齿生态浮床（图17-19）可以降低残饵粪便产生量，提高养殖生物（图17-20）对饵料蛋白质的利用率，有效降低养殖水体中的悬浮颗粒物、化学需氧量（COD）和总有机碳（TOC）含量，促进水体氨氮向亚硝酸盐和硝酸盐转化，有效减轻对养殖生物的毒害作用。同时，海马齿生态浮床可为养殖生物提供遮阴、躲避和栖息空间，降低养殖生物的死亡率。综合各项指标分析，生态浮床的配比优化方案为覆盖率等于或高于养殖水体面积的30%。

图 17-19 海马齿浮床系统建立

图 17-20 养殖生物测试

试验证实，海马齿通过生长吸收固定水体中的C、N、P，与大型海藻（如海带、龙须菜）能力相当。

相比于大型海藻在南方无法度夏的限制（图17-21），海马齿是多年生肉质耐盐、耐高温草本植物，能保证修复季节的连续性。

图 17-21　海马齿（左）与大型海藻（右）

此外，海马齿根系发达，可吸附大量悬浮物质，其根系还能促进根际微生物生长，加速C、N、P、S等元素的循环。因此，与其他修复植物相比，海马齿对水域环境的综合修复能力更强。

5.海马齿修复技术应用示范　开放性海域可通过生态网箱模式进行水域环境原位修复（图17-22），海水陆基养殖可通过生态浮床模式进行尾水治理（图17-23）。

两者都是基于植物修复原理，区别在于修复地点不同。生态网箱修复技术是将浮床载体铺设于传统网箱周边，养殖尾水处理技术是将浮床载体铺设于尾水处理塘。

海马齿移植规模取决于待修复或处理的水体面积，可通过测定海马齿对N、P营养盐的固定量，水中N、P营养盐的去除率等评价海马齿的修复效果。

图 17-22　养殖海区原位修复

图17-23　育苗场养殖尾水处理

四、海马齿生态修复工作成效

1.技术方法制定　制定了福建省地方标准《海马齿茎段移植技术规范》(DB35/T 1889—2020)，获得发明专利“一种水培海马齿的茎段移植方法”(ZL201910298515.7)，为海马齿修复技术的应用示范与推广奠定了坚实基础。

2.技术应用推广　2021年3月，研究团队整理了“养殖水体海马齿生态修复技术”相关材料，包括技术概述（技术基本情况、技术示范推广情况、提质增效情况、技术成果情况）、技术要点、适宜区域、注意事项等，经专家遴选，入选福建省级渔业主推技术（图17-24）。

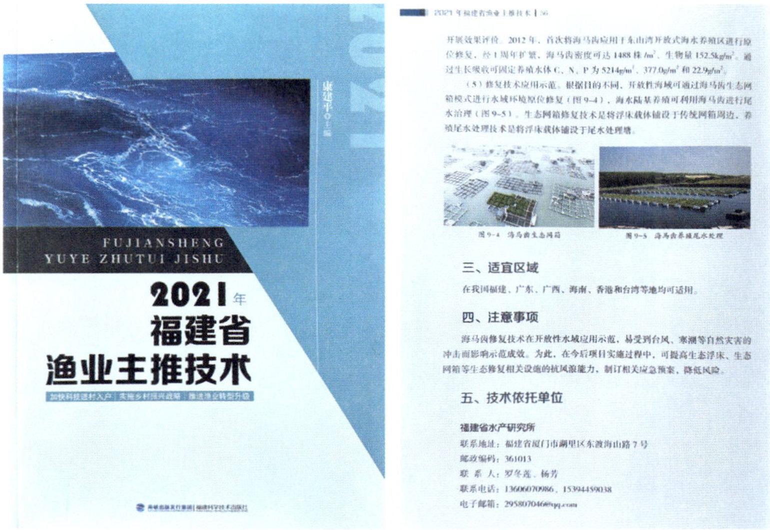

图17-24　福建省推介发布2021年渔业主推技术

海马齿生态修复技术已在福建沿海北部、中部、南部，海南等地的海水养殖区、渔业休闲垂钓基地、育苗场进行示范应用，并呈现辐射区域广、生态效益好、经济效益高的良好发展态势。

五、海马齿生态修复典型案例

1.福建东山八尺门修复示范区

（1）海马齿生境修复效果。2012年，首次将海马齿应用于东山湾开放式海水养殖区进行原位修复（图17-25）。

图17-25　海马齿原位修复

经过一周年的扩繁，八尺门修复示范区海马齿密度达1488株/米^2，生物量152.5千克/米^2（鲜重）；通过植物收获，避免二次污染，可从源头上减轻网箱养殖海区的营养负荷，海马齿通过生长吸收，对养殖水体C、N、P的总移除量分别为5214克/米^2、377.0克/米^2、22.9克/米^2。发达的根系可吸附大量悬浮物质（图17-26），通过植物收割可将悬浮物从水中移除，且海马齿能促进根际微生物生长，加速C、N、P、S等元素的循环。可见，耐盐植物海马齿能够有效移除养殖水体中C、N、P的含量，生境修复效果明显。

图17-26　海马齿发达的根系

（2）*海马齿修复技术的生态效益*。海马齿生态浮床、浮岛能为养殖生物（如鱼类等）提供遮阴环境，发达的根系可作为鱼类的“避难所”，幼根也可作为鱼类的食物，为各种生物提供了生息空间。海马齿浮床上白鹭驻足（图17-27），花期时可见蜜蜂采蜜（图17-28）、蝴蝶飞舞的景象（图17-29）。其根系促进了根区硝化细菌、反硝化细菌、厌氧氨氧化细菌、光合细菌、解磷细菌等功能菌群的生长，增加了根际微生物的多样性。

图17-27　海马齿浮床上白鹭展翅

图17-28　海马齿花期蜜蜂采蜜

图17-29　海马齿花上的蝴蝶

因此，从水上到水下，从宏观到微观，海马齿生态浮床的存在均提高了生物多样性，发挥了良好的生态效益。

（3）*海马齿修复技术的景观效益*。生态浮床除具有生境修复功能外，同时具有良好的景观效益（图17-30）。经过5 ~ 6个月，海马齿生态浮床可达旺盛期，并绽开粉色小花，点缀于一片郁郁葱葱的翠绿当中（图17-31），宛如海上田园，碧草蓝天的景象提高了养殖区的“颜值”。

图17-30　东山湾八尺门郁郁葱葱的海上田园

图17-31　海马齿绽开粉色小花

（4）海马齿修复技术的社会效益。研究团队在八尺门养殖网箱内及其设施上种植扩繁海马齿的修复方式（图17-32），在净化水质的同时美化了景观，得到了养殖户的认可。

图17-32　网箱内和渔排设施上的海马齿

海马齿修复技术在东山湾八尺门的应用示范获得了福建省海洋与渔业局、人民网、厦门日报、宁波市海洋与渔业局等相关媒体的报道，取得了良好的社会效益。

2017年5月15日，耐盐植物海马齿修复技术作为重点推介项目之一，被编入《海洋科技成果汇编》（图17-33），在6·18海洋科技成果专场对接会进行现场签约（图17-34）。

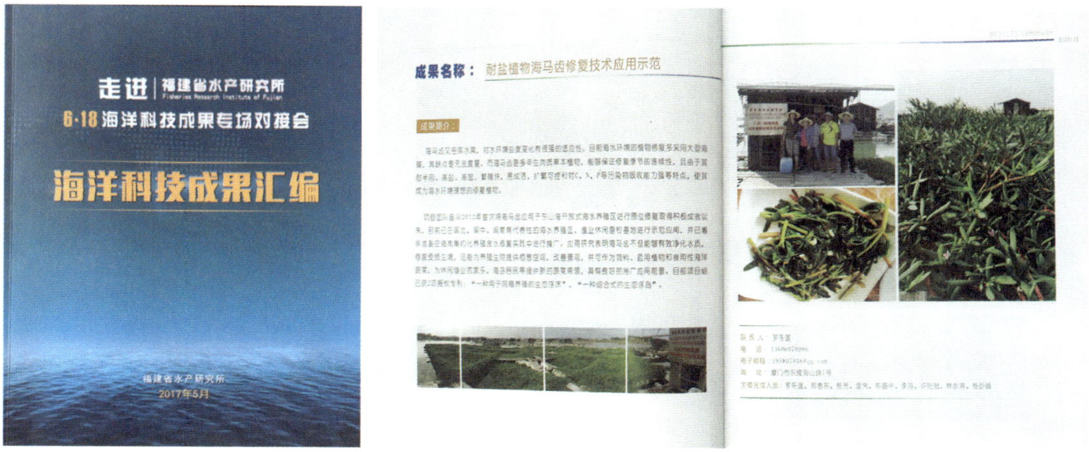

图17-33　海马齿成果编入《海洋科技成果汇编》

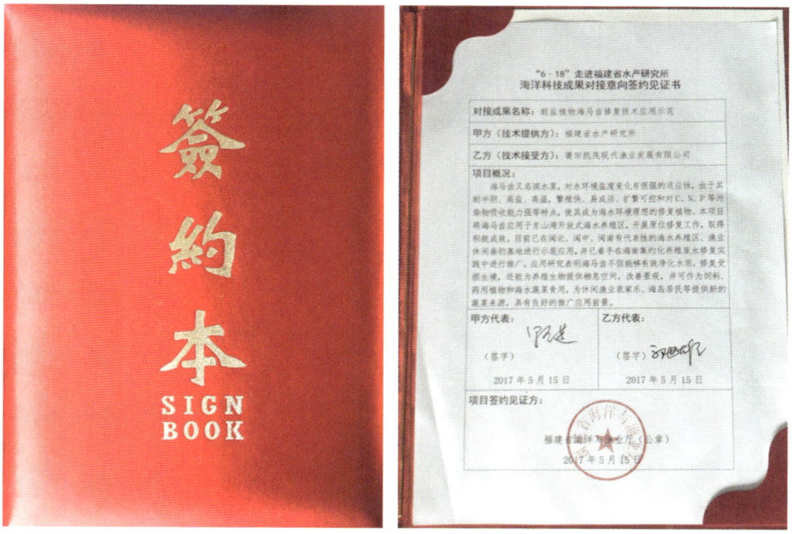

图17-34　海马齿修复技术成果现场签约本及内页图

2020年4月22日，央视纪录频道播出纪录片《海上福建》第三集，聚焦了海马齿生态修复技术团队在东山湾示范基地的科研成果（图17-35，图17-36）。

图17-35 《海上福建》拍摄现场采摘的海马齿

图17-36 备菜过程——鱼菜共生的鱼与海马齿

2.福建莆田基地

(1) 工作开展。在莆田后海示范基地，经过两年多的海马齿修复生态工程建设和实施，2000米^{2}的海马齿浮床长势旺盛（图17-37，图17-38），既净化了水质，又美化了环境，丰富了“渔家乐”多形式和内涵，有助于促进渔旅结合发展。

图17-37 莆田市后海垦区海马齿修复生态工程挂牌

图17-38 莆田市后海垦区海马齿修复生态工程海马齿长势旺盛

(2) *社会效益*。2018年1月20日，莆田后海渔村被授予“中国休闲渔业旅游魅力村”称号，这是莆田市发展休闲旅游取得的一张国家级金字“名片”。2018年9月6日，莆田广播电视台《今日视线》栏目报道了后海垦区海马齿修复生态工程的应用成果。成片绿油油的海马齿匍匐在生机勃勃的后海渔村海面上，给后海渔村的美景增添了趣味和生机(图17-39)。

图17-39　海马齿为莆田市后海渔村的美景添彩

3.福建宁德基地

（1）斗帽岛海域。2019年4月，研究团队在前期建立的生态浮床系统基础上（图17-40），与新移植扩繁的海马齿生态浮床及养殖网箱相结合，在宁德斗帽岛海域开展基于植物修复的海马齿生态网箱修复技术研究。从斗帽岛风景区远眺，可见示范基地呈现郁郁葱葱的景象（图17-41），为养殖区增添了一抹绿（图17-42），为美丽中国建设添砖加瓦。

图17-40　前期建立生态浮床海马齿的扩繁效果

图17-41　斗帽岛海域海洋生态牧场示范基地海马齿长势（2020年）

图17-42　斗帽岛海域海洋生态牧场示范基地海马齿长势（2021年）

（2）**白基湾海域**。研究团队于2020年4月启动青山白基湾基地海马齿移植工程，经近2年的生长，白基湾基地海马齿茎叶部分已基本覆盖住浮床载体（图17-43，图17-44），为海马齿生态修复系统发挥植物修复、水质净化的作用奠定了良好的基础。白基湾海上郁郁葱葱的海马齿与青山岛相映成趣，契合“绿水青山就是金山银山”的绿色生态发展理念。

图17-43　宁德白基湾基地郁郁葱葱的海马齿

图17-44　宁德青山白基湾基地——海马齿的扩繁效果（2021年12月）

4.海南文昌基地 2017年，应海南海兴农海洋生物科技有限公司邀请，研究团队前往翁田镇南美白对虾繁育基地，将海马齿修复技术引入养殖尾水多级处理系统中（图17-45），使养殖尾水经格栅池、罗非塘、青口塘、微滤机、生化池之后，进入海马齿生态池进行处理，达标排放。

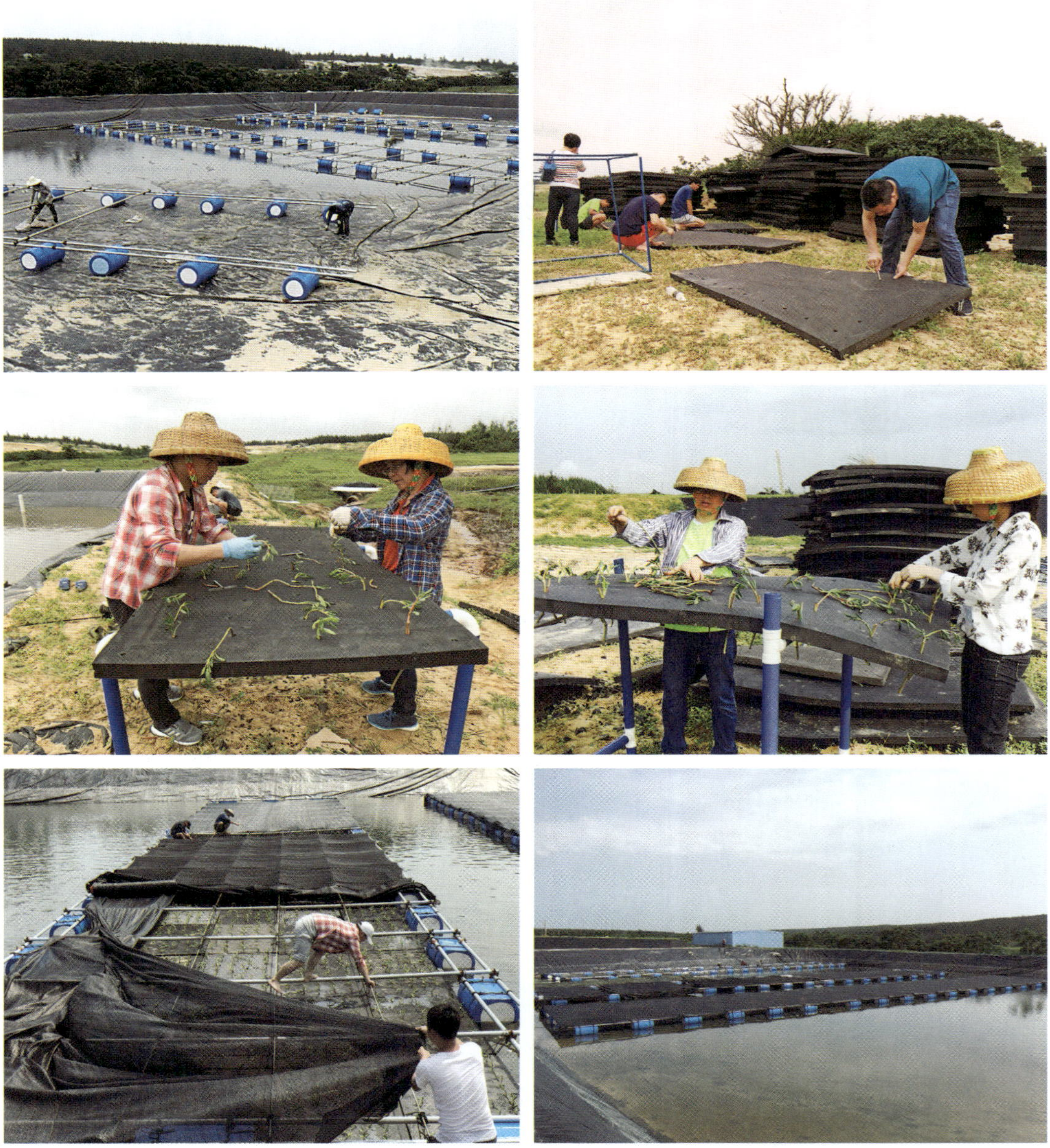

图17-45 海马齿生态修复工程实施（2017年5月）

经过2个月的生长，海马齿根系发达，叶片组织长势良好（图17-46），移植成活率达95%以上，这是团队首次在省外建立海马齿修复生态工程示范基地（图17-47）。

图17-46 海马齿生态修复工程实施效果（2017年7月）

图17-47 海马齿修复生态工程应用示范——海南海兴农基地挂牌

2018年2月，海南海兴农海洋生物科技有限公司翁田镇南美白对虾繁育基地尾水处理项目顺利通过专家组验收。经过一年多的运行和跟踪监测（图17-48），经系统处理后的排放养殖尾水达到了相关排放标准，生态工程取得积极成效。

图17-48 海马齿生态修复工程实施效果（左：2018年4月，右：2019年1月）

六、海马齿生态修复相关建议

1.应用前景 海马齿是热带亚热带植物，在我国福建、广东、广西、海南、香港等地均适用，栽培适用范围广且适应性强，在土培、水培、淡水到海水环境皆可生长，可应用于海淡水区域的水域环境修复（图17-49）。

图17-49 海马齿培育（左：土培；右：水培）

海马齿修复技术可在池塘、育苗场、工厂化养殖车间、半咸水潟湖、养殖网箱、近岸水域、渔业休闲垂钓基地、育苗场、养殖尾水处理等生态修复工程中推广应用。

除组氨酸和维生素C外，海马齿茎叶的β-胡萝卜素、总蛋白和叶绿素等营养成分含量比北美海蓬子更高。海马齿可作为海水蔬菜，丰富“海上粮仓”的组成内容，为海岛官兵提供蔬菜来源（图17-50）。

图17-50 海马齿嫩茎叶

2. 有关建议

（1）建立海马齿修复技术标准化模式，细化完善技术原理、技术方法、设施构建、效果评价、适用情况、修复机制，加快海马齿修复技术应用推广。

（2）扩大海马齿修复技术示范应用范围，将海马齿修复技术应用于海水养殖尾水处理和海域环境治理，拓展水域生态环境修复模式和途径。

（3）加快海马齿产业化开发利用，降低移植栽培成本，研发海马齿海水蔬菜、饲料和精深加工产品。

七、海马齿生态修复团队介绍

福建省水产研究所成立于1957年，隶属福建省海洋与渔业局，是一个公益型、多学科、综合性的省级海洋与渔业研究机构，也是一所水产学科齐全、技术力量雄厚、学科特色与优势明显、科研综合能力较强的研究所（图17-51）。

图17-51　福建省水产研究所主楼

海马齿技术团队有技术人员22人（图17-52），目前正在开展海马齿在养殖区生态系统稳态维持、养殖尾水处理、高值化利用等研究工作。

图17-52　海马齿修复技术团队（左：生态组；右：环境组）

先进技术十八

外来水生物种风险评估与防控技术

技术概要

一、工作背景

随着我国外来物种养殖规模的不断扩大，休闲渔业不断发展，外来水生物种防控形势日趋严峻。由于人为丢弃、人为放生和养殖逃逸等原因，许多外来物种在带来经济效益的同时也扩散到了我国大部分自然水域。开展外来水生物种风险评估与防控，对于保障农业生产和粮食安全、维护水域生态系统稳定、促进渔业绿色可持续发展具有重要意义。

二、技术原理

外来水生物种来源主要包括养殖引进、观赏渔业引进以及生物防治引进。引进后的外来物种要经过适应、定居、繁殖、传播、扩散等过程，才可能形成危害，成为入侵种。不是所有的外来物种都会形成入侵，外来物种的入侵只是小概率事件，每一步成功的概率大概在10%左右，因此，在外来物种引进过程中需要开展风险评估。在外来物种引进后要及时进行跟踪监测，在外来物种传播、扩散和暴发后要及时进行防控治理，以避免形成入侵，并将其危害和造成的损失降到最低。

三、技术方法

主要技术包括风险评估、监测预警以及防控治理技术。风险评估技术是在识别外来物种风险的基础上，建立多层级和多参数构成的外来物种风险评估指标体系，根据相关模型、调查数据以及评估软件开展相关工作。监测预警技术首先要建立调查监测网络，明确监测类型和指标，开展调查监测。根据调查监测数据以及生物气候变量数据，通过生态位模型开展适生区预测与风险预警。防控治理技术主要是通过物理防控、化学防控、生物防控、开发利用及综合治理，及时对入侵的水生物种进行控制和灭除。

四、工作成效

该技术已应用于我国外来水生物种防控管理工作，先后将12种外来水生物种列入国家重点管理外来入侵物种名录（第一批）和国家重点管理外来入侵物种名录，基本查清了我国各大主要流域水系主要外来水生物种的分布，掌握了华南地区主要河流外来鱼类的种类和资源现状；成功开展了部分外来水生物种防控治理和综合利用，实现了部分物种规模化灭除，相关成果先后获得广东省科技进步奖和中国水学会范蠡科学技术奖。

五、典型案例

在2017年广东佛山某湖泊的生态修复工作中，针对入侵罗非鱼大量取食水草的情况，研制特异性杀灭药物“灭非灵”用于罗非鱼的防治，杀灭效果达到了98%以上。2019年2月5日，广州市白云湖惊现疑似鳄雀鳝的大型“怪鱼”，团队受委托，积极参与“怪鱼”处置工作，针对大水面水域特点制定了专业化捕捞方案，成功捕获鳄雀鳝两尾。2021年以来，利用外来水生动物入侵风险的评估技术，为海关在外来水生生物引种评估和案件办理上提供了多次技术支撑。

六、适用范围

适用于已引进和未来要引进的外来水生动物的风险评估与风险分析、已引进的外来水生动物调查监测与风险预警，以及外来入侵水生动物的防控治理。

七、应用前景

随着生态环境保护日益受到高度重视，水产养殖绿色健康发展不断推进，对养殖水域和天然水域外来水生物种的防控需求不断提升，外来物种风险评估和防控技术将具有良好的应用推广前景。

八、相关建议

（1）进一步健全完善外来水生物种监测网络，开展系统的长期定位监测和调查分析。

（2）探索相关技术在生态环境保护和水环境治理上的应用，并适时开展示范推广。

（3）针对豹纹翼甲鲶、齐氏罗非鱼等我国常见的外来入侵水生生物，研究构建相应的防控治理技术。

（4）外来水生物种引进我国前须由专业机构进行风险评估，对于风险高的物种和区域，严禁引进与养殖。

一、工作背景

（一）工作背景和紧迫性

外来水生动物的引种利用极大地促进了全球渔业和经济社会的发展，但另一方面，盲目引种和不规范养殖、丢弃、放生等原因所导致的部分外来水生生物的入侵，又对全球粮食安全和生态安全构成了严重威胁。我国是水产大国，出于食用和观赏等需要，先后引进了福寿螺、罗非鱼、大口黑鲈、克氏原螯虾、美洲牛蛙、豹纹翼甲鲶等数以百计的外来水生动物，这些外来水生动物在促进渔业发展的同时，也有部分物种不断扩散并形成入侵，严重威胁农业生产和水生态环境。因此，科学利用和管理外来水生动物不仅事关国家生态安全，也与粮食安全密切相关（图18-1）。

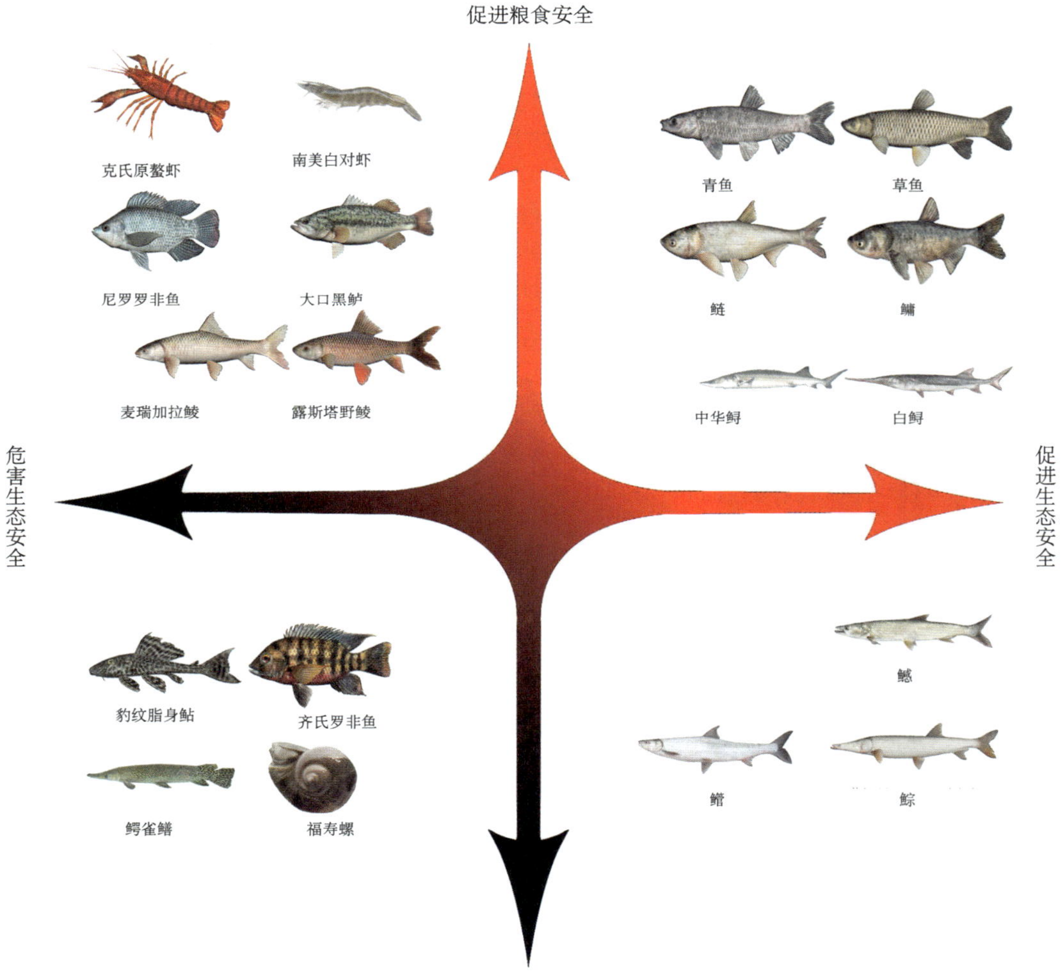

图18-1　外来物种与国家安全的关系

不同于被动引进外来杂草和病虫害，大部分外来水生动物是出于渔业发展的目的主动引进的，并在保障粮食安全中起着重要的作用。外来水生动物的防控工作起步较晚，导致风险认识不足，防控技术缺乏，乱放生、丢弃外来物种的行为层出不穷，不仅影响了对外来水生生物的有效防控，导致防控形势日益严峻，也影响了对一些外来良种的科学利用，制约了产业的发展。

近年来，国家高度重视外来入侵物种防控工作，党的二十大报告明确提出了加强生物安全管理，防治外来物种侵害。为应对产业需求和国家需求，中国水产科学研究院珠江水产研究所外来物种与生态安全团队在创始人胡隐昌研究员的带领下，开展了外来入侵水生动物风险评估与防控关键技术等系列工作。

（二）基本定义

防控外来入侵物种需要对外来种、外来入侵种等术语的范围和定义进行准确把握。

1.外来种　出现在其过去或现在的自然分布范围及扩散潜力以外的物种、亚种或以下的分类单元，即一个生物体出现在了其扩散潜力以外的区域。

2.外来水生生物的范围和界定　按照来源不同，外来水生生物可分为3个大类：一是不同大陆间的外来水生生物，如从美洲大陆引进我国的克氏原螯虾、云斑鮰、食人鲳、淡水白鲳等；二是同一大陆不同流域间的外来物种，如从恒河流域引进我国的麦瑞加拉鲮和露斯塔野鲮、跨流域进入雅鲁藏布江水系的丁鱥；三是同一个流域不同生态系统的外来物种，如从长江下游进入上游高原湖泊的麦穗鱼、子陵吻鰕虎鱼等。

3.案例　额尔齐斯河水系的河鲈（图18-2）在博斯腾湖（属于塔里木河水系）属于外来物种，河鲈的大规模引进已导致博斯腾湖中大头鱼的灭绝。

图18-2　河鲈（徐浩然提供）

（三）外来入侵种

1.外来入侵种　外来入侵种指在当地自然或半自然生态系统中形成了自我再生能力、可能或已经对生态环境造成明显损害或不利影响的外来物种（图18-3），不包括暂存外来种和养殖水域中的外来种。

图 18-3　泛滥成灾的入侵种福寿螺

豹纹翼甲鲶（图 18-4）在南方部分河流对生态环境造成严重危害，已成为外来入侵种。

图 18-4　已形成入侵的豹纹翼甲鲶

2.外来种和外来入侵种的区别

（1）外来种只是一个相对于土著种的考虑了地理分布的相对概念。

（2）外来入侵种是指那些有生态或经济威胁的外来种。

（3）外来种包括外来入侵种，但外来种并不都是入侵种。

（四）全球外来水生生物入侵现状

外来水生生物入侵和栖息地破坏已成为水生物种和水生生态系统最主要的威胁，凤眼莲、福寿螺、美洲牛蛙（图18-5）、大口黑鲈（图18-6）、食蚊鱼、红耳彩龟（图18-7）均已成为全球性的入侵物种。在全球100种最具威胁的外来入侵物种中，水生生物有25种。

图18-5　美洲牛蛙

图18-6　全球性的入侵种大口黑鲈

图 18-7 全球性入侵种红耳彩龟

（五）我国外来水生生物入侵现状

1. 入侵原因

（1）我国幅员辽阔，区域差异显著，多样的水域生态系统使大多数外来物种都能找到合适的栖息地。

（2）随着我国外来物种养殖规模的不断扩大，休闲渔业不断发展，外来水生物种防控形势日趋严峻。

（3）由于人为丢弃、人为放生和养殖逃逸等原因，部分外来物种在带来经济利益的同时也扩散到了我国大部分自然水域（图 18-8）。

图 18-8 人为弃养并形成入侵的齐氏罗非鱼

2. 入侵现状 在华南地区的部分天然水域，外来物种齐氏罗非鱼、豹纹翼甲鲶、革胡子鲶、福寿螺等已成为常见种，在部分水域已成为优势种，部分物种已成为绝对优势种（图 18-9）。

图 18-9 在部分水域成为绝对优势种的豹纹翼甲鲶

（六）外来水生物种入侵的主要危害

1.威胁农业生产和水利安全

（1）福寿螺取食水稻等农作物，威胁农业生产。

（2）小龙虾（克氏原螯虾）擅长打洞，会破坏农田甚至危及水库大坝（图 18-10）。

图 18-10 克氏原螯虾（小龙虾）

（3）豹纹翼甲鲶繁殖时有打洞的习性，会造成河岸及堤坝水土流失。

2.影响渔业生产活动

（1）云斑尖塘鳢在养殖水域捕食水产养殖种（图18-11）。

图18-11　捕食作用强的云斑尖塘鳢

（2）豹纹翼甲鲶与养殖鱼类竞争食物资源，增加饵料消耗。

（3）齐氏罗非鱼长不大，在罗非鱼养殖池塘中大量消耗饲料。

3.危害水域生态环境

（1）革胡子鲶通过捕食和竞争性替代造成渔业资源衰退。

（2）罗非鱼会破坏水底结构，改变浮游动植物种类和数量等（图18-12）。

图18-12　被齐氏罗非鱼破坏的水草

（3）水葫芦会抑制或影响其他物种的生长，破坏生态多样性。
（4）德国镜鲤占据本地鲤的生态位，并会对本地鲤造成遗传侵蚀。

4.危害人类身体健康

（1）福寿螺等水生生物携带致病性微生物或寄生虫，会影响人类健康。
（2）红腹锯脂鲤会攻击人类，可能对人体造成一定的伤害。
（3）鳄龟生性凶猛，具有很强的攻击性（图18-13）。

图18-13 攻击性强的大鳄龟

二、技术原理

1.外来水生物种入侵过程 外来水生物种引进来源包括：①养殖引进，品种有多种罗非鱼、斑点叉尾鮰、大口黑鲈、大菱鲆、南美白对虾、罗氏沼虾、克氏原螯虾、美洲牛蛙等；②观赏渔业引进，品种有鳄雀鳝、金龙鱼、清道夫、七彩神仙鱼、巴西龟等；③生物防治引进，品种有食蚊鱼等。

并不是所有的外来种都会形成入侵，外来种的入侵只是小概率事件，每一步成功的概率在10%左右（图18-14）。

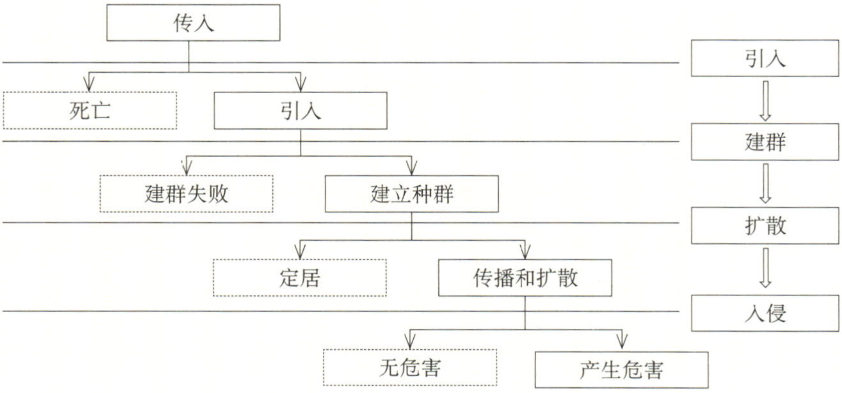

图18-14 外来物种的入侵全过程

2.外来水生物种防控原理

（1）种群引进前要进行风险评估，以便科学决策，尽早采取有效控制和防治措施。

（2）种群引进后和种群定居时要进行跟踪监测，及时掌握其生存发展现状，为开展外来物种防控治理提供依据。

（3）种群传播扩散和暴发时要进行防控治理，控制传播和扩散，阻断传播途径，消除外来物种。

3.外来水生物种风险评估

（1）方法。在识别外来物种风险基础上，建立多层级和由具体参数构成的外来物种风险评估指标体系，提出指标量化、权重设置、综合模型建立和风险等级划分的方法。

（2）步骤。具体步骤为：①开展外来水生物种的风险识别，明确风险产生的过程；②建立外来物种分析评估指标体系，提取风险产生的内在和外在关键因子；③开展外来水生物种风险评估，建立外来物种风险评估模型，划分风险等级。

4.外来水生物种监测预警　对引入外来物种的生长繁殖情况进行监测，掌握其生存发展动态，建立对外来物种的跟踪监测制度，一旦发现问题，及时采取措施。

某一外来物种被引进后，如果不继续跟踪监测，一旦此种生物被事实证明为有害生物或随着气候条件的变化而逐渐转化为有害生物，就等于放弃了在其蔓延初期就将其彻底根除的机会，面临的很可能是一场严重的生态灾害（图18-15，图18-16）。

图18-15　入侵早期开展干预的鳄雀鳝

图18-16　泛滥成灾的齐氏罗非鱼

5.外来水生物种防控治理

（1）方法。恢复原有生态系统是治本之策，可采用物理防控、化学防控、生物防控、开发利用等方法进行综合治理（图18-17），采取有效措施，及时对入侵的水生物种进行控制和灭除。

（2）原则：速效、持续、安全、经济。

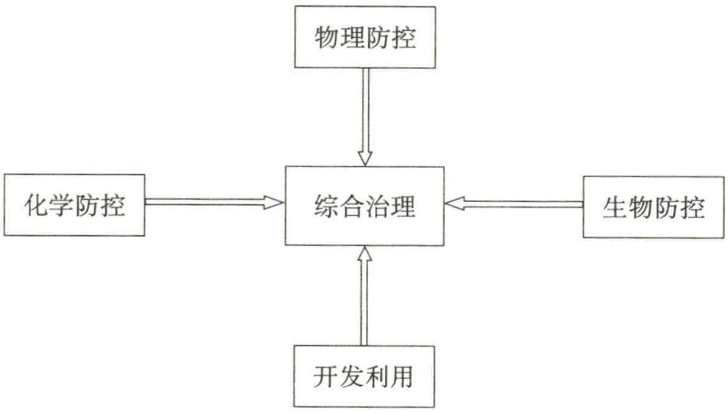

图18-17　外来入侵物种防控技术方法

三、技术方法

（一）外来物种风险评估方法

1.基于功能反应的风险评估

（1）功能反应。功能反应即每个捕食者的捕食率随猎物密度变化的一种反应，即捕食者对猎物的捕食效应。

（2）采用功能反应模型估计单位个体的资源消耗率。估计袭击率、最大取食率等，以量化单位个体的影响。最终，结合物种的密度（或多度）计算整体影响。同时，可以结合数量反应模型，预测外来种的种群增长趋势。

2.基于调查数据的风险评估　通过对渔业资源的长期跟踪调查，评估罗非鱼入侵对渔业经济和生态系统的影响（图18-18）。

图18-18　对渔民和渔获物的跟踪调查

基于对外来水生生物和渔业资源环境的长期性监测，结合控制实验，评估外来鱼类入侵对土著种生长和生存、土著生物群落多样性和水生生态系统结构与功能的影响（图18-19）。

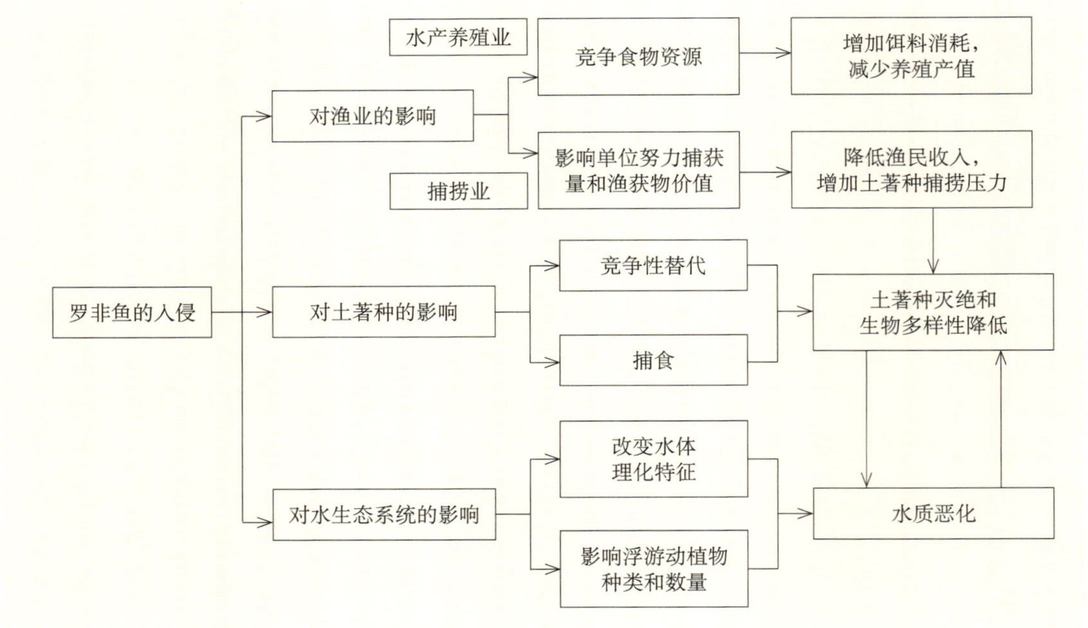

图18-19　罗非鱼的生态和经济危害

3.风险评估软件　通过和英国渔业环境与水产养殖科学中心Gordon Copp教授等的合作，引进了外来水生生物入侵性筛选系统，并完成了该系统的本地化工作。

通过对外来水生生物不同生态特征的赋分，确定不同种类的风险等级，为管理部门制定引种和风险评估策略提供技术支持。

得分越高代表入侵风险等级越高。其中，经济和环境影响各占15分，物种有害特征占26分，豹纹脂身鲶的评估总得分为41分，说明该鱼在珠江流域具有极强的入侵风险，亟待开展入侵机制、生态影响等科学研究。

4.监测网络　利用农业基础性、长期性监测专项，建立外来水生动物全国性监测网络，开展系统的长期定位监测和调查分析。全国共22个参加单位，设立了72个长期监测点（图18-20）。

图18-20　监测与样本处理

（二）外来物种监测预警技术

1.采样及样本信息要素

（1）采样点基本信息。

（2）样本信息。

2.种类构成和数量动态要素

（1）种类组成。

（2）数量动态。

3.物种生物学和生态安全监测要素

（1）基础生物学。

（2）生态安全。

具体见图18-21。

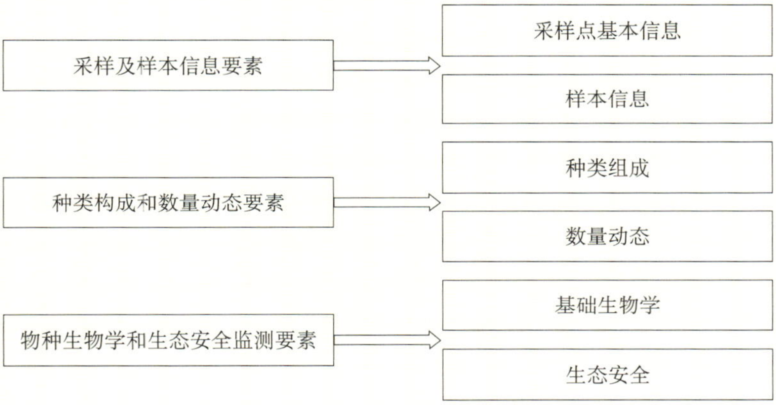

图18-21　外来物种监测预警技术

4.开展适生区预测与风险预警　结合齐氏罗非鱼在我国的分布记录和年均温、年降水量等19个生物气候变量数据，通过生态位模型预测其在我国的潜在适生区。

预测结果显示，齐氏罗非鱼的潜在适生区主要分布在华南地区，广东、广西、海南和福建沿海地区具有高度潜在入侵风险。

（三）外来水生物种治理技术

1.物理防控　通过人为捕捞和破坏栖息地的方法防控外来物种（图18-22）。

2.生物防控　通过引入天敌捕食、寄生、竞争性替代等方式防控外来物种（图18-23）。

3.化学防控　通过投放化学试剂或药品等方法防控外来物种（图18-24）。

图18-22　利用人工清除的方式清除福寿螺

图18-23　通过稻田养鸭防控福寿螺（张国良提供）

图18-24　利用化学药物防控齐氏罗非鱼

4.开发利用 通过食用、制作饲料及工业原料、提取药物等利用开发的方法防控外来物种（图18-25）。

5.综合治理 将生物、化学、机械、人工、替代等单项技术融合起来，达到综合控制入侵生物的目的。

图18-25 被开发为食品的克氏原螯虾

四、工作成效

（1）为外来水生物种防控管理提供科学依据。在《外来入侵物种管理办法》《重点管理外来入侵物种名录》的制定和颁布过程中，外来物种入侵防控岗位根据多年研究经验和监测数据，提出了大量建设性的意见，编写的《如何科学认识和管理外来水生动物》从国家生物安全和生态安全的角度提出了外来水生生物分级分类管理的依据，为重点管理外来入侵物种名录的制定提供了科学支撑。在名录颁布后，第一时间编写了《重点管理外来入侵水生动物》，对重点管理外来入侵水生动物的入侵现状和管理对策进行了解读。

（2）查清我国外来水生物种的分布概况。

（3）查清我国典型水域外来水生物种的分布现状（图18-26）。

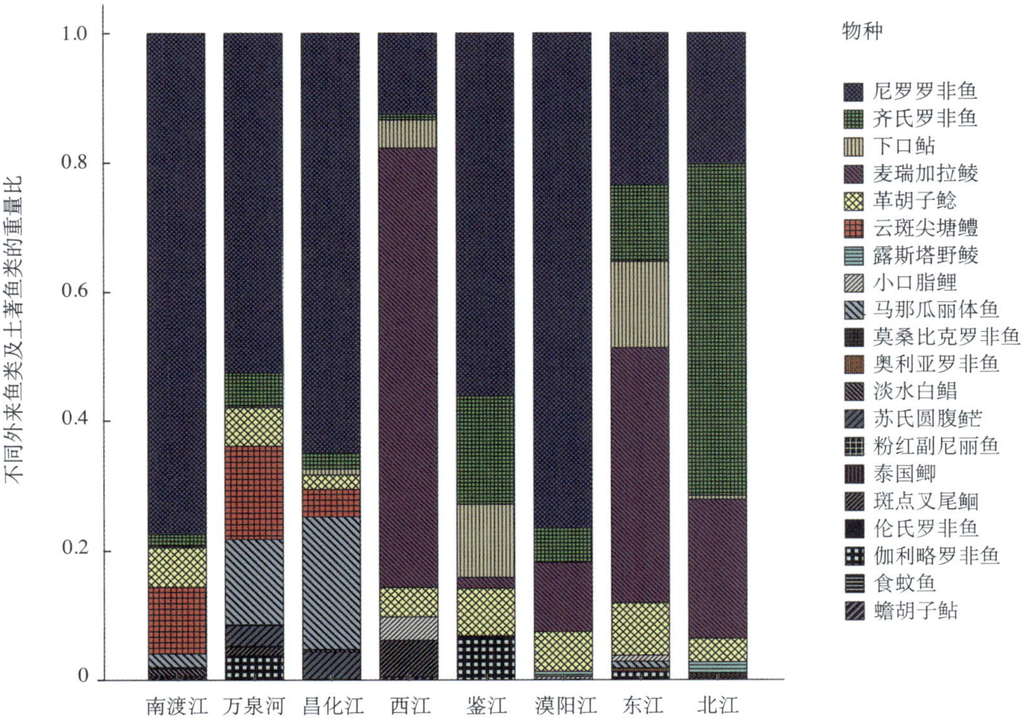

图18-26 华南地区主要河流外来鱼类的种类和资源现状

（4）构建了外来水生生物科普传播体系。通过科普文章、科普书籍、科普讲座、垂钓活动等方式联合或单独开展了数十次外来水生生物科普活动。主要科普文章包括《防治外来水生生物，需要你我共同参与》《什么是负责任的放生行为》《不适宜开展增殖放流（放生）的水生物种》等，单篇点击量超过2000万人次（图18-27）。

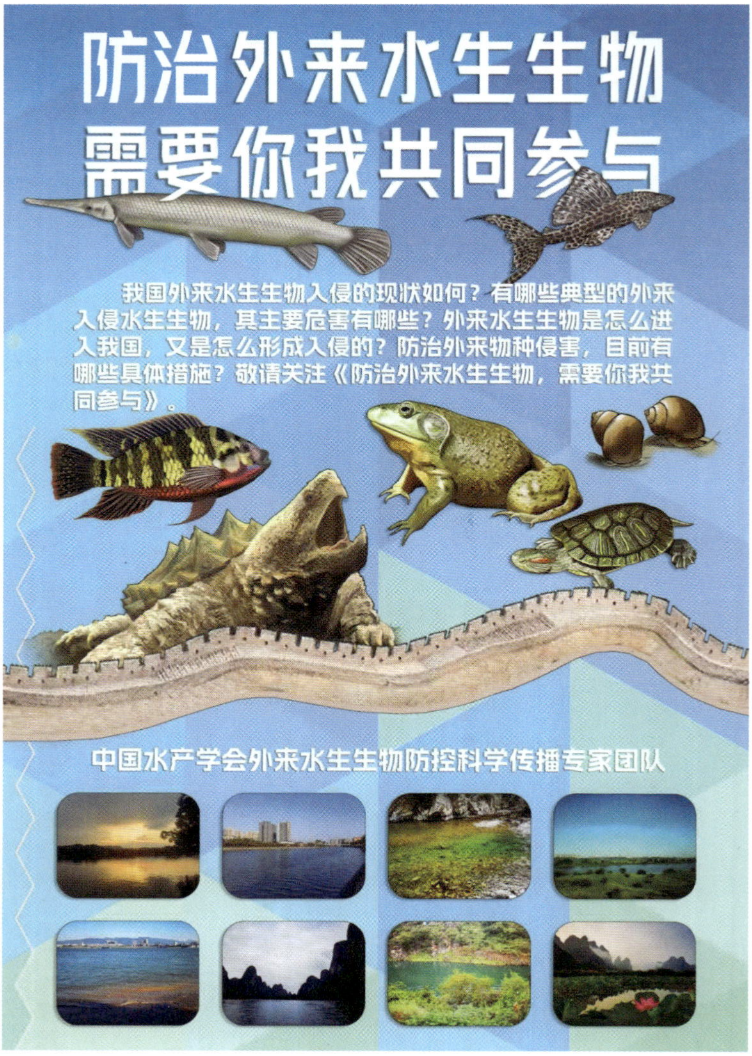

图18-27　科普活动海报

在科普书籍方面，主编出版了《我国常见外来水生生物识别手册》《中国常见外来水生动植物图鉴》《科学认识外来水生生物》《水生生物3D图鉴（第一辑）》《当心水中的“外来客”——外来水生生物防控必知》（图18-28）等系列科普专著。相关科普工作和呼吁还得到了《光明日报》《农民日报》《科技日报》等媒体的报道与肯定。

（5）相关成果与奖励。具体见图18-29至图18-31。

图 18-28　科普书籍《当心水中的"外来客"》

广东省科技进步奖
证　书

为表彰 2019 年度广东省科技进步奖获得者，特颁发此证书。

项目名称：外来入侵水生动物风险评估与防控关键技术

奖励等级：二等奖

获 奖 者：中国水产科学研究院珠江水产研究所

粤府证【2020】2068 号

项目编号:J19-2-02-D01

图 18-29　广东省科技进步奖二等奖获奖证书

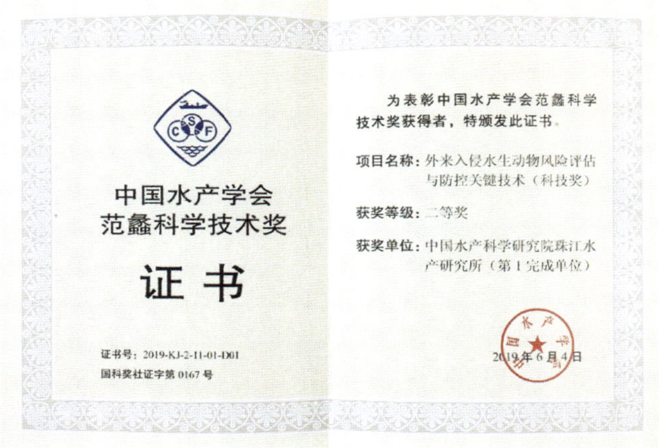

中国水产学会
范蠡科学技术奖
证　书

证书号：2019-KJ-2-11-01-D01

国科奖社证字第 0167 号

为表彰中国水产学会范蠡科学技术奖获得者，特颁发此证书。

项目名称：外来入侵水生动物风险评估与防控关键技术（科技奖）

获奖等级：二等奖

获奖单位：中国水产科学研究院珠江水产研究所（第 1 完成单位）

2019 年 6 月 4 日

图 18-30　中国水产学会范蠡科学技术奖二等奖获奖证书

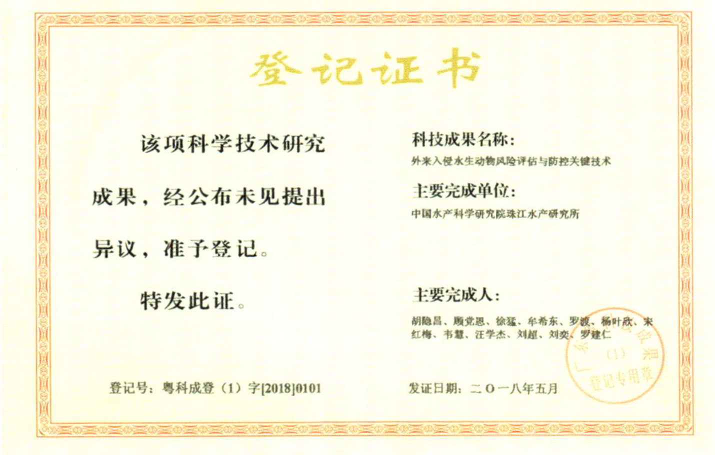

登记证书

该项科学技术研究成果，经公布未见提出异议，准予登记。

特发此证。

科技成果名称：

外来入侵水生动物风险评估与防控关键技术

主要完成单位：

中国水产科学研究院珠江水产研究所

主要完成人：

胡隐昌、顾党恩、徐猛、牟希东、罗渡、杨叶欣、宋红梅、韦慧、汪学杰、刘超、刘奕、罗建仁

登记号：粤科成登（1）字[2018]0101

发证日期：二〇一八年五月

图 18-31　成果登记证书——外来入侵水生动物风险评估与防控关键技术

五、典型案例

1. 应急物理防控

（1）防控方法：①防止扩散；②准确定位；③人工驱赶；④捕捞清除（不同网具和捕捞方式）；⑤灭除处理。

（2）案例：白云湖鳄雀鳝的成功捕获案例。

2019年2月13日，广州白云湖出现“水怪”。经专家对照片进行辨认，认为可能是鳄雀鳝，专业团队连续奋战4天，终于在2月17日下午将其捕获。针对大水面水域特点，团队制定了以围网法+拖网法为主、抛网法为辅的捕捞方案，用围网将湖区划分为3段，分段进行拖网围捕（图18-32）。

图18-32　白云湖鳄雀鳝抓捕行动

2. 应急性化学防控

（1）防控处置步骤：①药物筛选与验证；②特异性机理及病理反应；③种类的监测与确定及药物筛选；④水体理化条件的确定；⑤药量的确定与使用；⑥效果评价。

（2）案例：“灭非灵”对罗非鱼的急性毒性实验。

为杀灭养殖水体混入的罗非鱼，中国水产科学研究院珠江水产研究所筛选出了对罗非鱼具有特异性杀灭作用的一种有机磷药物——灭非灵，用于罗非鱼的防治（图18-33，图18-34，表18-1）。

表18-1　不同浓度下尼罗罗非鱼幼鱼的累积死亡率

药物质量浓度（毫克/升）	不同观察时段下的累积死亡率（%）			
	24小时	48小时	72小时	96小时
0	0	0	0	0
0.1	20	60	90	100
0.2	80	70	100	100
0.3	100	100	100	100
0.4	100	100	100	100

图 18-33　齐氏罗非鱼防控现场

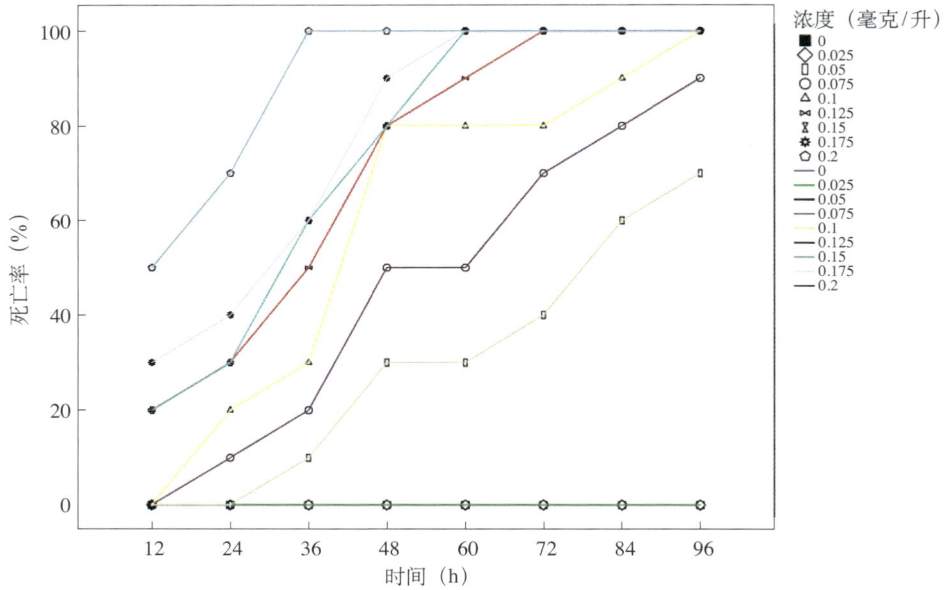

图18-34　不同观察时段“灭非灵”对尼罗罗非鱼幼鱼的急性毒性实验

（3）结论：“灭非灵”有效杀死了超过99%的罗非鱼，且未对其他鱼产生明显影响。

六、适用范围和应用前景

1.适用范围

（1）适用于已引进和未来要引进的外来水生动物的风险评估与风险分析。

（2）适用于已引进的外来水生动物调查监测与风险预警。

（3）适用于外来入侵水生动物的防控治理（图18-35）。

图18-35　已形成入侵物种豹纹翼甲鲶和福寿螺的治理

2. 应用前景　随着生态环境保护日益受到重视，水产养殖绿色健康发展不断推进，对养殖水域和天然水域的外来水生物种防控需求不断提升，外来物种风险评估和防控技术将具有良好的应用推广前景（图18-36）。

图18-36　长江上游捕获的绿太阳鱼（水生所刘飞提供）

七、有关建议

（1）进一步健全完善外来水生物种监测网络，开展系统的长期定位监测和调查分析。

（2）探索相关技术在生态环境保护和水环境治理上的应用，并适时开展示范推广。

（3）针对豹纹翼甲鲶、齐氏罗非鱼、太阳鱼等我国常见的外来入侵水生生物，研究构建相应的防控治理技术。

（4）外来水生物种引进我国前须由专业机构进行风险评估，严禁引进风险高的物种，风险高的区域也严禁引进和养殖。

八、中国水产科学研究院外来物种与生态安全研究团队

1. 主要研究方向　研究团队长期致力于外来水生生物调查与监测、入侵机制与风险评估及综合防控技术的应用等工作。首次在我国对外来水生生物开展大规模、长期性的系统监测，构建了系统的外来水生生物的监测网络，是全国外来入侵水生动物普查的技术支撑队伍。建立了控制实验、模型评估和评分系统相结合的生态风险评估标准体系，开发了一系列外来水生生物搜集、诱捕、特异性杀灭和综合利用技术方法并进行了示范。通过多种媒介，开展了长期的外来水生生物科普和服务工作。

2. 团队主要成员　团队主要成员见表18-2及图18-37、图18-38。

表18-2　团队主要成员

姓名	职称	备注
顾党恩	副研究员	团队首席
徐猛	副研究员	技术骨干
韦慧	助理研究员	技术骨干

（续）

姓名	职称	备注
房苗	助理研究员	技术骨干
余梵冬	助理研究员	技术骨干
舒璐	助理研究员	技术骨干
汪学杰	研究员	技术骨干
牟希东	研究员	技术骨干
杨叶欣	助理研究员	技术骨干
刘超	助理研究员	技术骨干
刘奕	助理研究员	技术骨干
王媛媛	助理研究员	技术骨干
胡隐昌	研究员	技术指导

图18-37　中国水产科学研究院珠江水产研究所外来物种与生态安全创新团队

图18-38　团队负责人

图书在版编目（CIP）数据

水生生物资源养护先进技术览要 / 全国水产技术推广总站编. -- 北京 : 中国农业出版社, 2024. 10

ISBN 978-7-109-32430-5

Ⅰ. S937

中国国家版本馆CIP数据核字第2024L2V220号

中国农业出版社出版

地址：北京市朝阳区麦子店街18号楼

邮编：100125

责任编辑：刘昊阳

版式设计：王　晨　　责任校对：张雯婷　　责任印制：王　宏

印刷：北京中科印刷有限公司

版次：2024年10月第1版

印次：2024年10月北京第1次印刷

发行：新华书店北京发行所

开本：787mm × 1092mm　1/16

印张：21

字数：497千字

定价：88.00元